AZ | Handbuch für Asbestzementrohre

Zweite, neubearbeitete Auflage

K. Hünerberg H. Tessendorff

Springer-Verlag Berlin Heidelberg GmbH 1977

Professor Dr.-Ing. Kurt Hünerberg
Reg.-Baumeister a. D., Berlin

Dr.-Ing. Heinz Tessendorff
Direktor der
Berliner Wasserwerke und der
Berliner Entwässerungswerke

Mit 116 Abbildungen

ISBN 978-3-642-93056-0   ISBN 978-3-642-93055-3 (eBook)
DOI 10.1007/978-3-642-93055-3

Library of Congress Cataloging in Publication Data. Hünerberg, Kurt. AZ Handbuch für Asbestzementrohre. Bibliography: p. Includes indexes. 1. Pipe, Asbestos-cement — Handbooks, manuals, etc. I. Tessendorff, Heinz, joint author. II. Title. TP884.A8H82 1977 621.8'672 77-2196

Vorwort zur zweiten Auflage

Die weiter wachsende Bedeutung des Werkstoffs Asbestzement im Wasserwesen, insbesondere in den verschiedenen Bereichen des Rohrleitungsbaus, die durch die langjährige Bewährung der Asbestzementrohre und den Fortschritt in der Anwendung der aus ihnen entwickelten Bauteile begründet ist, machte es dringend erforderlich, das bewährte „AZ Handbuch für Asbestzementrohre" neu aufzulegen.

Dabei wurde die Grundkonzeption der ersten Auflage beibehalten, der gesamte Inhalt jedoch dem heutigen Stand des Wissens und der Normung angepaßt. Zahlreiche neue Untersuchungen zu allen Abschnitten des Handbuches wurden in die umfassenden Verzeichnisse der Literatur und der Versuchsberichte aufgenommen.

Für die ausgezeichnete Unterstützung bei der Neufassung sei unserem Mitarbeiter, Herrn Dr.-Ing. P. KOWALEWSKI, besonders gedankt.

Berlin, im Mai 1977

KURT HÜNERBERG
HEINZ TESSENDORFF

Vorwort zur ersten Auflage

Seit dem Erscheinen meines Buches „Das Asbestzement-Druckrohr" im Jahre 1963 hat die Anwendung von Asbestzementrohren für die verschiedensten Zweige des Rohrleitungsbaus weiterhin verstärkte Bedeutung erlangt. Die fortschreitende Entwicklung neuer Bausysteme und die damit verbundenen besonderen technischen Anforderungen haben dazu geführt, daß Asbestzementrohre heute in zunehmendem Maße auch auf Gebieten eingesetzt werden, die bisher anderen Rohrwerkstoffen vorbehalten waren.

Aus dieser Situation ist der Wunsch entstanden, den Stoff meines vorerwähnten Buches auf den neuesten Stand der Technik zu bringen und gleichzeitig zu einem Handbuch geringeren Umfangs zusammenzufassen. Das vorliegende Handbuch enthält alles für den praktisch tätigen Ingenieur und für den Studierenden Wissenswerte über Asbestzementrohre, ohne jedoch ausführlich auf die Einzelheiten der zahlreichen durchgeführten Untersuchungen einzugehen.

Ich bin überzeugt, hiermit der Fachwelt ein Werk zur Verfügung gestellt zu haben, für das ein dringendes Bedürfnis besteht und das der technischen und wirtschaftlichen Bedeutung des Werkstoffs Asbestzement gerecht wird.

An dieser Stelle möchte ich meinen besonderen Dank meinem Mitarbeiter, Herrn Dr.-Ing. H. TESSENDORFF, aussprechen, der mich in ausgezeichneter Weise bei der Durchführung der umfangreichen Arbeiten unterstützt hat.

Berlin, im März 1968   KURT HÜNERBERG

Inhaltsverzeichnis

1 Historische Entwicklung

Als vor mehr als 70 Jahren die ersten Platten aus Asbestzement den langen und mühevollen Weg von der Idee bis zur Verwirklichung beendeten, gab ihr Erfinder — LUDWIG HATSCHEK — der Welt damit einen neuen Baustoff in die Hand, dessen vielseitige Verwendungsmöglichkeit und dessen gute Eigenschaften zur Herstellung der verschiedensten Bauteile führte, so daß dieses Material immer mehr Eingang in die Bauwirtschaft fand.

HATSCHEK hat aber den neuen Baustoff „Asbestzement" nicht nur erfunden, sondern dank seiner Tatkraft und seines Unternehmergeistes sofort auch für die Herstellung und Verbreitung gesorgt. Er wurde am 9. Oktober 1856 in Olmütz geboren. Als er 1890 die in einer Zeitungsanzeige angebotenen alten Maschinen einer Asbestspinnerei ankaufte, war der Werkstoff Asbest auf dem Kontinent noch kaum bekannt. 1893 stellte er die Maschinen in einer Papiermühle in Schöndorf bei Vöcklabruck auf und gründete die „Erste Österreichisch-ungarische Asbestwaren-Fabrik Ludwig Hatschek."

Nachdem HATSCHEK zunächst Asbestwaren verschiedener Art hergestellt hatte, konzentrierte er sich bald darauf, die besonderen Eigenschaften der Asbestfaser zur Herstellung von künstlichen Dachplatten auszunutzen. Nach zahlreichen Versuchen mit unterschiedlichen Bindemitteln gelang ihm schließlich unter Verwendung von Portlandzement und einem hohen Wasserüberschuß die Herstellung des neuen Baustoffes Asbestzement. Das erste Patent für das Herstellungsverfahren wurde am 15. 6. 1901 erteilt.

Die bald steil ansteigenden Produktionsziffern veranlaßten HATSCHEK bereits 1906, eine eigene Zementfabrik aufzubauen. Seine kaufmännische Weitsicht und seinen Mut bewies er, als er im Jahre 1910 zur Sicherung seiner Versorgung mit Asbest gleichbleibender Qualität einen langjährigen Vertrag mit russischen Minenbesitzern über die Abnahme der gesamten Asbestproduktion abschloß mit der Auflage, an keinen anderen Kunden den für HATSCHEK geeigneten Asbest abzugeben.

Als LUDWIG HATSCHEK am 15. Juli 1914 starb, hatte seine Erfindung bereits viele Länder erobert. Die Entwicklung einer Asbestzementindustrie stand jedoch noch an ihrem Anfang.

Ursprünglich als Ersatz bzw. als Verbesserung bestehender Baustoffe gedacht, entwickelte sich der Asbestzement bald zu einem eigenen Material mit einer Vielzahl von Anwendungsgebieten und Formen. Bereits 1906 wurden in Casale-Monferrato bei Mailand aus Asbestzementplatten „handgeformte Rohre" mit Längsnaht für Gefälleleitungen, als Lüftungsrohre usw., also für geringe Druckbeanspruchung, hergestellt.

HATSCHEK hatte auch, jedoch erst kurz vor seinem Tode, Versuche zur Herstellung von nahtlosen Rohren auf der Plattenmaschine veranlaßt. Doch erst der Italiener MAZZA lenkte mit seinem Mitarbeiter MATTEI die Entwicklung in die entscheidende Richtung. Der grundlegende Gedanke war der, anstelle der Formatwalze der Plattenmaschine, um die sich der Mantel aus Asbestzement-Masse formt, eine herausnehmbare Kernwalze (Rohrkern) anzuordnen. Dadurch konnten das Abstreifen des Mantels von der Kernwalze und das Bewickeln eines zweiten Rohrkernes in der Maschine parallel durchgeführt werden. Nach Patentierung dieser Rohrmaschine System „MAZZA" durch die Societa Anonima „ETERNIT" Pietra Artificiale begann bereits 1913 die erste serienmäßige Herstellung nahtloser Asbestzement-Druckrohre in Casale, wo auch im gleichen Jahr die erste Wasserversorgungsleitung aus diesen Rohren gelegt wurde.

Während im Laufe der Jahre noch viele Verbesserungen an der Rohrmaschine vorgenommen wurden, stieg der Bedarf an Asbestzementrohren sprunghaft an. 1935 waren in Italien bereits rund 10 000 km Hauptwasserleitungen aus diesen Rohren ausgeführt.

In diesen Jahren begann auch die Anwendung von Asbestzementrohren für die Kanalisation.

In vielen Ländern wurden eigene Rohrfabriken, in Lizenz der Societa Anonima „ETERNIT" in Genua, gebaut.

In Deutschland begann die damalige Deutsche Asbestzement AG — jetzt ETERNIT AG — in Berlin-Rudow 1930 mit der Herstellung von Asbestzementrohren.

Die erste Wasserversorgungsleitung aus Asbestzement-Druckrohren wurde in der Gemeinde Frauenzimmern (Württemberg) ebenfalls im Jahre 1930 verlegt. Sie hatte eine Länge von 1,8 km. Im nächsten Jahre folgte eine 5,4 km lange Leitung DN 125 mit einem Betriebsdruck von 8 bar für die Gemeinde Haunshein/Bayern. Ferner baute die Stadt Kempten eine 1,3 km lange Leitung DN 300, der Wasserleitungs-Zweckverband Kayna (Kreis Zeitz) legte 4,2 km DN 125 und die Bremer Stadtwerke rund 1,1 km DN 100 — um einige Beispiele zu nennen.

Auch in anderen Ländern wurden etwa in der gleichen Zeit die ersten Leitungen aus Asbestzementrohren für die Wasserversorgung und Kanalisation gebaut. Aus diesen Anfängen entwickelte sich bald eine weite Verbreitung des neuen Rohrmaterials.

Heute sind Asbestzementrohre aus dem Rohrleitungsbau nicht mehr wegzudenken. Über die Hauptanwendungen Wasserversorgung und Kanalisation hinaus sind neue Anwendungsgebiete erschlossen worden.

Asbestzementrohre werden in den verschiedensten Ländern hergestellt und unter bestimmten Markenbezeichnungen verkauft.

Insgesamt befinden sich in der ganzen Welt zur Zeit 182 Rohrwerke mit zusammen 423 Rohrstraßen zur Herstellung von Asbestzementrohren in Betrieb. Davon liegen 6 Rohrwerke mit zusammen 9 Rohrstraßen in der Bundesrepublik Deutschland, einschließlich West-Berlin.

Von den Markenbezeichnungen ist als meistverbreiteter Name „ETERNIT" bekannt, der eine ganze Reihe verschiedener Hersteller in zahlreichen Ländern verbindet. Als weitere Beispiele seien die Namen „TOSCHI" und „WANIT" erwähnt.

2 Die Bestandteile des Asbestzementes

Asbestzement besteht aus Asbest, Zement und Anmachwasser, das für die hydraulische Erhärtung notwendig ist.

Die Einlagerung der Asbestfasern, die gleichsam als eine über den ganzen Querschnitt verteilte Bewehrung aufgefaßt werden kann, verleiht diesem Zementprodukt eine besondere Eigenschaft, nämlich die Fähigkeit, Zugkräfte aufzunehmen. Dieser Fähigkeit verdankt das Material Asbestzement seine vielfache Verwendungsmöglichkeit als Baustoff. Besonders gut eignet sich dieses in sich zugfeste Material zur Herstellung von Rohren. Entsprechende Herstellungsverfahren, wie z. B. das Wickelverfahren nach MAZZA, können dabei diesen Vorzug noch unterstreichen.

Im folgenden soll kurz auf die Eigenschaften der Bestandteile des Asbestzementes eingegangen werden.

2.1 Asbest

Asbest wird fast in allen Ländern gefunden. Sein Vorkommen ist jedoch qualitativ und quantitativ sehr verschieden, so daß letzten Endes nur wenige Lagerstätten einen Abbau lohnen. Im allgemeinen rechnet man mit einem Asbestgehalt von etwa 5% als unterste Grenze der Rentabilität eines Abbaus, wenn die einliegende Faser genügende Länge aufweist [30]. Die vier größten Asbesterzeuger sind Kanada, die UdSSR, Rhodesien und die Südafrikanische Union. Danach folgen die USA, China, Cypern, Italien und Finnland.

Der Asbest wird in Gesteinsadern oder -nestern gefunden. Seine Faserrichtung verläuft hauptsächlich quer, in einigen Fällen aber auch längs zur Gesteinsader. Man unterscheidet je nach ihrem Muttergestein Serpentin- und Amphibol-Asbeste. Die Serpentinasbeste werden auch Chrysotil oder Weißasbeste genannt [10]. Das Muttergestein selbst, das im Gegensatz zum Asbest nicht kristallisiert ist, hat nicht dieselbe chemische Zusammensetzung wie der anliegende Asbest, sondern ist frei von chemisch gebundenem Wasser, während alle Asbeste mehr oder weniger

Kristallwasser und chemisch gebundenes Wasser enthalten (Chrysotile bis etwa 15%). Es handelt sich hierbei um endogene Erstarrungsgesteine ultrabasischer (mafischer) Art, wie hauptsächlich Olivine beim Chrysotil oder neben Olivin Pyroxen- und Augit-Gestein beim Amphibolasbest [83].

In den südafrikanischen Lagerstätten findet man den Blauasbest (Amphibolasbest) als Lagen im Eisenschiefersediment eingebettet.

Auf die Vorgänge, die zur Auskristallisation von Asbesten führen, kann hier nicht näher eingegangen werden. Es sei nur angedeutet, daß durch den lösenden und filtrierenden Angriff hydrothermaler Wässer auf ein ultrabasisches Gestein, z.B. Olivin, in Verwerfungsspalten eine Umwandlung des ursprünglichen Magnesiumsilikats durch Hydratisierung eintrat („Serpentinisierung"). Mit sinkender Temperatur der hydrothermalen Lösungen und fallendem Druck begann Asbest auszukristallisieren [43]. Es gibt, insbesondere für die Amphibolasbeste, auch andere Entstehungshypothesen, die hier jedoch nicht näher beschrieben werden sollen.

Serpentinasbest, auch *Chrysotil* oder Weißasbest genannt, kommt in dem serpentinisierten Olivin, der das Muttergestein darstellt, vor und hat meistens keinen oder nur einen geringen Gehalt an Kalk.

Chemisch ist Asbest ein Magnesiumsilikathydrat, das daneben noch Kalk oder Alkalien oder auch Eisen enthalten kann. Diese Unterschiede ergeben sich aus der Verschiedenheit des Muttergesteins. Die chemische Zusammensetzung ist $Mg_6(OH)_6(Si_4O_{11})\,H_2O$. Ältere Darstellungen der Struktur lauten $H_4Mg_3Si_2O_9$ oder $Mg_3Si_2O_7\,2H_2O$.

Von dem in Chrysotil enthaltenen Wasser wird etwa ein Viertel beim Glühen bei mittleren Temperaturen bis ca. 500 °C ausgetrieben. Damit ist eine Kristallgitterveränderung im Molekül verbunden.

Die Dichte beträgt bei Chrysotil 2,2 bis 2,5 kg/dm³, die Härte nach Mohs 3 bis 4, der inkongruente Schmelzpunkt liegt bei 1550 °C. Die Farbe der allgemein weniger als 40 mm langen Faser schwankt je nach Herkunft zwischen Weiß, Hellgrau und Graugrün. Die seidenartig glänzende Faser ist in der Regel weich und biegsam, weshalb Chrysotil in der Technik am weitesten verbreitet ist, obwohl es gegenüber den spröderen Amphibolasbesten vielfach geringere Zugfestigkeiten hat. Chrysotil kommt von allen Asbestarten auch am häufigsten vor.

Die verschiedenartig zusammengesetzten Amphibol- oder Hornblendeasbeste unterscheiden sich vom Chrysotil vor allem durch den hohen Eisengehalt und den bedeutend geringeren Gehalt an chemisch gebundenem Wasser.

Die technisch wichtigsten Arten der Amphibolasbeste sind *Anthophyllit*, *Amosit*, *Tremolit* und *Blauasbest*.

Für die Druckrohrherstellung ist hiervon nur Blauasbest (mineralogisch Krokydolith) von Interesse, der dem Chrysotil aus fabrikatorischen Gründen zugesetzt werden kann. Seine Struktur beschreibt in etwa die Formel $Na_2MgFe_5^{II}(OH)_2(Si_4O_{11})_2$.

Die Dichte beträgt 3,4 kg/dm³, die Härte 5,5 bis 6,0. Dieser härteste aller Asbeste besitzt auch die größte Zugfestigkeit.

Die Faserkristalle des Minerals Asbest sind viel feiner als alle tierischen, pflanzlichen und synthetischen Fasern. So liegt z. B. die Dicke der röhrenförmigen Chrysotilfaser bei etwa $2 \cdot 10^{-5}$ mm.

Die Zugfestigkeit der Asbestfaser (auch mit Substanzfestigkeit bezeichnet zum Unterschied zur Festigkeit versponnener Garne) ist außerordentlich hoch. Sie beträgt bei Chrysotil 560 bis 750 N/mm², bei Blauasbest 750 bis 2250 N/mm² [30]. Die Festigkeit nimmt ab mit zunehmender Temperatur.

Tabelle 2/1. Zusammenstellung verschiedenster Fasern [30]

Faserart	Durchmesser (mm)	Zahl der Fasern auf 1 mm	Faseroberfläche in cm²/g
Nylon	0,0075	132	3 100
Azetatkunstseide	—	—	3 800
Baumwolle	0,01	100	7 200
Seide	—	—	7 600
Wolle	0,02 bis 0,0275	36 bis 50	9 600
Viskosekunstseide	—	—	9 800
Chrysotil	0,000018 bis 0,000029	34 000 bis 56 000	130 000 bis 220 000
Menschliches Haar	0,0395	25	—
Nessel (Ramie)	0,0246	40	—
Glas	0,0065	153	—
Schlackenwolle	0,00355 bis 0,0071	141 bis 282	—

Asbest gilt als ein gegen Chemikalien weitgehend widerstandsfähiges Material. Obwohl diese Aussage nicht als allgemeingültig betrachtet werden darf, kann jedoch in den Grenzen, in denen bei der Wasserversorgung, Abwasserbeseitigung und im Boden selbst Agenzien vorkommen, Asbest als korrosionsfest betrachtet werden. Insbesondere zeigte sich bei umfangreichen Korrosionsversuchen die wichtige Tatsache,

daß Chrysotil unter dem Einfluß von Basen zur Bildung von Additions-
verbindungen neigt, die ihrerseits gegen einen chemischen Angriff sehr
widerstandsfähig sind [30]. Dies ist unter anderem die Ursache dafür, daß
Asbestzement im allgemeinen höheren Widerstand gegen chemische An-
griffe aufweist als andere Zementprodukte.

2.2 Zement

Als Bindemittel für Asbestzement kommt überwiegend genormter
Portlandzement in Frage. In besonderen Fällen wird zur Erzielung bestimmter Materialeigenschaften auch auf andere Zementarten zurückgegriffen, sofern diese Zemente der DIN 1164 „Portland-, Eisenportland-,
Hochofen- und Traßzement" entsprechen.

Zemente sind hydraulische Bindemittel, die sowohl an der Luft als
auch unter Wasser erhärten. Sie werden durch Feinmahlen einer aus Kalk
und den sog. „Hydraulefaktoren" (Kieselsäure, Tonerde, Eisenoxid)
bestehenden, gesinterten oder geschmolzenen Rohmasse gewonnen, wobei
Gips als Abbinderegler addiert wird.

Hinsichtlich der Herstellung und der Eigenschaften der Zemente sei
auf die einschlägige Fachliteratur verwiesen [60]. Hier soll nur kurz auf
den Erhärtungsvorgang eingegangen werden. Er stellt das Zusammenwirken physikalischer und chemischer Vorgänge dar. Die bei der Hydratation entstehenden Neubildungen sind teils gelförmig (Klinkerkomponenten C_3S, C_2S), teils kristallisiert (Klinkerkomponenten C_3A, C_4AF).

Als Erstarrung (Abbinden) bezeichnet man die erste Phase des Erhär-
tens, in der der Zementmörtel seine Plastizität verliert. Bei diesem Pro-
zeß wird Wärme frei. Die beschriebenen Erhärtungsvorgänge dauern sehr
lange und können sich über Jahre erstrecken. Zum Verzögern oder Be-
schleunigen der Abbindezeit werden dem Zementmörtel mitunter entsprechende Chemikalien zugesetzt, deren Einfluß auf die Hydratation der
Kalziumsilikate aber gering ist [11].

Die Dichte des Portlandzementes liegt zwischen 3,0 und 3,2 kg/dm^3.

Nach ihren Festigkeitseigenschaften werden die Zemente in Klassen
eingeteilt. Die Festigkeitsklasse bezeichnet die Mindestdruckfestigkeit
nach 28 Tagen, die an Prüfkörpern nach DIN 1164 bestimmt wird. Für
die Herstellung von Asbestzementrohren werden in der Regel Portlandzement, Hochofenzement und als eine spezielle Variante des Portlandzementes hochsulfatbeständiger Zement verwendet. Davon nimmt Portlandzement nach DIN 1164 den breitesten Anwendungsbereich ein. Seine

Eigenschaften, von denen als Beispiele neben den Festigkeiten nur die Raumbeständigkeit, das Erstarrungsverhalten und die Mahlfeinheit erwähnt seien, sind in der Norm festgelegt.

Hochofenzement gehört zur Gruppe der Hüttenzemente, die ebenfalls in DIN 1164 genormt sind. Sie sind gegenüber dem Portlandzement dadurch gekennzeichnet, daß sie Bindemittel mit latenthydraulischem Erhärtungsvermögen enthalten, die erst durch die Anwesenheit einer weiteren als Erreger dienenden Komponente zum Abbinden und Erhärten veranlaßt werden. Derartige Bindemittel sind schnell gekühlte, glasige Hochofenschlacken, deren Kalk- und Tonerdegehalt von besonderer Bedeutung ist. Bei Hochofenzement wird als Erreger Portlandzementklinker gemeinsam mit der Hochofenschlacke vermahlen. Nach DIN 1164 muß für Hochofenzement der Gehalt an PZ 15 bis 64 Gew.%, an Hochofenschlacke 85 bis 36 Gew.% betragen.

Ähnlich wie bei der Erzeugung von Portlandzement dient ein geringer Gipszusatz der Steigerung des Abbinde- und Erhärtungsprozesses.

Hochsulfatbeständiger Zement ist beständig gegen neutrale Sulfatwasserangriffe. Er ist im Handel unter der Bezeichnung SULFADUR (Dyckerhoff Zementwerk AG), DUR-ATHERM (Normen-Hochofenzement der Heidelberger Portlandzement AG), SULFIRM (Alsen PZ).

2.3 Anmachwasser

Schließlich ist zur Herstellung des Baustoffes Asbestzement außer Asbest und Zement auch Wasser erforderlich zur Hydratation der Verbindungen des Zementes. Für die optimale Hydratation rechnet man bei Beton praktisch mit dem Verhältnis Anmachwassermenge zur Zementmenge, dem Wasserzementfaktor, von etwa 0,4. Mit zunehmendem W/Z-Faktor werden die Festigkeitseigenschaften eines Betons schlechter.

Setzt man die Druckfestigkeit bei einem W/Z-Faktor von 0,4 gleich 100%, so sinkt sie bei einem W/Z-Faktor von 1,0 auf etwa 25 bis 30% ab [41]. Der Wasserzementfaktor soll daher so niedrig gehalten werden, wie es die Verarbeitbarkeit und Verdichtung des Betons erlaubt. Es ist jedoch zu bemerken, daß der W/Z-Faktor im Augenblick des Abbindens maßgebend ist. Der große Wasserüberschuß, mit dem die Asbestzementmischung angesetzt wird, bedeutet also keine Festigkeitsverminderung, da das überschüssige Wasser bereits beim Wickelprozeß wieder entzogen wird. Beim Abbinden besitzt das Asbestzementrohr einen W/Z-Faktor von $\leq 0,3$.

3 Die Herstellungsverfahren für Asbestzementrohre

3.1 Das Mazza-Verfahren

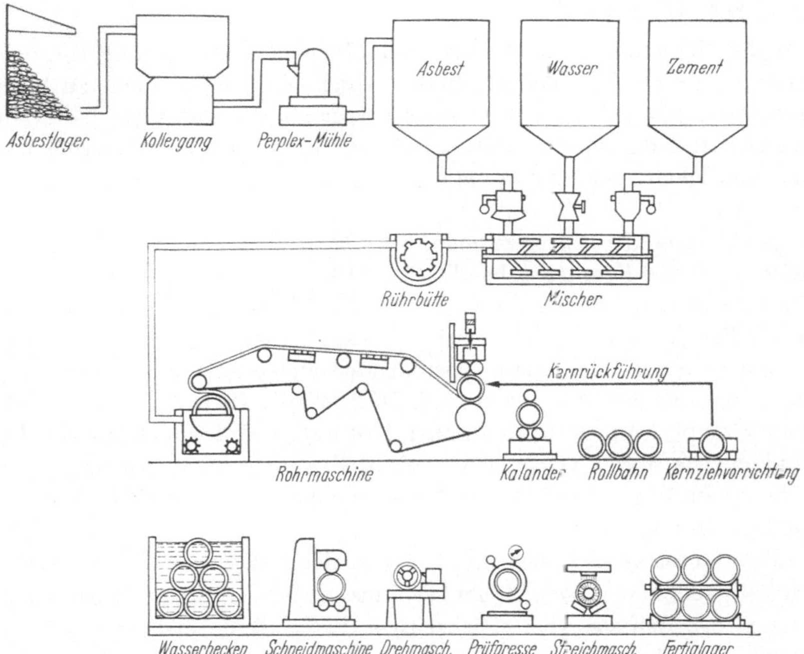

Abb. 3/1. Schematische Darstellung der vier Herstellungsstufen für Asbestzementrohre (MAZZA-Verfahren).

Die Herstellung von Rohren aus Asbestzement ist mit der Entwicklung geeigneter Spezialmaschinen unlösbar verkettet. Erst mit der
Konstruktion der entsprechenden Rohrmaschine gelang der Übergang
vom handgeformten, mit einer Nahtstelle versehenen Rohr, zum maschinell erzeugten nahtlosen und druckfesten Rohr. Grundsätzlich läßt sich
der Herstellungsgang in vier Abschnitte unterteilen:

1. Aufbereiten des Asbestes und Herstellen des Asbestzement-Wasser-Gemisches,

2. Wickeln der Rohre auf einer Rohrmaschine,

3. Abbinden und Erhärten der Rohre,

4. Nachbearbeiten der Rohre.

3.1.1 Aufbereiten des Asbestes und Herstellung des Asbestzement-Wasser-Gemisches

Für die Herstellung von Asbestzement können praktisch alle vorkommenden Asbeste Verwendung finden, sofern die Fasern nicht zu klein sind. Man gibt jedoch dem Chrysotil wegen seiner günstigen Materialeigenschaften den Vorzug und setzt diesem lediglich zur Regulierung der Standfestigkeit der Rohre während ihrer Herstellung etwas Blauasbest zu.

Als Bindemittel benutzt man im allgemeinen normalen Portlandzement PZ 350 F entsprechend DIN 1164. Zur Erzielung besonderer Eigenschaften des Asbestzementes, wie z.B. Erhöhung der Korrosionsbeständigkeit, können u.U. Spezialzemente herangezogen werden. Hierbei kommen besonders die hochsulfatbeständigen Zemente in Betracht. Zuschlag- oder Füllstoffe sind nach DIN 19 800, Blatt 2, nicht erlaubt. Beim Dampfhärtungsverfahren nach MORBELLI wird jedoch ein Teil des Bindemittels durch Quarzmehl ersetzt, das aber kein Zuschlag- oder Füllstoff im Sinne der DIN 19 800 ist, sondern lediglich einen Teil des Bindemittels darstellt.

Die Asbestfasern haben die Aufgabe, dem Asbestzement eine hohe Zugfestigkeit zu verleihen, daher beeinflussen Asbestqualität, Zusammensetzung des Asbestes (bei gleichzeitiger Verwendung mehrerer Asbestarten), die vorhandenen Faser-Sieb-Kurven und schließlich die Größe des Asbestanteils an der Mischung in viel stärkerem Maße die Güte des Asbestzementes als es die Beschaffenheit des Bindemittels, also des Portlandzementes, vermag.

Von der Konsistenz der Asbestzementmischung ausgehend, unterscheidet man

> das *Naßverfahren*,
> das *Halbtrockenverfahren* und
> das *Trockenverfahren*.

Die Herstellung der Mischung erfolgt beim Naß- und beim Halbtrockenverfahren in der gleichen Weise, wobei lediglich der Wassergehalt verschieden ist. Beim Trockenverfahren wird Asbest und Zement ohne Wasserzusatz, also trocken, gemischt und erst unmittelbar vor der Verarbeitung oder auch erst nach Einbringen in eine Form mit Wasser zusammengebracht, z. B. durch Besprengen oder Tauchen. Für die Herstellung von Rohren kommt hauptsächlich das Naßverfahren zur Anwendung.

Es wurde von HATSCHEK entwickelt und beruht auf dem Grundgedanken, Asbest und Zement mit sehr großem Wasserüberschuß zu mischen, den so erzeugten wäßrigen Brei zu verarbeiten und das Überschußwasser während der Verarbeitung und vor dem Erstarrungsbeginn wieder abzuziehen. Die Zementpartikelchen werden an der Oberfläche der Asbestfaser adsorptiv gebunden, so daß die Zementaufnahme entsprechend der Gesamtoberfläche des Asbestes nach oben begrenzt ist. Für Asbestzementrohre ist das übliche Mischungsverhältnis Asbest zu Zement 1 : 6 (Gewichtsteile).

Der im Anlieferungszustand aus Faserbündeln bestehende Rohasbest muß vor der Mischung mit Zement möglichst weitgehend in einzelne Fasern zerlegt oder aufgeschlossen werden, da mit zunehmender Feinheit der Asbestfasern auch ihre festigkeitserhöhende Wirkung und ihre zementbindende Oberfläche wächst. Dies geschieht meist in einem Kollergang, dessen Wirkungsweise die Faserlänge weitgehend erhält, aber auch in Kugel- und Hammermühlen. Anschließend erfolgt eine gute und gleichmäßige Mischung von aufgeschlossenem Asbest, Zement und Wasser. Die hierfür früher bevorzugt verwendeten sogenannten Holländer sind inzwischen weitgehend abgelöst durch moderne Spezialmischer und sogenannte Pulper.

Betrachtet man den im Mischer entstehenden wäßrigen Asbestzementbrei, auch „Stoff" genannt, genauer, so findet man im Wasser schwimmende Asbestfasern, an denen die Zementpartikel hängen. Das Wasser selbst ist klar, was ein sichtbarer Beweis für die Richtigkeit der diesem Verfahren zugrunde liegenden Idee ist.

Während bei der früheren Betriebsweise mit Holländern eine Rührbütte den Puffer zwischen der kontinuierlich arbeitenden Rohrmaschine und dem Chargenbetrieb der Holländer darstellte, sind die heute verwendeten Pulper meist zweifach installiert und beschicken die Maschine alternierend.

Das bei der Verarbeitung zurückgewonnene Überschußwasser wird über ein Trichtersystem im Kreislauf geführt. Das mit Feststoffen angereicherte Wasser aus der Trichterspitze dient zum Ansetzen der neuen

Mischung, während das gereinigte Wasser für Spülzwecke verwendet wird. Dieser geschlossene Wasserkreislauf muß lediglich um diejenigen Mengen ergänzt werden, die mit dem Produkt die Maschine verlassen.

3.1.2 Wickeln der Rohre auf einer Rohrmaschine

Von allen Entwicklungen zur Lösung des maschinellen Problems der Asbestzementrohrherstellung hat sich das nach seinem Erfinder, dem Italiener ADOLFO MAZZA, benannte MAZZA-Verfahren auf Grund seiner technischen und wirtschaftlichen Vorzüge am meisten durchgesetzt und die größte Verbreitung gefunden.

Den Ausgangspunkt für die Entwicklung des Verfahrens bildete die von HATSCHEK verwendete Plattenmaschine, auf deren Formatwalze bereits ein nahtloses Rohr hergestellt wird, das zur Plattenherstellung in Längsrichtung aufgeschlitzt werden muß. Es tauchte daher schon bald der Gedanke auf, die Formatwalze auswechselbar zu machen und als Rohrkern zu benutzen. Aus diesem Gedanken wurde nach ersten Patenten von BERMIG (1912) und HATSCHEK (1913) von dem Italiener MAZZA und seinem Mitarbeiter MATTEI im Werk Casale der S.A. ETERNIT Genua die Rohrmaschine System MAZZA entwickelt. Ihre Grundlagen bilden die drei im folgenden kurz beschriebenen Patente. Das erste Patent beinhaltet die Anordnung von zwei Rohrkernen, die links und rechts der Maschine in Scharnieren einseitig eingehängt sind. Während der eingeschwenkte Rohrkern zum Wickeln am Transportfilz anliegt, kann gleichzeitig vom ausgeschwenkten Kern das vorher gewickelte Rohr abgezogen werden Nach einem zweiten Patent aus dem Jahre 1920 wurde die Druckpartie mit dem Oberfilz eingeführt. Preßrollen sorgen für ausreichende Verdichtung des Asbestzementmantels, während das ausgepreßte Wasser vom Oberfilz aufgenommen und abgeführt wird. Ein drittes Patent (1923) sah vor, den Anpreßdruck für die Preßwalze im Laufe des Wickelvorganges mit zunehmender Rohrwanddicke automatisch zu verringern, um so das nach längerer Druckwirkung auftretende Lösen vom Kern bei Rohren mit größeren Wanddicken zu verhindern. Nach diesen Patenten war auch die Herstellung von wasserdichten und druckfesten Rohren mit größerer Wanddicke möglich.

Die Arbeitsweise der zwischen 3 und 6 m breiten Rohrmaschine geht im Prinzip aus Abb. 3/2 hervor. Von dem Siebzylinder im Stoffkasten werden die Asbestfasern mit den daran haftenden Zementpartikeln aufgenommen und an den Transportfilz als 0,1 bis 0,2 mm dickes Vlies abgegeben.

Bei Hochleistungsmaschinen, die mit 2 Zylindern ausgerüstet sind, beträgt die Vliesdicke 0,3 mm und mehr. Auf dem Wege zum Kern passiert die Filzbahn Vakuumsauger, die dem darauf befindlichen Vlies einen Großteil des Wassers entziehen. Moderne Rohrmaschinen sind mit gerillten Druckrollen anstelle des Oberfilzes ausgerüstet. Von diesen werden die einzelnen Wickellagen aufeinandergepreßt und verdichtet. Nach Beendigung des Wickelvorganges wird bei der heute gebräuchlichen Bauart der Maschine der lose gelagerte Kern nach vorn entnommen und gegen einen neuen ausgetauscht. Bei Nennweiten bis etwa 600 mm sind automatische Kernwechseleinrichtungen bekannt, die den Kern bei laufendem Filz von der Rückseite der Druckpartie einführen, während gleichzeitig der bewickelte Kern wie bisher nach vorne ausgeworfen wird.

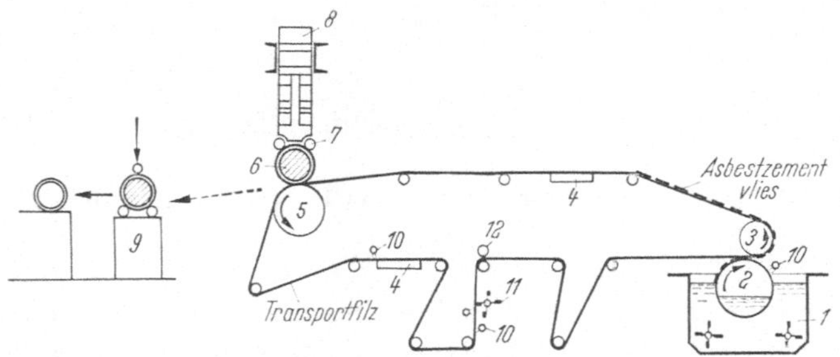

Abb. 3/2. Schema der MAZZA-Rohrmaschine.
1 Stoffkasten; *2* Siebzylinder; *3* Gautschwalze; *4* Saugkasten; *5* Brustwalze; *6* Rohrwalze; *7* Druckrollen; *8* Druckpartie; *9* Kalander; *10* Spritzrohr; *11* Filzschläger; *12* Filzpreßwalze.

Im anschließend angeordneten Kalander wird die äußere Oberfläche geglättet, die Rohrwand nachverdichtet und das rotierende Rohr aufgeweitet, so daß der Kern herausgezogen werden kann.

Das Lösen des Kernes wird häufig auf elektrolytischem Wege unterstützt, dadurch, daß während des Kalanderns eine Gleichspannung an den Kern gelegt wird.

Um eine Ovalisierung der von ihrem Kern befreiten Rohre zu verhindern, werden diese in bestimmten Abständen auf der Rollbahn gedreht. Das wird heute mehr und mehr von Ausrundhilfen übernommen.

Dabei werden die Rohre ebenfalls durch ständige Rotation rundgehalten, wobei durch Wärmezufuhr und gesteuerte Luftfeuchtigkeit die Abbindezeit ohne wesentliche Festigkeitsverluste verkürzt werden kann.

Abb. 3/3. Wickeln eines Großrohres auf der Rohrmaschine System MAZZA.

Es sind inzwischen auch Verfahren bekannt, bei denen die frisch gewickelten Rohre anstelle der überwiegend angewendeten Wasserlagerung mit einer dem späteren Korrosionsschutz dienenden Beschichtung versehen werden. Diese Schutzschicht verhindert jede Wasserverdampfung und eine frühzeitige und schädliche Austrocknung während der Abbindephase.

Nach dem MAZZA-Verfahren hergestellte Rohre weisen auf Grund der Herstellungsmethode bestimmte kennzeichnende Eigenschaften auf:

Ausrichtung der Asbestfasern: Durch die von Siebzylinder und Rührhaspel im Stoffkasten erzeugte Walzenströmung und wegen der geringen Dicke des aufgenommenen Vlieses ordnen sich die mit Zementpartikeln beladenen Asbestfasern nur in der Ebene des Vlieses an und zwar größtenteils in Transportrichtung. Daher liegen im fertig gewickelten Rohr die Asbestfasern nie in Radialrichtung. Die parallel zur Rohrachse orientierten Fasern bestimmen die Längsbiegefestigkeit, die senkrecht dazu orientierten Fasern bestimmen die Ringzugfestigkeit. Durch Änderung der

Stoffbewegung im Stoffkasten kann man das Festigkeitsverhältnis beeinflussen.

Rohroberfläche: Durch die Oberflächenbeschaffenheit des Rohrkerns wird ein Rohr mit sehr glatter Innenfläche und dementsprechend sehr gutem hydraulischen Verhalten erzeugt.

Materialgefüge: Durch die starke Komprimierung der Wickelschichten erzielt man ein weitgehend homogenes und dichtes Materialgefüge [86].

Neben dem MAZZA-Verfahren ist hinsichtlich der praktischen Anwendbarkeit nur noch das MAGNANI-Verfahren zu erwähnen [43].

3.1.3 Abbinden und Erhärten der Rohre

Der im fertigen Rohr verbleibende Wassergehalt beträgt etwa 15 bis 18%. Bis eine ausreichende Anfangsfestigkeit erreicht ist, wird das Rohr bei normaler Luftfeuchtigkeit gelagert. Im anschließenden Wasserbad vollzieht sich der Erhärtungsvorgang. Hierbei werden Schwindspannungen (Eigenspannungen) vermieden und die Abbindewärme wird gleichmäßig abgeführt. Durch die Wasserlagerung und infolge der gleichmäßigen Verteilung der Asbestfasern über den Querschnitt treten bei Asbestzementrohren keine Schwindrisse auf.

Nach der Wasserlagerung erfolgt noch eine viele Jahre dauernde Nachhärtung des Asbestzementes durch weitere Hydratation noch unabgebundener Klinkerkörner und Gelverfestigung im Zusammenwirken mit der Karbonatisierung freien Kalkhydrats.

Anstelle der Wasserlagerung wird vor allem in den USA vielfach auch eine Dampfhärtung vorgenommen (MORBELLI-Verfahren). Hierbei werden die mit reaktionsfähiger Kieselsäure angereicherten Rohre für die Dauer von 8 bis 24 Stunden einem Dampfdruck von 7 bis 12 bar Überdruck bei 170° bis 200 °C ausgesetzt.

3.1.4 Nachbearbeiten der Rohre

Nach Herausnahme aus dem Wasserbad werden die Rohre einer abschließenden Bearbeitung zugeführt.

Auf der Schneidebank wird das Rohr auf genaue Länge geschnitten. Die Normallänge beträgt je nach Breite der Rohrmaschine 4,0, 5,0 oder 6,0 m, in Sonderfällen auch 2,0 und 3,0 m.

Bei Abfluß- und Kanalrohren kleiner Nennweiten reicht die Maßgenauigkeit und Oberflächengüte des unbearbeiteten Rohres für die Abdichtung mit den dabei verwendeten Kupplungen aus.

Um einen einwandfreien Paßsitz der Rohrverbindungen bei Druckrohren und bei Kanalrohren größerer Nennweiten zu gewährleisten,
werden die Rohre innerhalb der nach den Normen zugelassenen Toleranzen auf der Rohrmaschine etwas stärker gewickelt und die Rohrenden auf
die geforderte Wanddicke unter allmählichem Übergang abgedreht.
Schneiden und Abdrehen können auf modernen Großmaschinen gleichzeitig durchgeführt werden.

Bei der anschließenden Prüfung der Druckrohre auf Wasserdichtheit
dürfen sich nach DIN 19 800 bei Belastung mit dem doppelten Nenndruck während 30 s keinerlei Schäden am Rohr zeigen.

Abschließend gelangt das Rohr zur Maß- und Oberflächenkontrolle
und wird dann auf Lager gestapelt.

3.2 Das Injektionsverfahren

Als Ergänzung und Erweiterung zur maschinellen Rohrfertigung nach
dem MAZZA-Verfahren hat in letzter Zeit die Herstellung bestimmter
Rohre und Formstücke nach dem Injektionsverfahren an Bedeutung
gewonnen (Abb. 3/4).

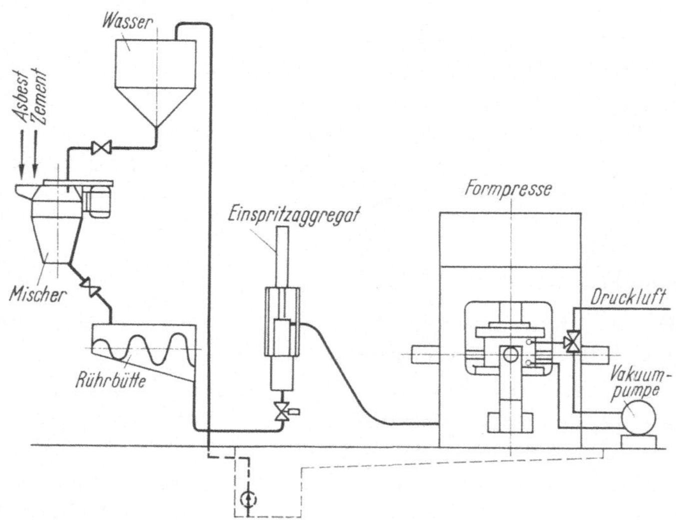

Abb. 3/4. Schematische Darstellung des Injektionsverfahrens.

Auf maschinellen Anlagen, die nach diesem Verfahren arbeiten, werden Asbestzement-Abflußrohre ($L \leq 500$ mm) und -formstücke nach DIN 19 830 sowie Kanalrohrformstücke nach DIN 19 850 bis zur Nennweite 250 einschließlich hergestellt.

In Anlehnung an die Rohstoffaufbereitung für die Rohrherstellung werden mit Hilfe der entsprechenden Aufbereitungsapparate Zement, Asbest und Wasser möglichst homogen gemischt.

Durch ein hydraulisches Einspritzaggregat wird die Asbest-Zement-Wasser-Mischung aus einer Rührbütte angesaugt und unter hohem Druck in die Form gefördert.

Durch die Presse erfolgt das Öffnen und Schließen der Form. Sie erzeugt die notwendige Schließkraft für den Injektionsvorgang. Darüber hinaus werden mit Hilfe der zugehörigen Hydraulikaggregate die Kerne ein- und ausgefahren sowie beim Injektionsvorgang gesichert.

Die Unterform ist stationär installiert. Die Oberform senkt vertikal ab und setzt auf die Unterform auf. Die Kerne werden eingefahren. Danach erfolgt das Einspritzen in die Form. Der Druckaufbau des Stoffes in der Form verdrängt die Luft und führt über die Entwässerung zur Verdichtung. Danach werden die Kerne ausgefahren und die Oberform mit Formstück angehoben. Das Formstück wird abgelegt und, wenn nötig, zur Einhaltung der Maßtoleranzen mit Kalibern versehen.

Nach einer ausreichenden Erhärtung erfolgt das Putzen und Bearbeiten. Abschließend erfolgt die auch bei der Rohrherstellung nach dem MAZZA-Verfahren übliche Wasserlagerung.

4 Asbestzementrohre

4.1 Allgemeine Beschreibung

4.1.1 Normen

Asbestzement-Druckrohre von Nennweite 65 an sind in DIN 19 800, Blatt 1 und 2, Ausgabe Januar 1973, genormt. Blatt 1 enthält Angaben der Maße und Toleranzen für Rohre bis DN 2000.

Im Nennweitenbereich bis DN 600 sind die Wanddicken der Rohre bei Nenndrücken PN 2,5 bis PN 16 festgelegt. Blatt 2 enthält die Technischen Lieferbedingungen, gibt Bemessungsrichtlinien für Rohre über Nennweite 600 und legt die Güteüberwachung fest. DIN 19 800 ist im Anhang abgedruckt.

Auf internationaler Ebene wurde die Normung der Rohre bis DN 2500 ausgedehnt (ISO Recommendation 160: Asbestos-Cement Pressure-Pipes).

Für Asbestzement-Kanalrohre ist die DIN 19 850 „Asbestzementrohre und -formstücke für Abwasserkanäle" maßgebend. Sie beschreibt Herstellungsbedingungen, Güteanforderungen, Maße, Gütesicherung, techn. Lieferbedingungen und Prüfverfahren für die Nennweiten bis DN 1500, die in zwei Klassen (A und B) geliefert werden. Im internationalen Bereich ist ISO R 881 für Rohre bis DN 2500 gültig. Asbestzement-Kanalrohre sind vom Institut für Bautechnik unter dem Prüfzeichen PA-I-1600 und PA-I 1655 zugelassen.

4.1.2 Gütesicherung

Die Normen DIN 19 800 und DIN 19 850 enthalten genaue Anweisungen über Art, Durchführung, Umfang und Häufigkeit der zur Einhaltung der Eigenschaften geforderten Qualitätsprüfungen. Hierbei wird zwischen dem Eignungsnachweis bei erstmaliger Aufnahme der Produktion und der Güteüberwachung unterschieden. Die Güteüberwachung teilt sich in die Eigenüberwachung und die Fremdüberwachung. Im Rahmen der Eigenüberwachung werden die Eigenschaften der Rohre und Formstücke im Werk ständig kontrolliert, die Prüfergebnisse aufgezeichnet und statistisch ausgewertet. Die Fremdüberwachung wird von einer anerkannten Materialprüfungsanstalt (z.B. Bundesanstalt für Materialprüfung Berlin für die Produktion der ETERNIT AG) vorgenommen [51].

4.2 Hydraulische Eigenschaften

4.2.1 Reibungsverluste

Asbestzementrohre zeichnen sich auf Grund ihrer Herstellungsweise durch eine sehr glatte Innenfläche aus. Diese Eigenschaft weist ihnen im Hinblick auf die Fließvorgänge eine Sonderstellung zu, die nur von wenigen anderen Rohrmaterialien in gleicher Weise erreicht wird. Die absolute Wandrauhigkeit von Asbestzementrohren ist sehr gering. Aus dieser Tatsache ergibt sich der inzwischen hinlänglich bekannte geringe Reibungswiderstand, den diese Rohre einer Strömung entgegenstellen.

Die ersten umfangreicheren Durchflußversuche an fabrikneuen Asbestzementrohren wurden 1925 von SCIMEMI durchgeführt. Ihnen folgten zahlreiche weitere Untersuchungen, von denen vor allem die systematischen Versuche von LUDIN [65] von Bedeutung waren. Die auf Grund der LUDINschen Untersuchungen entwickelte Durchflußgleichung kann jedoch heute als überholt angesehen werden, nachdem auf dem 2. Internationalen Wasserkongreß 1952 in Paris beschlossen worden war, die hydraulische Berechnung von Rohrleitungen in Zukunft an Hand der theoretisch besser begründeten Formel nach PRANDTL-COLEBROOK durchzuführen und im Bericht B, Technischer Ausschuß des Internationalen Wasserkongresses in London 1955, für unisolierte Asbestzementrohre die absolute Wandrauhigkeit von $k = 0{,}025$ mm bzw. für isolierte Asbestzementrohre glattes Verhalten, also $k = 0$, vorgeschlagen wurde.

Die auf den Rohrdurchmesser bezogene relative Wandrauhigkeit k/d ist der Maßstab für die Wandverhältnisse eines Rohres im Hinblick auf sein hydraulisches Verhalten.

Löst man die PRANDTL-COLEBROOKsche Gleichung

$$\frac{1}{\sqrt{\lambda}} = -\,2\,\lg\left[\frac{2{,}51}{\mathrm{Re}\cdot\sqrt{\lambda}} + \frac{k}{3{,}71\cdot d}\right]\quad\text{nach } k \text{ auf, so erhält man:}$$

$$k = \left[\frac{1}{10^{\frac{1}{2\cdot\sqrt{\lambda}}}} - \frac{2{,}51}{\mathrm{Re}\cdot\sqrt{\lambda}}\right]3{,}71\cdot d\,. \tag{4.2/1}$$

Setzt man nun die in den LUDINschen Versuchen gemessenen Verlusthöhen h_v in die obige Gleichung ein mit Hilfe der nach λ aufgelösten Widerstandsgleichung $\lambda = h_v \cdot d \cdot 2\,g/L \cdot v^2$, so erhält man den Meßwerten zugeordnete absolute Wandrauhigkeiten. Die Durchführung dieser Rechnung ergab für neue Rohre DN 50 bis DN 250 k-Werte zwischen $0{,}0133$ und $0{,}0262$ mm, für alte Rohre DN 125 $k = 0$. Dabei dürften allerdings die größten Werte mit Versuchsfehlern behaftet sein.

Zur Überprüfung der k-Werte können die von PRESS [V53] erhaltenen Ergebnisse von Fließversuchen an einer rund 105 m langen Versuchsleitung aus unisolierten Rohren DN 200 herangezogen werden. Bei Auftragung der aus diesen Versuchen ermittelten λ-Werte über der Fließgeschwindigkeit v zeigte sich folgendes: Bis zu Geschwindigkeiten von etwa $v = 1,0$ m/s lagen die λ-Werte oberhalb der Kurve für $k = 0,02$ mm. Bei Geschwindigkeiten zwischen 1,0 und 5,0 m/s lagen die λ-Werte zwischen den Kurven für $k = 0,01$ mm und $k = 0,02$ mm. Für Geschwindigkeiten über 5,0 m/s schmiegten sich die λ-Werte der Kurve für $k = 0,02$ mm an. Die λ-Werte nähern sich infolge der Einzelverluste an den Rohrstößen für kleine v-Werte nicht der Glattkurve ($k/d = 0$).

Nach den Ergebnissen sowohl der LUDINschen als insbesondere auch der PRESSschen Versuche erscheint somit der auf dem Internationalen Wasserkongreß 1955 angenommene k-Wert für unisolierte Rohre gerechtfertigt.

Für unisolierte Asbestzementrohre ist daher die absolute Wandrauhigkeit mit $k = 0,025$ mm anzusetzen.

Im Bereich der üblichen Fließgeschwindigkeiten $v = 1,0$ m/s bis $v = 3,0$ m/s liegt diese Annahme darüber hinaus auf der sicheren Seite.

4.2.2 Verhalten bei Druckstoß

4.2.2.1 Hydraulisch-elastisches Verhalten

Hydraulische Druckstöße können verschiedene Ursachen haben, wie zum Beispiel die Betätigung von Reglerarmaturen, das Auftreten von Rohrbrüchen, den Ausfall von Pumpen usw. Das Verhalten der Rohrleitungen wird bestimmt durch ihre elastischen Eigenschaften sowie durch die Elastizität des geförderten Mediums. Die Größe der Druckstöße ist vor allem abhängig von der Fließgeschwindigkeit v_0, der Druckwellengeschwindigkeit a und von der Art der Erzeugung von Druckstößen. In einem verzweigten Rohrnetz können Druckstöße infolge Aufspaltung der Reflexionswellen relativ schnell abgebaut werden. Bei Fernversorgungsleitungen dagegen können sie zu hohen Innendruckbelastungen und nachfolgenden Rohrschäden führen. Hier muß für einen Abbau der Druckstoßhöhe gesorgt werden, z.B. durch zeitliche Steuerung der Regelarmaturen, die Anordnung von Windkesseln u. dgl.

Die Druckwellengeschwindigkeit a ist unter anderem abhängig von dem elastischen Verhalten der Rohrleitung, das sowohl bedingt ist durch die Elastizität des Rohrmaterials als auch gegebenenfalls durch eine zusätzliche Elastizität der Rohrverbindung. Je elastischer die Rohrleitung ist, um so geringer ist die Größe der Druckstöße.

Beim vollkommenen Druckstoß beträgt die maximale Drucksteigerung

$$\frac{\Delta p}{\gamma_w} = \frac{v_0}{g} \cdot a \;.$$

(4.2/2)

Die Wellengeschwindigkeit in m/s ist

$$a = \sqrt{\dfrac{\dfrac{g}{\gamma_w}}{\dfrac{1}{E_w} + \dfrac{d}{s \cdot E_r}}}$$

(4.2/3)

mit

E_w = Elastizitätsmodul des Wassers,
E_r = Elastizitätsmodul der Rohrleitung.

Um das Verhalten der Asbestzementrohre bei Druckstößen näher zu untersuchen und insbesondere auch den Einfluß der REKA-Kupplungen zu erfassen, wurden spezielle Druckstoßversuche von PRESS im Institut für Wasserbau und Wasserwirtschaft an der Technischen Universität Berlin unternommen [V54].

Als Beispiel zeigt Abb. 4/1 den charakteristischen Verlauf der Druckstoßschwingungen, wie er bei diesen Versuchen vom Oszillographen aufgezeichnet wurde. Der Druckstoßverlauf wurde durch drei Druckmeßdosen gemessen, von denen Dose 1 unmittelbar vor dem den Druckstoß erzeugenden Schnellschlußschieber, Dose 3 in rund 95 m Abstand vor dem Schnellschlußschieber und Dose 2 etwa in der Mitte zwischen 1 und 3 eingebaut war.

Aus den so gewonnenen Druckbildern wird die Druckwellenfortpflanzungsgeschwindigkeit a zweckmäßig über die Laufzeit der Druckwelle bestimmt. Die Wellenlänge (das ist der Abstand von Wellenberg zu Wellenberg) im Druckstoßbild ergibt die Zeit T, die die Druckwelle braucht, um viermal die Entfernung L zwischen Schieber und Reflexionspunkt zu durchlaufen. Man erhält daher die Geschwindigkeit a einfach aus

$$a = \frac{4 \cdot L}{T} \;.$$

(4.2/4)

Als Ergebnis der Untersuchungen über das Verhalten der Asbestzementrohrleitung kann festgestellt werden, daß die mittlere Fortpflanzungsgeschwindigkeit der Druckwelle für die Versuchsleitung

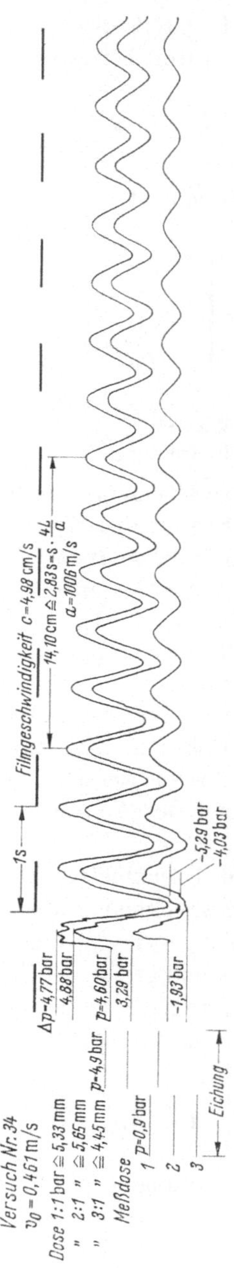

Abb. 4/1. Druckstoßbild [V 54].

DN 200, PN 12,5 beim Einbau von REKA-Kupplungen $a = 1007$ m/s $\pm 0,6\%$ betrug [V54]. Es ist nun von Interesse, wie groß der tatsächliche Einfluß der Kupplungen auf die Laufzeit a ist. Zu dieser Überlegung braucht man den a-Wert, der sich bei einer theoretisch angenommenen fugenlosen Asbestzementrohrleitung mit den Abmessungen der vorliegenden Versuchsleitung einstellen würde.

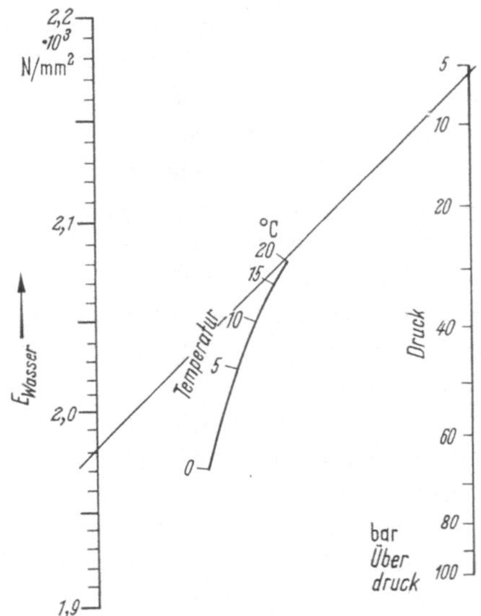

Abb. 4/2. Nomogramm zur Ermittlung des E-Moduls für Wasser [V54].

Für eine derartige gedachte Rohrleitung kann der a-Wert aus Gl. (4.2/3) berechnet werden, wenn für E_r der E-Modul des Rohrmaterials allein eingesetzt wird. Der Elastizitätsmodul E_w für das Wasser ist abhängig von Druck und Temperatur und kann aus dem Nomogramm der Abb. 4/2 entnommen werden.

Zur Bestimmung des Elastizitätsmoduls E_r für das Asbestzementrohr führte PILNY entsprechende Messungen durch [V47]. Aus der mittleren Ringzugspannung an durch Innendruck belasteten Rohrstücken und der an der Außenwand gemessenen Ringdehnung ergab sich ein Wert $E_r = 32\,400$ N/mm².

Bei dickwandigen Rohren ist jedoch in Gl. (4.2/3) an Stelle von E_r ein äquivalenter E-Modul E_r'' einzuführen, der berücksichtigt, daß die Außenrandspannung von der mittleren Ringzugspannung abweicht und für die Aufweitung des Rohres die Maximalspannung am Innenrand der Rohrwand maßgebend ist. Es ist

$$E_r'' = E_r \frac{d^2}{(d + s)^2 + s^2} \, . \tag{4.2/5}$$

Der E-Modul für das Wasser ist bei einem Überdruck von 6 bar und einer Temperatur von $+ 20\,°C$ $E_w = 1{,}98 \cdot 10^3$ N/mm². Mit Hilfe dieser Werte kann nach Gl. (4.2/3) die Geschwindigkeit a für die fugenlose Rohrleitung berechnet werden, wenn man vorher entsprechende Korrekturen vornimmt, zur Berücksichtigung der Randspannungen und -dehnungen.

Der hier nur angedeutete Rechnungsgang zeigt, daß bei Anwendung von REKA-Kupplungen die Druckwellengeschwindigkeit nur 95% des Wertes a für die Rohrleitung ohne Kupplungen beträgt. Es zeigt sich ferner, daß die Anteile der Wasserelastizität, der Rohrelastizität und der Kupplungselastizität beim Abbau des Druckstoßes sich wie 5,31 : 3,74 : 1 verhalten [43]. Die angegebenen Zahlenwerte stellen nur eine Abschätzung für die untersuchte Rohrleitung dar. Mit steigendem $\delta = d/s$ wird der Kupplungseinfluß kleiner.

Während Druckstoßuntersuchungen an besonderen Versuchsleitungen zu einwandfreien und exakten Ergebnissen führen, können entsprechende Untersuchungen an bestehenden Betriebsleitungen erheblich davon abweichende Ergebnisse haben, weil im allgemeinen eindeutige Versuchsbedingungen hier nur schwer zu erreichen sind. Es sollen deshalb hier auch kurz einige der an den verschiedensten Orten durchgeführten Versuche an Betriebsleitungen erwähnt werden. Die Ergebnisse sind in Tab. 4/1 zusammengestellt.

1939 unternahm die Druckstoß-Kommission des S.I.A. in der Schweiz eine Reihe von Versuchen an einer ETERNIT-Rohrleitung DN 150/125 mit GIBAULT-Kupplung [V27].

Die Ergebnisse der Druckstoßversuche faßte die Druckstoß-Kommission dahingehend zusammen, daß bei der untersuchten ETERNIT-Druckrohrleitung auf Grund der etwas geringeren Laufgeschwindigkeit a die maximalen Druckstöße etwa um 10% niedriger liegen als bei Stahlrohrleitungen.

GANDENBERGER hat ebenfalls mehrere Betriebsleitungen aus Asbestzement hinsichtlich des Verhaltens bei Druckstößen untersucht. 1959 führte er Druckstoßversuche an zwei verschiedenen Versorgungsleitungen aus, so einmal an einer Asbestzement-Druckrohrleitung DN 200 der Schozach-Gruppenwasserversorgung, zum anderen an einer Leitung DN 150 der Strohgäu-Gruppenwasserversorgung.

Die mit REKA-Kupplungen versehene Druckrohrleitung der Schozach-Gruppe hatte eine Länge von 4755 m und umfaßte Rohre der Nenndrücke PN 12,5 PN 10 und PN 6. Abb. 4/3 zeigt den Verlauf der Druck-

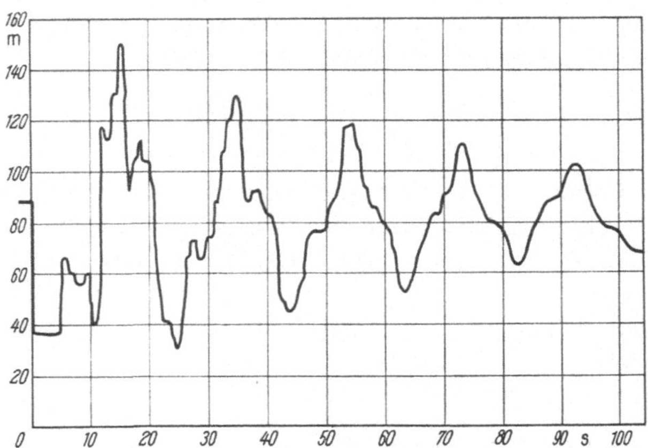

Abb. 4/3. Druckstoßdiagramm einer Leitung DN 200 von 4755 m Länge, $s = 22, 18, 13$ mm; $H_0 = 8,4$ bar; $H = 8,83$ bar; $Q = 16,6$ l/s [V31].

welle, die durch Abschalten der Pumpe erzeugt wurde. Das Druckstoßdiagramm ergab $a = 984$ m/s. Der daraus errechnete E_r-Modul der Rohrleitung einschließlich Kupplungen lag im Mittel bei $2,02 \cdot 10^4$ N/mm² und damit um fast 40% unter dem Wert der Asbestzementrohre, so daß GANDENBERGER eine Verbesserung der elastischen Eigenschaften der Rohrleitung infolge des Einflusses der REKA-Kupplungen vermutet.

Die ebenfalls mit REKA-Kupplungen verbundene Druckrohrleitung DN 150, PN 12,5 ($s = 17$ mm) der Strohgäu-Gruppe hatte eine Länge von 2706 m. Die Versuche ergaben hier im Mittel $a = 1040$ m/s, woraus sich ein E_r-Modul von $2,05 \cdot 10^4$ N/mm² errechnete.

1961 führte GANDENBERGER Druckstoßversuche an einer mit REKA-Kupplungen versehenen Asbestzement-Druckrohrleitung DN 600 in Trier durch [V31]. Die Versuchsstrecke hatte eine Länge von 4318 m ($s = 30$ bis 38 mm) Bei diesen Versuchen fand GANDENBERGER im Mittel $a = 908$ m/s und errechnete daraus den mittleren Elastizitätsmodul $E_r = 2,46 \cdot 10^4$ N/mm². Daß der E_r-Modul hier etwas höher liegt, ist darauf zurückzuführen, daß der druckstoßmindernde Einfluß der REKA-Kupplungen bei größeren Nennweiten kleiner wird.

GANDENBERGER ermittelte bei seinen Versuchen den E_r-Modul nach Gl. (4.2/3) für dünnwandige Rohre.

KESSLER [50] fand 1937 bei Druckstoßversuchen an einer 10,435 km langen Leitung mit SIMPLEX-Kupplungen, Durchmesser 355 mm, Wellengeschwindigkeiten zwischen 1018 und 1051 m/s, aus denen er einen mittleren E_r (bzw. $E_r{''}$)-Modul von $2{,}325 \cdot 10^4$ N/mm² errechnete.

Stellt man abschließend die oben beschriebenen Ergebnisse zusammen (Tab. 4/1), so ergeben sich als Mittelwerte:

$$\text{für } a \;=\; 999 \text{ m/s},$$
$$\text{für } E_r{''} = 22\,400 \text{ N/mm}^2.$$

Für die überschlägliche Berechnung des zu erwartenden Druckstoßes kann daher ohne Rücksicht auf die Abmessung des Rohres selbst mit einer Druckwellenfortpflanzungsgeschwindigkeit von $a = 1000$ m/s gerechnet werden.

Der Wert E_r bzw. $E_r{''}$ ist der E-Modul für die Rohrleitung einschl. Kupplungen.

Die Berechnung der Druckstoßhöhe wird in Abschn. 9.2 behandelt.

Tabelle 4/1. Zusammenstellung der Untersuchungsergebnisse

Nr.	Versuche	d_m in mm	s_m in mm	$\dfrac{d_m}{s_m} = \delta_m$	a in m/s	$E_r{''}$ N/mm²
1.	PRESS	200,58	23,5	8,53	1007[1]	25 800
2.	GANDENBERGER	200	22	6,83		
			18	8,34	984[1]	20 200
			13	11,55		
3.	GANDENBERGER	150	17	8,83	1040[1]	20 500
4.	GANDENBERGER	600	38			
			35	17,67	908[1]	24 600
			30			
5.	KESSLER	350	—	—	1035[3]	23 250
6.	Schweizer Versuch	150	19	7,88	965[2]	—
		125	24	5,20	1062[2]	—

[1] REKA-Kupplungen   [2] GIBAULT-Kupplungen   [3] SIMPLEX-Kupplungen

4.2.2.2 Festigkeitsverhalten

Von der EMPA[1] wurden in Verbindung mit den Versuchen der Druckstoßkommission Festigkeitsuntersuchungen durchgeführt. Es zeigte sich,

---

[1] Eidgenössische Material-Prüfungs- und Versuchsanstalt für Industrie, Bauwesen und Gewerbe, Zürich.

daß die Dehnung infolge der durch den Druckstoß erzwungenen Aufweitung des Rohres affin verläuft mit der Druckstoßwelle. Außerdem stimmten die gemessenen Dehnungen mit den bei statischen Versuchen unter entsprechender Belastung erhaltenen Werten gut überein [86].

Roŝ [86] beanspruchte in der EMPA Asbestzementrohre durch schlagartig auftretenden Wasserinnenüberdruck, den er mit Hilfe eines Fallgewichtes erzeugte. Hierbei zeigte sich, daß die Rohre eine um etwa 30% höhere Festigkeit aufwiesen als beim entsprechenden statischen Innendruckversuch. Die Zerstörung der Rohre erfolgte meistens durch Heraussprengen eines Rohrstücks aus der Wandung, im Gegensatz zu den bekannten Längsrissen in Y-Form beim statischen Versuch. Somit ist eine zusätzliche Sicherheit bei Druckstoßbeanspruchung gegeben.

4.3 Physikalische Eigenschaften

4.3.1 Gefügebeschaffenheit, Anisotropie

Aus der Herstellung des Asbestzementrohres durch Wickeln eines dünnen Asbestzement-Filmes in zahlreichen Lagen um einen Stahlkern ergibt sich, daß die Asbestfasern nie ganz in Radialrichtung des Rohres angeordnet sein können. An Schliffbildern kann gezeigt werden, daß die Fasern in der Ebene der Wickelschichten parallel oder geneigt zur Umfangrichtung verlaufen, kaum dagegen parallel zur Rohrlängsachse.

Da die kurzen Asbestfasern in Analogie zu den Stahleinlagen im Stahlbeton als gewissermaßen „kontinuierlich" verteilte Zugbewehrung aufgefaßt werden können, ist zu erwarten, daß die Zugfestigkeit des Asbestzementes am größten in Richtung des Faserverlaufes ist. Schräg dazu wird sich die Zugfestigkeit verringern. Entsprechend der Gefügebeschaffenheit und damit dem Festigkeitsverhalten muß daher Asbestzement als anisotroper Körper angesehen werden.

Die Asbestfasern sind im allgemeinen regellos in den dünnen Wickelschichten, die die Rohrwand bilden, verteilt. Durch die beim Herstellungsverfahren verwendeten Siebzylinder ist zunächst jedoch der Faseranteil in tangentialer Richtung beim Rohr höher als in axialer Richtung.

Der Hersteller kann aber die Ausrichtung der Asbestfasern durch maschinelle Zusatzeinrichtungen beeinflussen, um höhere Festigkeiten in der einen oder anderen Richtung zu erzielen. Daher wird bei Rohren kleiner Nennweiten die Festigkeit in axialer Richtung erhöht, bei Großrohren dagegen wird die Festigkeit in tangentialer Richtung angehoben, um eine höhere Berstdruck- und Scheiteldruckbelastbarkeit zu erreichen.

Das Verhältnis der Zugfestigkeiten in axialer und tangentialer Richtung kann als ein Maß für die Anisotropie des Asbestzementrohres angesehen werden.

Für zwei Rohrmaschinen, auf denen Rohre kleiner Nennweiten bzw. Großrohre hergestellt werden, wurde dieses Verhältnis in Werksversuchen der ETERNIT AG aufgestellt. Die axiale Zugfestigkeit wurde an 300 mm langen Streifen, die in Längsrichtung aus dem Rohr geschnitten wurden, ermittelt, während die tangentiale Zugfestigkeit aus Berstversuchen am gleichen Rohrmaterial errechnet wurde. Das Verhältnis von axialer zu tangentialer Zugfestigkeit betrug je nach Maschine im Mittel 0,52 und 0,38.

4.3.2 Spezifisches Gewicht und Raumgewicht des Asbestzementes

Das spezifische Gewicht und das Raumgewicht des Asbestzements wurde an zahlreichen Proben aus Druckrohren unterschiedlicher Nennweite und Wanddicke ermittelt [V47].

Zur Bestimmung des spezifischen Gewichtes (Reinwichte) wurde die Pyknometermethode mit Toluol als Meßflüssigkeit angewandt, zur Ermittlung des Raumgewichtes (Rohwichte) die Wasserverdrängungsmethode, wobei die Proben durch Kochen weitestgehend gesättigt worden waren. Es zeigte sich bei beiden Werten keine Abhängigkeit von der Nennweite bzw. Wanddicke.

Die Untersuchungen ergaben als Gesamtmittel aller Proben für das spezifische Gewicht

$$\gamma = 24{,}05 \ \text{N/dm}^3 \,,$$

mit einer Streuung von $\pm \, 0{,}49 \ \text{N/dm}^3$,

für das Raumgewicht $\gamma_r = 18{,}49 \ \text{N/dm}^3$,

mit einer Streuung von $\pm \ 0{,}45 \ \text{N/dm}^3$.

Untersuchungen an der EMPA, Zürich, ergaben Werte von

$$\gamma = 23{,}59 \ \text{N/dm}^3 \,,$$

$$\gamma_r = 19{,}06 \ \text{N/dm}^3 \,.$$

Während das spezifische Gewicht als reines Materialgewicht mehr theoretischen Wert besitzt, kommt dem Raumgewicht als dem Gewicht der

Volumeneinheit des Rohres mehr praktische Bedeutung zu. Es hängt
u.a. von dem verwendeten Zement ab und nimmt durch längeres Lagern
zu. Zur Ermittlung des Rohrgewichtes kann in der Praxis für luftgelagerte
Rohre mit

$$\gamma_r = 21 \ \mathrm{N/dm^3}$$

gerechnet werden.

4.3.3 Wasseraufnahme und Wasserdichtheit

Durch Hohlräume im Gefüge eines festen Materials kann Wasser aufgenommen und festgehalten werden. Stehen die Hohlräume miteinander
in Verbindung, so kann die Wasseraufnahme der Porosität entsprechen.
Sind dagegen die Hohlräume ganz oder zum Teil gegeneinander durch
feste Gefügebestandteile abgegrenzt, so wird die Wasseraufnahme entsprechend kleiner.

Die Größe der Wasseraufnahme hängt stark von dem Sättigungs-
verfahren ab, ob die Sättigung durch einfache Wasserlagerung, unter
Druck bzw. Unterdruckwirkung oder durch Kochen erfolgt.

Allgemein errechnet sich die Wasseraufnahme aus dem Gewichts-
unterschied der wassergesättigten und der trockenen Probe. PILNY [V47]
fand bei Wassersättigung durch Kochen von Druckrohrproben eine
durchschnittliche Wasseraufnahme von 15,7% des Trockengewichtes
(s. Abb. 4/5). Andere Verfasser fanden an wassergelagerten Proben je
nach Abmessungen der Proben und Dauer der Wasserlagerung sehr unterschiedliche Werte [43]. Unter den Bedingungen der Praxis ist die Wasseraufnahme geringer. Für luftgelagerte Rohre beträgt der Wassergehalt
im Minimum 6 bis 8%. Den starken Einfluß der Dauer der Wasserlagerung auf die Größe der Wasseraufnahme zeigt Abb. 4/4.

Danach wird bei Wasserlagerung praktisch nach sieben Tagen die
Sättigung der raumfeuchten Druckrohrproben erreicht. Bei anschließender Ofentrocknung mit 105 °C betrug nach sechs Tagen die Wasser-
abgabe weniger als 0,5% des Trockengewichtes. Bei einer zweiten Wasserlagerung war die Wassersättigung bereits nach zwei Tagen erreicht, der
End-Wassergehalt lag jetzt jedoch niedriger, da bei der ersten Wasserlagerung Abbindewasser aufgenommen und das Material dadurch dichter
wurde (Anstieg des Raumgewichtes).

Bei Trocknung einer wassergesättigten Probe an der Luft ergibt sich
ein langsamerer Trocknungsverlauf, wie Abb. 4/5 zeigt.

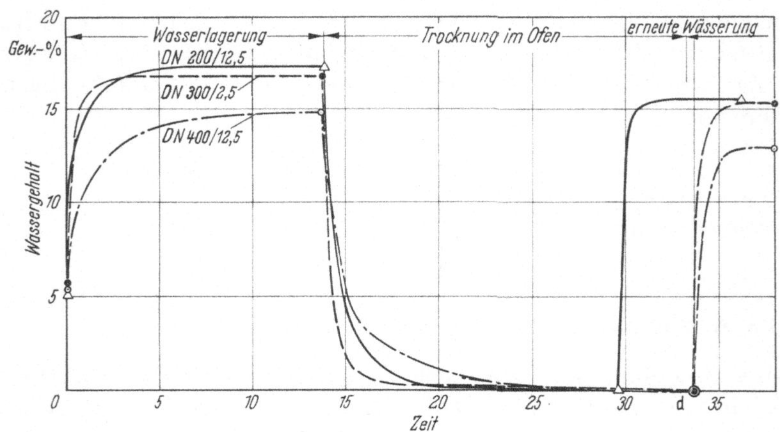

Abb. 4/4. Darstellung der Wasseraufnahme und der Austrocknung in Abhängigkeit von der Zeit [V 47].

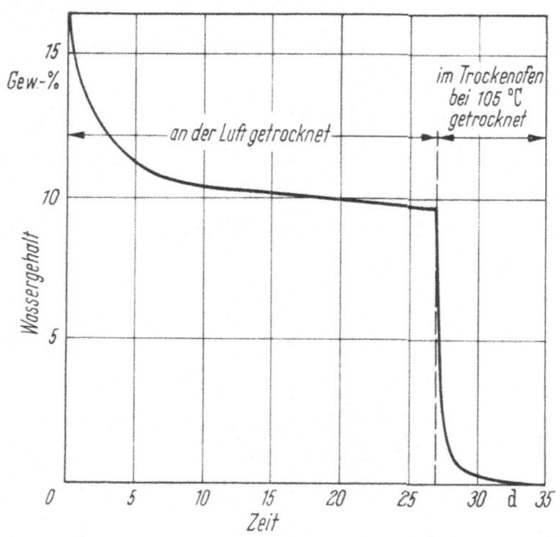

Abb. 4/5. Lufttrocknung und anschließende Ofentrocknung in Abhängigkeit von der Zeit, Darstellung des Mittelwertes von 3 Proben DN 200, PN 2,5 ($s = 11$ mm) [V 47].

Die Tatsache, daß Asbestzementrohre auf Grund ihrer Porosität in Abhängigkeit von dem augenblicklichen Sättigungsgrad eine bestimmte Menge an Wasser aufnehmen, wird verschiedentlich als Zeichen eines permanenten Wasserverlustes gewertet. Diese Ansicht entspricht nicht den vorliegenden Erfahrungen. Ferner ist die in älterer Literatur häufig vertretene Auffassung zu korrigieren, daß in der Rohrwand von Asbestzement-Druckrohren auch bei höchsten Innendrücken keine vollkommene Wassersättigung erzielt wird [27, 91].

Daß die anfänglich zu beobachtende geringe Wasseraufnahme durch ein trockenes Rohr mit zunehmender Sättigung abklingt, hat mehrere Ursachen.

Durch die lagenmäßige Struktur des aus vielen Schichten hergestellten Asbestzementrohres sind über die ganze Wanddicke durchgehende Kapillaren weitgehend ausgeschlossen.

Durch den hohen Zementgehalt hat Asbestzement ein sehr dichtes Gefüge mit außerordentlich feingliedriger Kapillarstruktur, die einer Wasserbewegung hohen Widerstand entgegensetzt.

Eine Untersuchung der Porengrößenverteilung an der Probe eines Druckrohres DN 100 ergab, daß bei einem Gesamtporenvolumen von 17,9% der maximal vorhandene Volumenanteil auf Poren mit Durchmessern über 0,06 μm entfiel, während alle Poren einen kleineren Durchmesser als 15 μm hatten [V34].

Die Zementgele quellen unter Wasseraufnahme und liefern damit einen sehr wichtigen Beitrag zum Verschluß der Rohrwand. Dieser Quellvorgang erstreckt sich über längere Zeit.

Im Hinblick auf die praktische Anwendung kann mit ausreichender Sicherheit festgestellt und auch nachgewiesen werden, daß bei erdverlegten Asbestzement-Druckrohrleitungen nach einer bestimmten Zeit ein völliger Stillstand der Wasseraufnahme eintritt, was gleichzeitig als Beweis für die vollkommene Dichtheit anzuerkennen ist. Dies zeigte sich auch an mehreren Druckrohrleitungen verschiedener Nennweiten, bei denen nach mehrwöchiger Betriebsdauer Druckprüfungen gemäß DIN 19 801 durchgeführt wurden. Hierbei ergab sich weder ein Druckabfall noch eine meßbare Wasseraufnahme.

Für die Durchführung der Abnahmeprüfung bei Druckrohrleitungen sind in DIN 4279, Blatt 6, zulässige Werte für die Wasseraufnahme in Abhängigkeit vom Nenndruck angegeben. Für Asbestzement-Kanalrohre legt DIN 4033 die zulässige Wasseraufnahme auf 0,02 l/m² benetzte Innenfläche bei einem Prüfdruck von 0,5 bar fest.

Mit dem Quellen der Zementgele bei Wasseraufnahme ist eine Vergrößerung des Volumens verbunden, die bei Asbestzementrohren zu einem Längenzuwachs und einer Durchmesservergrößerung führt, die im Hinblick auf die Rohrlegung von Interesse sind.

Versuche [V47] zeigten, daß beim Übergang vom raumfeuchten Zustand (Wassergehalt 5 bis 8 Gew.%) zum wassergesättigten Zustand (Wassergehalt 15 bis 17 Gew.%) die Längenzunahme zwischen 0,87 und $1,13^0/_{00}$ liegt.

Die Längenänderung wächst im allgemeinen mit zunehmender Differenz zwischen Anfangs- und Endwassergehalt. Bei Rohrlagerung im Freien sinkt unter unseren klimatischen Verhältnissen der Wassergehalt normalerweise nicht unter 8 Gew.%. Demgemäß kann für die Praxis mit Längenänderungen bis zur Sättigung von etwa 0,8 bis $0,9^0/_{00}$ gerechnet werden.

Für die Durchmesservergrößerung wurden je nach Wasseraufnahme für die Nennweiten 100 bis 400 Werte zwischen 0,13 und 0,26 mm gemessen. Für die Praxis sind die Durchmesseränderungen ohne Bedeutung, da die Rohrverbindung hierdurch nicht beeinträchtigt wird.

4.3.4 Dichtheit gegenüber Erdöl und Gas

Bei Einwirken von Erdöl findet ein Quellen der Zementgele und damit eine Selbstdichtung der Rohrwand nicht statt. Der Öldurchtritt geht mit gleichbleibender Geschwindigkeit vor sich, in Abhängigkeit vom Innendruck und vom Fließwiderstand in den Wandkapillaren. Für Erdölleitungen und Ölbehälter können Asbestzementrohre daher nur mit einem ölbeständigen Innenanstrich eingesetzt werden.

Asbestzement-Druckrohre sind auch für Gasleitungen geeignet, wie sowohl die hierfür vorliegenden Erfahrungen zeigen als auch die ergänzend durchgeführten Eignungsprüfungen des Institutes für Gastechnik, Feuerungstechnik und Wasserchemie der Technischen Hochschule Karlsruhe [V32].

In Belgien wurde bereits 1923 eine erste Versuchsleitung DN 75 gelegt, die in 35 Betriebsjahren keinerlei Mängel oder Undichtigkeiten aufwies [V32]. Von der Antwerpener Gaswerk AG wurden für etwa 22% des gesamten Gasleitungsnetzes, das sind 450 km, Asbestzement-Druckrohre mit sehr günstigen Erfahrungen gelegt [73].

In Belgien und Holland zusammen sind über 4000 km Asbestzement-Gasrohrleitungen bis DN 600 in Betrieb, hauptsächlich im Niederdruckbereich, einzelne Leitungen aber auch für Überdrücke bis 1 bar.

In der Sowjetunion wurden vor etwa 25 Jahren die ersten Erdgasleitungen aus Asbestzement-Druckrohren gelegt, hauptsächlich wegen ihres guten Korrosionsverhaltens. Unter anderem wurde neuerdings eine 6 km lange Ferngasleitung DN 500 aus diesen Rohren gebaut, die selbst unter einem Überdruck bis 7 bar nur unwesentliche Gasverluste zeigte [69]. Auch in Italien und Österreich wurden Asbestzement-Druckrohre für Gasleitungen verwendet.

In Deutschland wurden die ersten Gasleitungen aus Asbestzement vor rund 30 Jahren gelegt. Aufgrabungen jahrelang betriebener Gasleitungen, z. B. bei Aurich/Ostfriesland, in Obertshausen bei Offenbach/Main und in Heide/Holstein zeigten keinerlei wahrnehmbare Mängel oder Schäden. In den beiden erstgenannten Fällen handelte es sich um TOSCHI-Rohre der Torfit-Werke. Auf Grund der guten Erfahrungen legten die Stadtwerke Heide 1959 eine 4,4 km lange Mitteldruckleitung DN 100 für einen Betriebsdruck von 0,3 bar und 1963 eine 7,2 km lange Leitung DN 100 für einen Betriebsdruck von 0,2 bis 1,0 bar.

Zur Prüfung der Asbestzement-Druckrohre auf Dichtheit gegenüber Gasen wurden vom Gasinstitut Rohre DN 100 und DN 80 unter Drücken zwischen 1,0 und 0,02 bar untersucht. Die Rohre waren zum Teil ungeschützt, zum Teil hatten sie einen inneren bzw. einen beiderseitigen Inertolanstrich auf Teerpechbasis. Außer den Rohren wurden auch Kupplungen, vorzugsweise REKA-Kupplungen, untersucht.

Die Durchlässigkeit ist sowohl von der Wanddicke als auch vom Vorhandensein eines einfachen oder mehrfachen Schutzanstrichs abhängig. Feuchte Rohre sind wesentlich weniger durchlässig als trockene. Die günstigsten Werte ergab das dickerwandige Rohr PN 12,5 mit innerem und äußerem Schutzanstrich. Der Gasverlust betrug rund 0,1 l/h bei 0,02 bar Überdruck und rund 0,6 l/h bei 1,0 bar Überdruck jeweils für 100 m Leitungslänge.

Im mittleren Druckbereich kann als mittlerer Verlust der Wert 0,24 l/h je 100 m Leitungslänge angesehen werden.

Für die Durchlässigkeit der REKA-Kupplungen kommt im mittleren Bereich noch der Wert 0,03 l/h je 100 m Leitungslänge hinzu, unter der Annahme, daß 25 Kupplungen auf 100 m Leitungslänge entfallen.

Nach den Versuchen und praktischen Erfahrungen können Asbestzement-Druckrohre für Gasleitungen im Niederdruckbereich unter 0,05 bar ohne Bedenken angewendet werden, bei besonderer Berücksichtigung der Betriebsbedingungen und Bodenverhältnisse auch im Mitteldruckbereich (0,05 bis 1,0 bar). Für höhere Drücke wird allgemein eine Epoxydharzauskleidung zur Erreichung der Gasdichtheit empfohlen.

4.3.5 Temperaturverhalten

Asbestzementerzeugnisse sind sehr widerstandsfähig sowohl gegenüber höheren als auch gegenüber sehr tiefen Temperaturen, sie zeigen bei schroffen Temperaturwechseln keine Risse und Sprünge oder dergleichen, und sie sind nicht brennbar.

Versuche mit Rohrproben, die 30mal gefroren und wiederaufgetaut wurden, mit maximalen Temperaturdifferenzen von 70 K haben keinerlei Veränderung des Asbestzementmaterials gezeigt [V43]. Festigkeitsuntersuchungen haben gezeigt, daß auch keine Schädigung des Gefüges eingetreten ist (vgl. Abschn. 4.4.11).

Asbestzementrohre können auch als Säulenverkleidungen verwendet werden. Entsprechende Brandprüfungen nach DIN 4102 an Stahlbetonsäulen mit 1 cm dicker ETERNIT-Rohrummantelung haben gute Resultate ergeben [38].

Untersuchungen über die Verformung der Asbestzementrohre infolge Temperaturänderung [V44] haben bei einer Temperaturdifferenz von 81 K eine radiale Wärmeausdehnung von etwa $1^0/_{00}$ des Rohraußendurchmessers ergeben. Die axiale Wärmeausdehnung lufttrockener Proben betrug $0{,}75^0/_{00}$ bei einer Temperaturdifferenz von 60 K.

Aus den Versuchsergebnissen errechnen sich im Bereich der üblichen, praktisch vorkommenden Temperaturgrenzen Wärmeausdehnungszahlen

$$\text{in radialer Richtung } \alpha_r = 16{,}7 \cdot 10^{-6}\,1/\text{K}\,,$$

$$\text{in axialer Richtung } \alpha_l = 12{,}5 \cdot 10^{-6}\,1/\text{K}\,.$$

Vergleichsweise betragen die Wärmeausdehnungszahlen für Beton etwa $10 \cdot 10^{-6}\,1/\text{K}$.

Es sei noch erwähnt, daß bei höheren Temperaturen (oberhalb etwa $+200\,°\text{C}$) eine Verkürzung des Materials eintritt infolge beginnenden Austreibens des Gel-Wassers. Ab 300 °C kann bereits mit beginnendem Verlust des Kristallwassers gerechnet werden.

Jedoch können auch diese Temperaturen ohne wesentliche Schäden ertragen werden, wenn sie sich gleichmäßig ändern, um größere Spannungen zu vermeiden.

4.3.6 Wärmeleitfähigkeit

Die Wärmeleitfähigkeit des Asbestzementes ist gering. Die Wärme-leitzahl der Rohre beträgt in lufttrockenem Zustand im Temperatur-bereich zwischen $+10°$ und $+30\,°C$

$$\lambda = 0,676 \pm 3\% \ \text{W/m K} \quad [\text{V42}],$$

bei einem volumetrischen Feuchtigkeitsgehalt von 0,7% bei einer mitt-leren Temperatur von $+65\,°C$

$$\lambda = 0,426 \ \text{W/m K} \qquad [\text{V8}],$$

bei einem volumetrischen Feuchtigkeitsgehalt von 2,5%

$$\lambda = 0,408 \ \text{W/m K} \qquad [\text{V8}].$$

Aus der Wärmeleitzahl λ ergibt sich die Wärmedämmzahl D (Durch-laßwiderstand)

$$D = \frac{s}{\lambda}$$

mit $s\,(\text{m}) = $ Wanddicke,
die Wärmedurchgangszahl k (Wärmeübergang Wasser-Rohroberfläche und Speichervermögen des Rohres vernachlässigt)

$$k = \frac{1}{D + \dfrac{1}{\alpha_a}}$$

mit $\alpha_a = $ Wärmeübergangszahl Luft-Rohroberfläche $= 23\ \text{W/m}^2\,\text{K}$.

4.3.7 Elektrische Leitfähigkeit

Asbestzementrohre haben nur eine geringe elektrische Leitfähigkeit und müssen im Zuge einer metallenen Rohrleitung als Isolierstellen betrachtet werden. Da in zunehmendem Maße auch andere nicht leitende Materialien in die Rohrleitungen eingebaut werden, soll nach Empfehlung des DVGW aus Gründen der Korrosion und aus Sicherheitsgründen grund-sätzlich das Wasserrohrnetz nicht zur Schutzerdung herangezogen werden.

Infolge der geringen elektrischen Leitfähigkeit, die durch die Material-zusammensetzung bedingt ist, findet keine elektrolytische Korrosion (z.B. durch Streuströme) statt.

Messungen des spezifischen elektrischen Widerstandes in Rohrlängsrichtung mit Wechselstrom von 30 V und 800 Hz ergaben als Mittelwerte

für das lufttrockene Rohr $\varrho_{L,\text{trocken}} = 390\ \Omega\text{m}$

für das feuchte Rohr   (24-stündige Wasserlagerung)

$$\varrho_{L,\text{feucht}} = 4\ \Omega\text{m}$$

ohne Wasserfüllung [V46].

Entsprechende Versuche mit Frequenzen von 50 und 800 Hz an wassergefüllten Rohren ergaben als mittleren spezifischen elektrischen Widerstand

$$\varrho_{L,\text{wassergefüllt}} = 48\ \Omega\text{m} \quad [V46].$$

Daß hier $\varrho_{L,\text{wassergefüllt}} > \varrho_{L,\text{feucht}}$ ist, dürfte darauf zurückzuführen sein, daß die Messung am wassergefüllten Rohr 1 h nach der Wasserfüllung erfolgte und die Rohrwand daher noch nicht den Sättigungsgrad erreicht hatte wie nach 24stündiger Wasserlagerung.

Der kleinste Meßwert für den spezifischen Widerstand am feuchten Rohr ergab sich zu

$$\min \varrho_L = 1{,}38\ \Omega\text{m}.$$

Zum Vergleich seien die spezifischen Widerstände einiger Metalle angeführt (nach WESSEL: Physik, Leipzig 1950):

$$\text{Stahl, gehärtet:} \quad \varrho = 0{,}45 \ \cdot 10^{-6} \frac{\Omega \cdot \text{m}^2}{\text{m}}$$

$$\text{Stahl, weich:} \quad \varrho = 0{,}15 \ \cdot 10^{-6} \quad ,,$$

$$\text{Eisen:} \quad \varrho = 0{,}098 \cdot 10^{-6} \quad ,,$$

$$\text{Kupfer:} \quad \varrho = 0{,}017 \cdot 10^{-6} \quad ,,$$

Asbestzementrohre können nicht zur Schutzerdung herangezogen werden, da sie einen zu hohen Erdungswiderstand haben.

Für die Verwendung von Asbestzementrohren als Kabelschutzrohre ist der Durchgangswiderstand R_D von Bedeutung.

Zahlreiche Versuche an Asbestzement-Kabelschutzrohren DN 100, $s = 8$ mm, ergaben spezifische Durchgangswiderstände

für lufttrockene Rohre $\varrho_D = 3{,}5 \cdot 10^7 \ldots 1{,}88 \cdot 10^8\ \Omega\text{cm}$,

für nasse Rohre $\varrho_D = 1 \cdot 10^6 \ldots 9 \cdot 10^6\ \Omega\text{cm}$.

Elektrische Durchschlagsversuche gemäß VDE 0303, Teil 2, an ungeschützten Kabelschutzrohren DN 100, $s = 8$ mm, ergaben eine mittlere Durchschlagsspannung von rund 21 000 V. Dieser Wert kann auch auf Asbestzementrohre übertragen werden.

4.4 Mechanische Festigkeiten

4.4.1 Ringzugfestigkeit

Die Ringzugfestigkeit ist für die Belastung des Rohres durch Innendruck von Bedeutung. Für die Berechnung der Bruchspannung aus den Berstdrücken gilt die Beziehung nach DIN 19 800, Ausgabe 1973, Blatt 2

$$\sigma_{rz} = \frac{p}{2s} \cdot (d + s) \qquad (4.4/1)$$

mit

σ_{rz} = Ringzugfestigkeit in N/mm²,
p = hydraulischer Innendruck beim Bruch in N/mm²,
d = Innendurchmesser in mm,
s = Wanddicke in mm.

Bei den früheren Untersuchungen wurde entsprechend DIN 19800, Ausgabe 1968, jedoch noch die vereinfachte Kesselformel

$$\sigma'_{rz} = \frac{pd}{2s}, \qquad (4.4/2)$$

die etwa 6% niedrigere Werte für PN 10, im Vergleich zur Formel (4.4/1) liefert, benutzt. Es gilt die Beziehung

$$\sigma_{rz} = \sigma'_{rz} + \frac{p}{2}.$$

Von PILNY durchgeführte Berstversuche an Rohrproben in den Nennweiten 80 bis 400 und den Nenndruckstufen PN 2,5, PN 10 und PN 12,5 ergaben im Mittel

für die Druckstufe PN 2,5 $\sigma'_{rz} = 28,3 \pm 1,7$ N/mm² ,
für die Druckstufe PN 10 $\sigma'_{rz} = 27,2 \pm 2,2$ N/mm² ,
für die Druckstufe PN 12,5 $\sigma'_{rz} = 27,0 \pm 2,5$ N/mm² .

Zur Berechnung der angegebenen Standardabweichungen wurden die Mittelwerte für jede Nennweitengruppe als Einzelwerte betrachtet.

Berstversuche an Großrohren DN 500 bis DN 1000 ergaben als mittlere Bruchspannung

$$\sigma'_{rz} = 31,0 \pm 3,8 \text{ N/mm}^2 . \quad [\text{V9, V11}]$$

Die im Rahmen der Fremdüberwachung durch die Bundesanstalt für Materialprüfung Berlin durchgeführten Berstprüfungen ergaben für den Zeitraum 1970 bis 1974 als mittlere Bruchspannungen

$$\sigma'_{rz} = 30{,}8 \pm 3{,}0 \ \text{N/mm}^2 \,,$$

bzw.

$$\sigma_{rz} = 33{,}3 \pm 3{,}6 \ \text{N/mm}^2 \,.$$

Untersucht wurden dabei Rohre PN 10 im Nennweitenbereich 200 bis 1400.

Die nach DIN 19 800 geforderten Mindest-Ringzugfestigkeiten von $\sigma_{rz} = 22$ bis $25 \ \text{N/mm}^2$ wurden bei allen untersuchten Nennweiten und Druckstufen stets überschritten.

Im Zusammenhang mit den Innendruckversuchen wurden auch die Umfangsdehnungen an der Rohraußenfläche an Rohren DN 200 gemessen [V47]. Hierbei konnte kein eindeutig bestimmbarer Einfluß der Wanddicke festgestellt werden. Dagegen konnte eine gewisse Stützwirkung der Kupplungsmuffen beobachtet werden, die zur Folge hatte, daß in Rohrmitte eine größere Aufweitung eintrat als in den Viertelspunkten der Rohrlänge. Der Einflußbereich dieser Stützwirkung über die Rohrlänge wird um so kleiner, je dünnwandiger das Rohr und je größer der Innendruck ist.

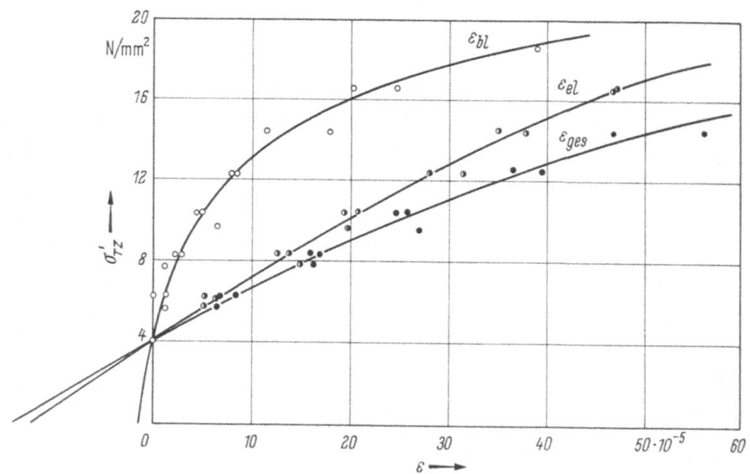

Abb. 4/6. Einzelwerte und Mittelwertskurven der von PILNY gemessenen Umfangsdehnungen infolge Innendruck in Rohrmitte, DN 200/PN 2,5 ($l = 50$ cm) [V 47].

Als Beispiel sei angeführt, daß für Rohre DN 200, PN 12,5 bei einer Erhöhung der Ringzugspannung von etwa 4 N/mm² auf 16 N/mm² die zugehörige elastische Dehnung an der Rohraußenfläche im Mittel bei 0,45⁰/₀₀ lag.

Die Versuche zeigten, daß bei höheren Spannungen der Anteil der bleibenden Dehnung an der Gesamtdehnung schnell anwächst und das Material sich zu strecken beginnt. Dies veranschaulicht Abb. 4/6 für Rohre DN 200, PN 12,5.

4.4.2 Ringbiegezugfestigkeit

Die Ringbiegezugfestigkeit ist für die Belastung erdverlegter Rohre durch Erd- und Verkehrslasten von Bedeutung. Die Ermittlung erfolgt an Rohrproben im Scheiteldruckversuch. Die Versuchsanordnung als Dreilinienlagerung ist für Druck- und Kanalrohre in den jeweiligen Normen DIN 19 800 und 19 850 einheitlich festgelegt. Die Ringbiegezugfestigkeit wird unter Beachtung des nicht linearen Spannungsverlaufes nach folgender Formel errechnet:

$$\sigma_{rbz} = 0{,}3 \cdot \frac{F}{l} \cdot \frac{3d + 5s}{s^2} \qquad (4.4/3)$$

mit

σ_{rbz} = Ringbiegezugfestigkeit in N/mm²,
F = Bruchkraft in N,
d = Rohrinnendurchmesser in mm,
s = Wanddicke in mm,
l = Länge der belasteten Mantellinie in mm.

Für Asbestzement-Druckrohre betragen die Mindestwerte der Ringbiegezugfestigkeiten je nach Druckstufe 45 bis 49 N/mm² bis DN 400 und 47 bis 51 N/mm² über DN 400.

Den Versuchsergebnissen von PILNY, WEINHOLD, BAM, liegt jedoch noch die Zweilinienlagerung der Prüfkörper nach DIN 19 800, Ausgabe 1968, zugrunde. Die Ringbiegezugspannung errechnet sich für diese Prüfanordnung bei linearem Spannungsverlauf zu

$$\sigma'_{rbz} = \frac{3}{\pi} \cdot \frac{F}{l} \cdot \frac{d + s}{s^2}. \qquad (4.4/4)$$

Zwischen beiden Spannungen besteht die Beziehung

$$\sigma_{rbz} = 0,942\,\alpha_K \cdot \sigma'_{rbz} \tag{4.4/5}$$

mit

$$\alpha_K = \frac{3d + 5s}{3d + 3s}\,,$$

α_K = Korrekturfaktor bei Berücksichtigung des Spannungsverlaufs im gekrümmten Stab.

Der Korrekturfaktor beträgt für Druckrohre PN 10 im Bereich DN 80 bis 600 $\alpha_K = 1{,}065\ldots1{,}041$, so daß sich nur geringfügige Abweichungen bei beiden Prüfmethoden ergeben.

Von PILNY [V47] durchgeführte Scheiteldruckversuche an Rohrproben der Nennweiten DN 100 bis DN 400, der Druckstufen PN 2,5 bis PN 12,5 und der Probenlänge 20 cm bis 60 cm ergaben als Gesamtmittel der Ringbiegezugfestigkeit

$$\sigma'_{rbz} = 51{,}2 \pm 3{,}8\ \mathrm{N/mm^2}.$$

Die Einzelwerte ließen bei gleicher Nenndruckstufe eine deutliche Verminderung der Festigkeiten mit größer werdender Nennweite erkennen.

Scheiteldruckversuche an Rohren DN 200, PN 10 ergaben nach dem Prüfzeugnis der BAM [V10] für das Mittel aus 20 Einzel werten und die zugehörige Standardabweichung

$$\sigma'_{rbz} = 76{,}1 \pm 4{,}7\ \mathrm{N/mm^2}.$$

Scheiteldruckversuche an Großrohren wurden von WEINHOLD [V35, V36] (DN 600 und DN 1000), von der ETERNIT AG unter Aufsicht der BAM [V9] (DN 500 bis DN 800) und als Werksversuche der ETERNIT AG (DN 700 bis DN 900) durchgeführt.

Da alle diese Versuche Ergebnisse gleicher Größenordnung zeigten, können sie zusammengefaßt werden. Man erhält für das Gesamtmittel mit Standardabweichung den Wert

$$\sigma'_{rbz} = 62{,}3 \pm 6{,}0\ \mathrm{N/mm^2}.$$

Scheiteldruckversuche an Großrohren DN 1600 [V68] im Rahmen von Dauerfestigkeitsuntersuchungen ergaben im Mittel den Wert von

$$\sigma_{rbz} = 54{,}3\ \mathrm{N/mm^2}.$$

Die im Rahmen der Fremdüberwachung durch die Bundesanstalt für Materialprüfung in den Jahren 1970 bis 1974 durchgeführten Prüfungen hatten folgende Ergebnisse für Druckrohre PN 10 im Nennweitenbereich 200 bis 1400:

$$\sigma_{rbz} = 69,9 \pm 5,5\ \text{N/mm}^2,$$

und für Kanalrohre nach DIN 19 850

$$\sigma_{rbz} = 69,3 \pm 7,9\ \text{N/mm}^2.$$

Die nach DIN 19 800 geforderten Mindest-Ringbiegezugfestigkeiten wurden in jedem Fall überschritten. Für Kanalrohre ist die angegebene Spannung σ_{rbz} von untergeordneter Bedeutung, da DIN 19850 Mindest-scheiteldruckkräfte für die Bemessung festlegt.

Neben den Bruchversuchen wurden auch Verformungsbestimmungen durchgeführt, um einen Zusammenhang zwischen der theoretischen Rechnung und dem tatsächlichen Verhalten herstellen zu können [V47]. Die Verformungsmessungen beschränkten sich auf die Nennweite DN 200. Es wurden die vertikalen und horizontalen Durchmesseränderungen in Rohrmitte und an den Rohrenden von 20 cm, 40 cm und 60 cm langen Proben gemessen. Die Rohre wurden nach Aufbringen einer Vorlast stufenweise bis zur Endlast von 65 bis 80% der Bruchlast belastet.

Als Beispiel zeigt Abb. 4/7 die vertikalen (ΔD_v) und horizontalen Durchmesseränderungen (ΔD_h) in Abhängigkeit von der Ringbiegezugspannung gemäß Gl. (4.4/4) für eine 40 cm lange Rohrprobe DN 200/PN 2,5.

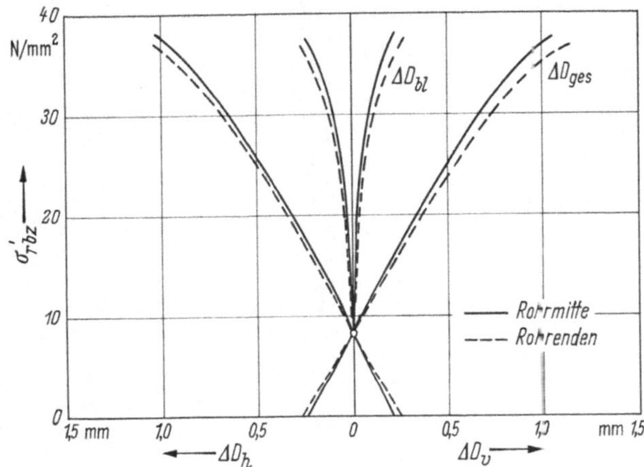

Abb. 4/7. Änderung des vertikalen und horizontalen Durchmessers infolge Scheitel-druckbelastung an Rohrproben DN 200/PN 2,5 von 40 cm Länge [V47].

Die Verformung infolge Vorlast muß zu den eingetragenen Werten noch hinzugefügt werden und kann durch geradlinige Extrapolation der Verformungskurven bis zur Abszisse ermittelt werden, da die Ringbiegezugspannung infolge der Vorlast im elastischen Bereich liegt. Die Unterschiede der Verformungen zwischen Rohrmitte und den Rohrenden wachsen mit zunehmender Probenlänge und sind Null bei den 20 cm langen Proben. Der Grund liegt in der Schwierigkeit, bei der Prüfung längerer Rohre eine gleichmäßige Verteilung der einzuleitenden Linienlast zu erreichen.

Bei den dickerwandigen Rohren sind naturgemäß die Verformungen entsprechend kleiner, wenn auch nicht in dem Maße, wie es rechnerisch zu erwarten gewesen wäre.

Außer der Bestimmung der Durchmesseränderungen wurden auch die örtlichen Dehnungen an der Innenseite von Scheitel und Sohle und an der Außenseite der Kämpfer gemessen. Als Beispiel zeigt Abb. 4/8 die Meßwerte für die gleiche Probe wie in Abb. 4/7.

Es treten ähnliche Unterschiede der Werte von Rohrmitte und den Rohrenden auf wie bei den Durchmesseränderungen. Die Dehnungen an den Kämpfern sind jedoch wesentlich kleiner als in Scheitel und Sohle. Die gemessenen Werte zeigten keine Übereinstimmung mit den berech-

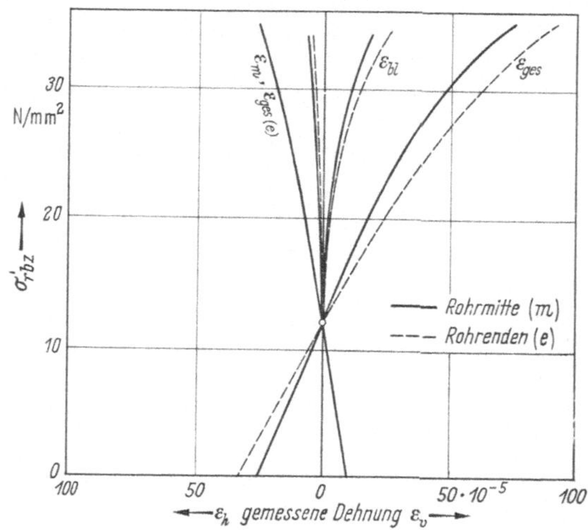

Abb. 4/8. Örtliche Dehnungen der Rohrwand in den vertikalen und horizontalen Scheiteln infolge Scheiteldruckbelastung bei Rohrproben DN 200/PN 2,5 mit 40 cm Länge [V 47].

neten, sondern sie waren in vertikalem Durchmesser größer und in horizontalem Durchmesser kleiner als die Rechenwerte.

4.4.3 Zusammengesetzte Festigkeit bei gleichzeitiger Einwirkung von Scheitellast und Innendruck

Bei der praktischen Beanspruchung erdverlegter Druckrohre wirken in der Regel Belastungen aus Innendruck und Scheitellasten gleichzeitig, d.h. den reinen Ringzugspannungen sind Ringbiegezugspannungen überlagert. Für den Praktiker ist es daher von Interesse zu wissen, mit welchen Festigkeitswerten bei verschiedenen Anteilen beider Belastungsarten zu rechnen ist.

Zu diesem Zweck wurden Werksversuche der ETERNIT AG an 1 m langen Rohrproben DN 500 PN 10; $s = 32$ mm Wanddicke durchgeführt und zwar sowohl bei konstantem Innendruck und Steigerung der Scheitellast bis zum Bruch, als auch bei konstanter Scheitellast und Steigerung des Innendrucks bis zum Bruch [77].

Die Versuche hatten das folgende Ergebnis:

Je größer die Ringzugspannung $\bar{\sigma}_{rz}$ ist, um so kleiner ist die zusätzliche Ringbiegezugfestigkeit $\bar{\sigma}_{rbz}$ und je größer die Ringbiegezugspannung $\bar{\sigma}_{rbz}$ ist, um so kleiner ist die zusätzliche Ringzugfestigkeit $\bar{\sigma}_{rz}$.

Dabei ist es auf die Spannungssumme ohne Einfluß, welche der beiden Belastungen konstant gehalten und welche bis zum Bruch gesteigert wird. Der Zusammenhang zwischen $\bar{\sigma}_{rz}$ und $\bar{\sigma}_{rbz}$ kann durch eine quadratische Parabel der Form

$$\bar{\sigma}_{rbz} = \sigma_{rbz} \sqrt{\frac{\sigma_{rz} - \bar{\sigma}_{rz}}{\sigma_{rz}}} \tag{4.4/6}$$

dargestellt werden und entspricht damit der SCHLICKschen Kurve. Hierin bezeichnet σ_{rz} und σ_{rbz} die reine Ringzugfestigkeit bzw. Ringbiegezugfestigkeit ohne Zusatzbeanspruchung, ermittelt gemäß DIN 19 800, während die gestrichenen Werte die entsprechenden Spannungen bzw. Festigkeiten bei zusammengesetzter Belastung darstellen. Für die untersuchten Rohre sind die Versuchswerte sowie die Parabel in Abb. 4/9 aufgetragen.

Beträgt z.B. die Ringzugspannung aus einem Innendruck von etwa 10 bar rund 7,8 N/mm², so ergibt sich nach Gl. (4.4/6) eine zugehörige Ringbiegezugfestigkeit von

$$\bar{\sigma}_{rbz} = 60,0 \sqrt{\frac{32,5 - 7,8}{32,5}} \approx 52,5 \text{ N/mm}^2 .$$

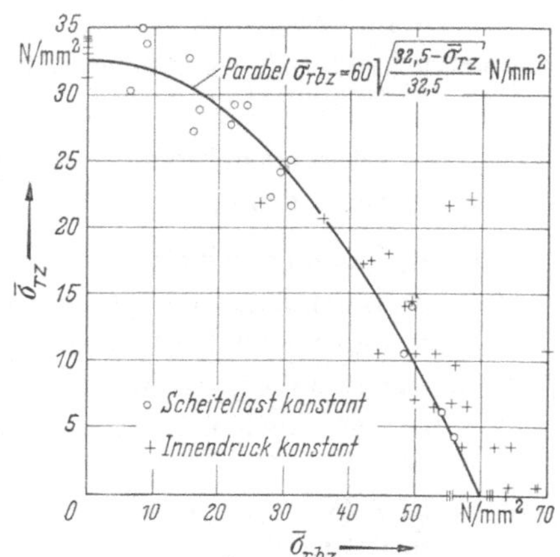

Abb. 4/9. Zusammenhang der Spannungen und Festigkeiten bei gleichzeitiger Einwirkung von Scheitellast und Innendruck [77].

Die Auftragung der Summenfestigkeit $\bar{\sigma}_{rz} + \bar{\sigma}_{rbz}$ über $\bar{\sigma}_{rz}/\bar{\sigma}_{rbz}$ zeigt, daß ein nennenswerter Abfall der Summenfestigkeit erst ab etwa $\bar{\sigma}_{rz}/\bar{\sigma}_{rbz} = 0{,}4$ auftritt.

4.4.4 Längsbiegezugfestigkeit

Wenn die Rohrleitung nicht satt auf der Grabensohle aufliegt oder ungleichmäßige Setzungen der Sohle auftreten, so wird das Rohr durch die Auflasten auf Längsbiegung beansprucht.

Nach DIN 19 800 wird für die Längsbiegezugfestigkeit von Druckrohren mindestens 25 N/mm² gefordert. Sie ist für Rohre bis DN 200 durch einen Längsbiegeversuch mit einer Einzellast in Rohrmitte bei 200 cm Stützweite zu bestimmen. Für Kanalrohre nach DIN 19 850 beträgt die Längsbiegezugfestigkeit σ_{lbz} mindestens 20 N/mm² für Rohre bis DN 150. Bei größeren Nennweiten ist für die Bemessung die Ringzugfestigkeit bzw. die Ringbiegezugfestigkeit maßgebend, da wegen des größeren Widerstandsmomentes die Längsbiegezugspannung hier nicht die Festigkeitswerte erreicht.

Biegebrüche infolge Einzellast können bei diesen Rohren bis zu einer bestimmten Grenze nur durch Vergrößerung der Stützweite erreicht werden. Außerhalb dieser Grenze wird das Rohr durch die Einzellast nur örtlich zerstört, ohne daß ein Biegebruch eintritt.

Die Biegespannung wird für den Balken mit kreisringförmigem Querschnitt berechnet, obwohl dies bei kleineren Verhältnissen Stützweite: Innendurchmesser nur näherungsweise richtig ist.

Auf Grund des Herstellungsverfahrens nach MAZZA für Asb stzementrohre erfordert die Erreichung ausreichender Längsbiegezugfestigkeiten besondere Maßnahmen. Durch entsprechende Rührbewegung im Stoffkasten kann erreicht werden, daß sich ein größerer Prozentsatz der Asbestzementfasern unter einem mehr oder weniger großen Winkel zur Wickelrichtung anordnet. Jedoch liegen die Längsbiegezugfestigkeiten nicht ganz so hoch über der geforderten Mindestfestigkeit wie die Ringbiegezug- und die Ringzugfestigkeit.

Versuche von WELLINGER an Asbestzement-Druckrohren [V69] ergaben, nach Nennweite getrennt, folgende Festigkeiten

$$DN\ 100 : \sigma_{lbz} = 42{,}2 \text{ bis } 44{,}6 \text{ N/mm}^2\,,$$

$$DN\ 200 : \sigma_{lbz} = 31{,}9 \text{ bis } 35{,}3 \text{ N/mm}^2\,.$$

Von PILNY [V47] durchgeführte Längsbiegeversuche an Rohren DN 100 bis DN 200, Druckstufe PN 10 und PN 12,5 ergaben als Gesamtmittelwert der Längsbiegezugfestigkeit

$$\sigma_{lbz} = 30{,}8 \pm 2{,}2 \text{ N/mm}^2\,.$$

Sie liegt um etwa 25% über der geforderten Mindestfestigkeit. Die aus 19 Einzelwerten berechnete Standardabweichung beträgt etwa 7% des Mittelwertes.

Ein Einfluß des Rohralters auf die Festigkeit ist kaum noch vorhanden, sofern die anfängliche Erhärtung ein bestimmtes Maß erreicht hat.

Versuche an Rohren DN 200, PN 10, ergaben nach dem Prüfzeugnis der BAM [V10] für das Mittel aus 6 Einzelversuchen und die zugehörige Standardabweichung

$$\sigma_{lbz} = 32{,}4 \pm 1{,}5 \text{ N/mm}^2\,.$$

Für die Bemessung kann auf Grund der Versuchsergebnisse mit einer Mindest-Längsbiegezugfestigkeit $\sigma_{lbz} = 27{,}5$ N/mm² gerechnet werden. Durch die Längsbiegezugfestigkeit ist gewährleistet, daß Asbestzementrohre auch dann nicht zu Bruch gehen, wenn die Rohrauflagerung teilweise unterbrochen wird, wie z.B. bei der nachträglichen Unterfahrung durch Kanalisationsleitungen. Der statische Nachweis zeigt, daß z.B. für Rohre DN 200, PN 10 bei einer Auflagerunterbrechung von 2 m Länge, einer Erdüberdeckung von 1,50 m und Verkehrsbelastung durch SLW 60 noch eine Mindestsicherheit gegen Längsbiegebruch von 2,83 vorhanden ist.

4.4.5 Zusammengesetzte Festigkeit bei gleichzeitiger Einwirkung von Längsbiegebelastung und Innendruck

Im praktischen Betrieb werden Druckrohre durch Wasserinnendruck und durch äußere Kräfte belastet. Während für Rohre größerer Nennweiten die Überlagerung von Innendruck und Scheitellast von Bedeutung ist (s. Abschn. 4.4.3), spielt für Rohre kleinerer Nennweite die Längsbiegebeanspruchung im Betriebszustand eine Rolle.

Zur Ermittlung der zusammengesetzten Festigkeiten bei gleichzeitiger Einwirkung von Längsbiegebelastung und Innendruck wurden Werksversuche der ETERNIT AG an 2 m langen Rohren DN 100, PN 10 durchgeführt, wobei die äußere Last als Einzellast in Rohrmitte aufgebracht wurde. Vergleichsversuche zur Ermittlung der reinen Innendruckfestigkeit und Längsbiegezugfestigkeit ohne Zusatzbelastung ergaben im Mittel

$$\sigma'_{rz} = 28{,}2 \ \text{N/mm}^2, \ \text{bzw.}$$

$$\sigma_{lbz} = 39{,}3 \ \text{N/mm}^2.$$

Die Stützweite für die Längsbiegeversuche betrug 165 cm.

Die Überlagerungsversuche wurden derart durchgeführt, daß die eine Belastungsgröße konstant gehalten und so gewählt wurde, daß die Spannung etwa $^1/_3$ bzw. $^2/_3$ der entsprechenden Festigkeit betrug, während die andere Belastungsgröße bis zum Bruch gesteigert wurde. Die gemittelten Ergebnisse enthält Tab. 4/2.

Tabelle 4/2. Mittlere Festigkeitswerte bei überlagerter Beanspruchung durch Innendruck und Längsbiegebelastung

Konstante Lastgröße		Variierte Lastgröße	
Ringzugspannung	7,9	Längsbiegezugfestigkeit	40,3
σ'_{rz} in N/mm² ca.	16,7	$\bar{\sigma}_{lbz}$ in N/mm² ca.	42,3
Längsbiegezugfestigkeit	13,7	Ringzugfestigkeit	23,0
σ_{lbz} in N/mm² ca.	26,7	$\bar{\sigma}'_{rz}$ in N/mm² ca.	25,0

WELLINGER [V69] führte an Asbestzement-Druckrohren DN 100 und DN 200 der Firma WANIT weiterführende Längsbiegeversuche mit Innendruck durch.

Bei gleichzeitiger Beanspruchung durch Längsbiegebelastung und Innendruck wird für Rohre DN 100 und DN 200 PN 10, die Längsbiege-

zugfestigkeit zunächst mit steigendem Innendruck geringfügig vergrößert
(ca. 8 bis 18%), solange der Innendruck etwa 60% des Berstdruckes nicht
überschreitet. Erst bei höherem Innendruck findet ein Abfall der Längsbiegezugfestigkeit statt (Abb. 4/10).

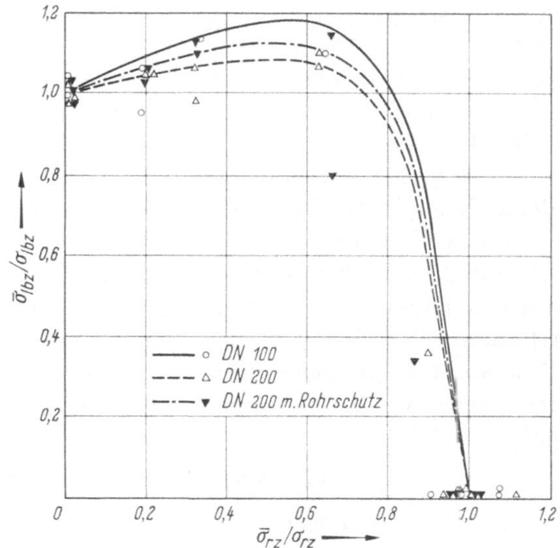

Abb. 4/10. Längsbiegezugfestigkeit von Asbestzement-Druckrohren DN 100 und 200
bei zusätzlich wirkendem Innendruck [V 69].

4.4.6 Druckfestigkeit in Rohrlängsrichtung

Die Druckfestigkeit in Rohrlängsrichtung spielt in der Praxis eine Rolle,
wenn die Rohrenden z.B. durch unsachgemäße Verlegung aneinander-
stoßen oder wenn die Rohre in den Kupplungen zu stark ausgelenkt werden. Im letzteren Fall treten einseitige Pressungen auf, die zu örtlicher
Überbeanspruchung des Materials führen können.

Außerdem werden z.B. durch den Innendruck auf die Stirnseiten der
Rohre Längsspannungen erzeugt.

Schließlich ist die Druckfestigkeit in Rohrlängsrichtung von großer
Bedeutung für die Anwendung von Asbestzementrohren bei Durch-
pressungen (vgl. Abschn. 8.3.1).

PILNY [V47] führte Versuche an Rohren DN 100 bis DN 400 verschiedener Nenndruckstufen durch, also an Rohren der Normalqualität.

Die Druckfestigkeit errechnet sich zu

$$\sigma_l = \frac{4F}{(D^2 - d^2) \cdot \pi} \text{ in N/mm}^2 \qquad (4.4/7)$$

mit

$F =$ Bruchlast in N,
$D =$ Außendurchmesser in mm,
$d =$ Innendurchmesser in mm.

Es ergaben sich Festigkeitswerte für die wassergesättigten Rohre bis 55 N/mm² mit relativ starker Streuung, deren Ursache im Prüfverfahren zu suchen ist. Der Bruch erfolgte durch örtliche Materialzerstörung an der Stirnseite der Rohre, nicht etwa durch Ausknicken. Es bildeten sich schräg verlaufende Bruchfugen entsprechend den Schubspannungsrichtungen aus. Eine Abhängigkeit der Längs-Druckfestigkeit von der Dünnwandigkeit, d.h. von $\delta = d/s$, konnte nicht festgestellt werden.

Prüfungen der Bundesanstalt für Materialprüfung (BAM) [V14] an lufttrockenen Rohren DN 200, PN 10 auf Knickfestigkeit zeigten, daß auch hier die 5 m langen Rohre nicht durch Knickung versagen, sondern der Bruch durch örtliche Materialzerstörung an der Stirnseite erfolgt. Die 10 Proben ergaben im Mittel

$$\sigma_l = 62,1 \text{ N/mm}^2$$

bei einer Bruchstauchung von 0,35%.

Frühere Versuche der Bundesanstalt für Materialprüfung an lufttrockenen Rohren DN 450 ergaben einen mittleren Festigkeitswert von 52,2 N/mm² [V13].

Roš fand bei Versuchen an lufttrockenen Rohren DN 100 bis DN 400 wesentlich höhere Festigkeitswerte als PILNY, und zwar lagen die Mittelwerte etwa zwischen 63,0 und 105,0 N/mm² [86].

Für Asbestzement-Vortriebsrohre wurde im Rahmen der bauaufsichtlichen Zulassung durch das Institut für Bautechnik und der internationalen Normung ein einheitliches Prüfverfahren zur Bestimmung der Längsdruckfestigkeit festgelegt. Bei Probekörpern, die dem Bereich der Rohrverbindung von Vortriebsrohren DN 1000 entnommen wurden (Abb. 4/11), ermittelte die BAM [V15] für lufttrockene bzw. wassergelagerte Probekörper folgende Werte:

$\sigma_l = 91,6 \text{ N/mm}^2$ (Standardabweichung 4,5 N/mm²)
                bei einem mittleren Wassergehalt von 10,7 Gew.-%

und

$\sigma_l = 76,0 \text{ N/mm}^2$ (Standardabweichung 2,7 N/mm²)
                bei einem mittleren Wassergehalt von 14,9 Gew.-%.

Bei hydraulisch gepreßten Rohren können im allgemeinen für die Druckfestigkeit in Rohrlängsrichtung die an lufttrockenen Rohren ermittelten Werte zugrunde gelegt werden (vgl. Abschn. 8.3.1).

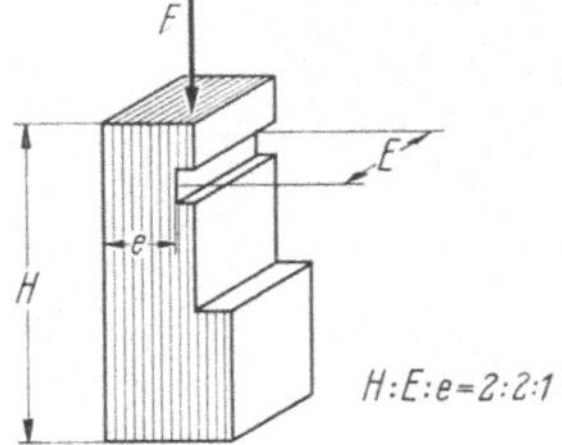

Abb. 4/11. Probekörper für die Bestimmung der Druckfestigkeit [V 15].

4.4.7 Schlagfestigkeit (Zähigkeit)

Eine kennzeichnende Materialeigenschaft des Asbestzementes ist seine Zähigkeit. Sie hat zur Folge, daß sich eine Schlag- oder Stoßbeanspruchung nur auf die Schlagstelle selbst auswirkt, nicht aber auf das ganze Rohr. Durch Schlagarbeit zerstörte Rohre aus Asbestzement weisen nur eine streng begrenzte, örtliche Zerstörung auf, ohne daß von der Bruchstelle Randrisse ausgehen, wie Abb. 4/12 erkennen läßt.

Die Schlagbeanspruchung wird durch die Schlagenergie E ausgedrückt, das Produkt aus Fallhöhe und Fallkörpergewicht. Ergebnisse von Schlagversuchen können nur in Zusammenhang mit dem gewählten Erliegekriterium verglichen werden. Die bei Schlagversuchen an Naturstein als Erliegekriterium definierte Änderung der Rücksprunghöhe kann bei Asbestzement-Druckrohren nicht angewendet werden, da hier die Rücksprunghöhen ohne erkennbare Gesetzmäßigkeit stark variieren. PILNY [V47] untersuchte Rohre DN 200 und DN 400 der Druckstufen PN 2,5 und PN 12,5 ohne Innendruck und unter Innendruck in Höhe des Nenndrucks. Für die Versuche an Rohren ohne Innendruck wurde als Erliegekriterium der Zustand festgelegt, bei dem sich an der Innenfläche eine merkbare Ausbeulung oder ein Riß zeigte. Für die unter Innendruck stehenden Rohre galt als Erliegekriterium der Zerstörungsgrad, bei dem sich spätestens drei Minuten nach dem Schlag eine Durchfeuchtung der Schlagstelle einstellte. Diese unterschiedlichen Kriterien sind beim Vergleich der Ergebnisse beider Versuchsreihen zu berücksichtigen. Abb.4/12 zeigt die Schlagstellen an einem unter Innendruck geprüften Rohr. Abb. 4/13 enthält die auf die Wanddicke bezogene Schlagenergie in Abhängigkeit von der Wanddicke.

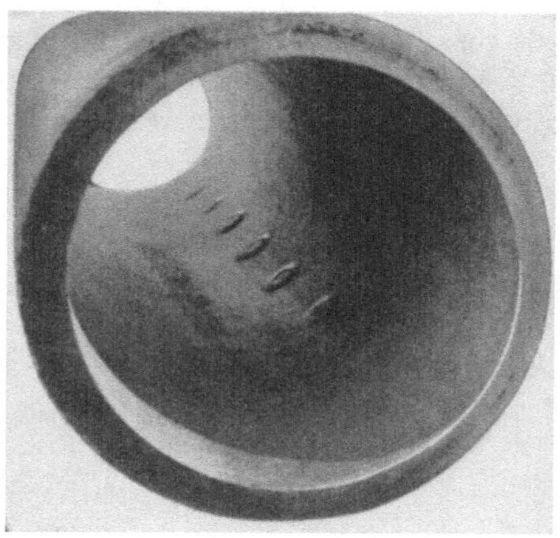

Abb. 4/12. Blick in ein unter Innendruck geprüftes Asbestzement-Druckrohr
DN 400, PN 12,5.

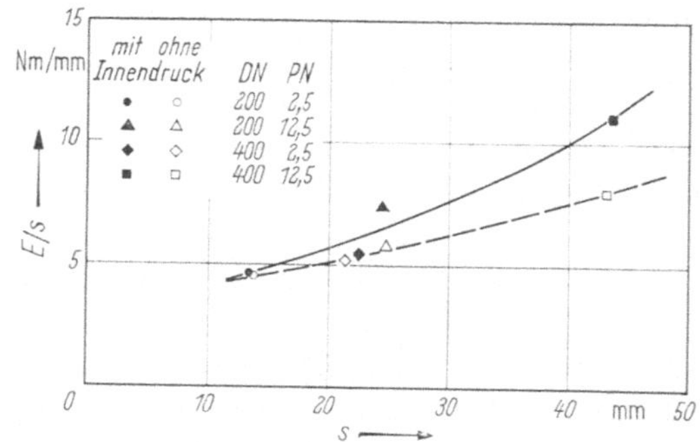

Abb. 4/13. Darstellung der bezogenen Schlagenergie [V47].

Umfangreiche Untersuchungen, die an Asbestzementrohren durch die
französischen Elektrizitätswerke durchgeführt wurden, bestätigen, daß
eine Schlag- oder Stoßbeanspruchung sich beim Asbestzementrohr nur
örtlich in Form einer Durchstanzung auswirkt [V30]. Bei der Reparatur
von durchgestoßenen Rohren ist es aber aus Sicherheitsgründen besser,
die Rohrschnitte mit ausreichendem Abstand von der Durchschlagstelle
zu machen.

4.4.8 Dauerfestigkeit

Bei Beanspruchung eines Materials durch dynamische Belastung tritt der Bruch bei niedrigeren Lasten auf als bei statischer Belastung. Zur vollständigen Beurteilung eines Materials müssen daher auch dynamische Festigkeitsversuche durchgeführt werden. Bewegt sich die Belastung innerhalb einer Periode zwischen Null und dem Maximalwert, so spricht man von der Schwellbelastung. Ändert die Belastung ihr Vorzeichen und ist die negative Lastamplitude gleich der positiven Lastamplitude, so spricht man von einer Wechselbelastung. Als Schwellfestigkeit bzw. als Dauerschwingfestigkeit bezeichnet man die positiven Spannungsamplituden, die bei einer beliebig hohen Lastwechselzahl ertragen werden, ohne daß ein Bruch eintritt. Man erhält sie als Asymptote an die WÖHLER-Kurve, die sich aus den dynamischen Festigkeiten in Abhängigkeit von der Lastwechselzahl ergibt.

Für erdverlegte Druckrohre ist die Dauerfestigkeit von Bedeutung, z.B. wegen der Beanspruchung durch dynamische Verkehrslasten oder durch schwellenden Innendruck infolge Druckstoß.

Für die Untersuchungen werden Lastwechselzahlen von 10^6 bis 2×10^6 zugrunde gelegt. Diese Festlegungen enthalten noch zusätzliche Reserven gegenüber den tatsächlich auftretenden dynamischen Belastungen [V63].

PILNY führte Versuche zur Ermittlung der Längsbiegeschwellfestigkeit [V48] und der Längsbiegewechselfestigkeit [V47] an Asbestzement-Druckrohren DN 100, PN 12,5 durch. Aus den Versuchsergebnissen von

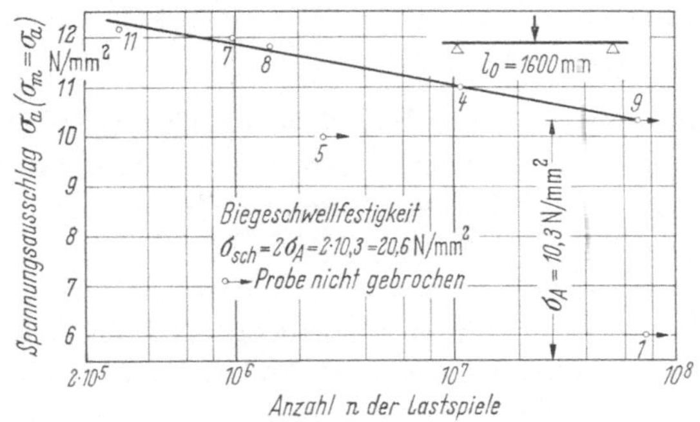

Abb. 4/14. WÖHLER-Linie für die Längsbiegeschwellfestigkeit von Asbestzement-Druckrohren DN 100/PN 12,5 nach PILNY [V48].

8 Einzelproben bei Schwellbelastung wurde die WÖHLER-Linie aufgetragen (Abb. 4/14) die als Schwellfestigkeit

$$\sigma_{sch} = 20{,}6 \ \text{N/mm}^2$$

ergab. Bei dieser Oberspannung ging die Probe auch nach $70 \cdot 10^6$ Lastwechseln nicht zu Bruch. Bei einer mittleren statischen Biegefestigkeit von $\sigma_b = 40{,}4 \ \text{N/mm}^2$ ergibt sich ein Verhältnis $\sigma_{sch} : \sigma_b = 0{,}51$.

Aus der WÖHLER-Kurve zur Wechselbelastung ergab sich die Längsbiegewechselfestigkeit (positive Spannungsamplitude) zu

$$\sigma_a = 10{,}7 \ \text{N/mm}^2$$

bei einer mittleren statischen Biegefestigkeit von $\sigma_b = 31{,}3 \ \text{N/mm}^2$.

Untersuchungen von WELLINGER [V69] an Asbestzement-Druckrohren DN 100 PN 12,5 zeigen mit den Ergebnissen von PILNY eine gute Übereinstimmung.

Bereits 1959 führte WEINHOLD Versuche an Asbestzement-Druckrohren DN 400 und DN 600 mit verschiedenen Wanddicken zur Ermittlung der Ringbiegeschwellfestigkeit durch [V35 bis V39]. Dabei wurden die Lasten, ebenso wie bei den zum Vergleich durchgeführten statischen Scheiteldruckversuchen, über ein oberes und unteres Sandbett mit einem Auflagerwinkel von etwa 60° eingeleitet, um den praktischen Verhältnissen möglichst nahe zu kommen. Die Versuche wurden für jede Rohrdimension mit je zwei unterschiedlichen, von Null verschiedenen Unterlasten gefahren. In der Praxis ist die Unterlast z. B. durch die statische Erdlast gegeben.

Die Ergebnisse zeigen, daß nicht die Höhe der Unterlast F_u, sondern die Differenz zwischen Oberlast F_o und Unterlast F_u für die Größe der kritischen Schwellast maßgebend ist. Dieses Verhalten ist einleuchtend und bedeutet für die Praxis:

Je höher die statische Grundbelastung durch die Erdlast ist, um so größer wird zwar auch die kritische Schwellast, aber um so kleiner wird die für die Aufnahme der Verkehrslasten zur Verfügung stehende Differenz F_o bis F_u.

In den Jahren 1969 bis 1974 wurden umfangreiche statische und dynamische Untersuchungen durch WEINHOLD [V67] an Rohrabschnitten und -segmenten DN 1600 durchgeführt. Ziel dieser Untersuchungen war es, eine statistisch gesicherte Aussage über die Dauerfestigkeit zu erhalten. Dabei wurden insgesamt 116 dynamische Versuche bei verschiedenen Unterspannungen durchgeführt. Die Ergebnisse sind in einer gutacht-

lichen Stellungnahme [V68] von WEINHOLD zusammenfassend dargestellt. Danach lassen die statischen und dynamischen Untersuchungen
eine eindeutige statistisch gesicherte Aussage über die Dauerfestigkeit zu.
Die Ergebnisse für Rohre DN 1600, $s = 68$ mm sind in Abb. 4/15 dar-

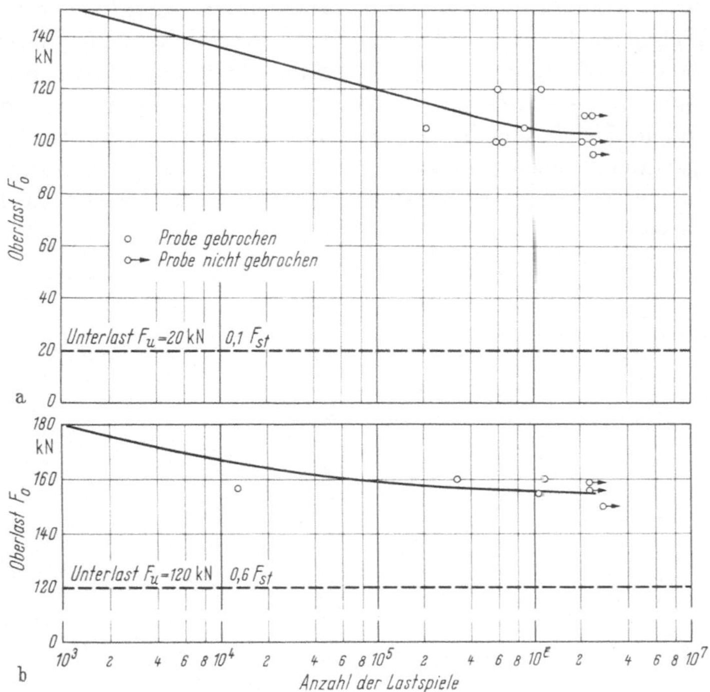

Abb. 4/15. Ringbiegeschwellbelastung DN 1600, $s = 68$ mm nach WEINHOLD
[V 67].

gestellt. Die WÖHLER-Kurve wurde vom Verfasser eingetragen zur
Ermittlung der kritischen Schwellbelastung F_{kr}, die bei beliebig vielen
Lastwechseln ertragen wird. Weiterhin haben die Versuche gezeigt, daß
gegenüber den ermittelten Festigkeiten der Nullproben die Durchläufer
(d.h. Proben die 2×10^6 Lastwechsel ohne Beschädigung ertragen haben)
beim anschließenden statischen Versuch keine ins Gewicht fallenden Fe-
stigkeitsminderungen aufwiesen.

1966 führte PILNY Versuche an Rohren DN 500 mit 35 mm Wanddicke an den abgedrehten Rohrenden zur Ermittlung der Ringzug-

schwellfestigkeit durch [V49]. Während der statische Berstdruck zu
47,3 bar ermittelt wurde, was einer nach DIN 19 800 errechneten Ringzugfestigkeit von 38,4 N/mm² entspricht, konnte bei einem Innendruck-
Schwellbereich von 14 ± 10 bar selbst bei 2,1 · 10⁶ Lastwechseln kein
Bruch erreicht werden.

1974/75 wurden in Fortsetzung Innendruck-Schwellversuche an
Rohrabschnitten DN 500, PN 10 nach DIN 19 800 durch die Materialprüfungsanstalt Stuttgart [V61] durchgeführt. Der Innendruck wurde bei
den Versuchen jeweils von $p_{\min} \approx 0$ auf $p = p_{\max}$ gesteigert. Die Ergebnisse sind in Form einer WÖHLER-Kurve dargestellt (Abb. 4/16). Die
Ringzugschwellfestigkeit betrug dabei 18,6 N/mm² bei der Grenzlastspielzahl von 2×10^6. Die Versuche von PILNY ordnen sich in diese
Ergebnisse ein.

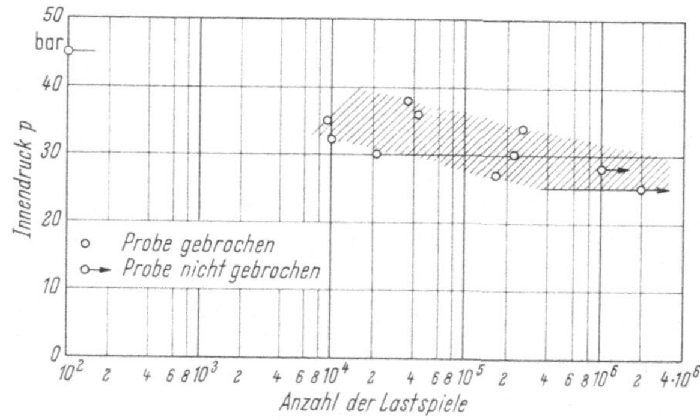

Abb. 4/16. Innendruck-Schwellverhalten von Rohrabschnitten aus Asbestzement
DN 500/PN 10 [V61].

Ebenso wie bei den dynamischen Scheiteldruckprüfungen ergaben
auch die anschließend ausgeführten statischen Berstversuche an den
Durchläufern die gleichen Ergebnisse wie die Prüfungen der Nullproben
[V62].

Dynamische Untersuchungen über die Druckfestigkeit von Asbestzement wurden von Roš [86] durchgeführt. Die Schwellfestigkeit betrug
dabei 72,6 N/mm² und erreichte damit im Mittel den 0,8fachen Wert der
statischen Druckfestigkeit. Der Wert ist auf eine Grenzlastspielzahl von
10⁶ bezogen.

4.4.9 Nachhärtung

Der chemische Erhärtungsprozeß der zementgebundenen Stoffe führt zu
einer zeitabhängigen Steigerung der Materialfestigkeiten. Die Ursache
liegt darin, daß sich die Hydratation der Klinkerkomponenten, besonders
des langsam reagierenden Dikalziumsilikats über längere Zeit erstreckt.
Die dabei stattfindende Gelbildung und Kristallisation der Umsetzungs-
produkte bedingt die Verfestigung.

Um den zeitlichen Verlauf der Nachhärtung zu verfolgen, wurden
Rohre DN 100, PN 10 über einen Beobachtungszeitraum von einem Jahr
in bestimmten Zeitabständen Innendruck-, Scheiteldruck-, Längs-
biegungs- und Längszugversuchen unterworfen [V47].

Als Beispiel zeigt Abb. 4/17 den angenäherten zeitlichen Verlauf der
Ringbiegezugfestigkeit. Für die übrigen Festigkeiten verlaufen die Kurven ähnlich. Allgemein ist beim Beginn der Erhärtung ein steiler Anstieg

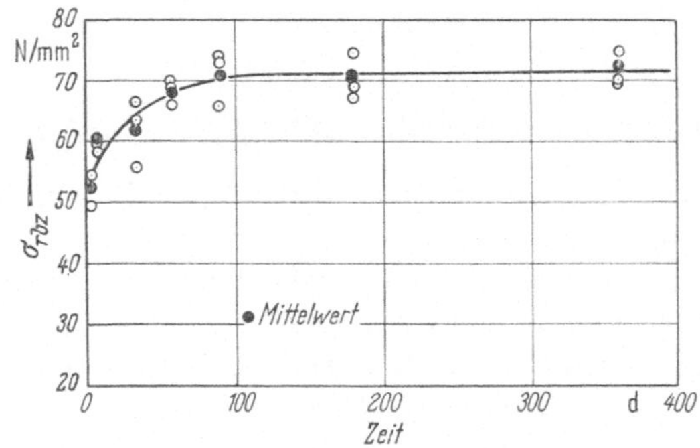

Abb. 4/17. Einfluß der Nachhärtung auf die Ringbiegezugfestigkeit [V47].

der Festigkeiten zu beobachten, der allmählich bis zum Endwert abklingt. Das Verhältnis der 28-Tage-Festigkeit zur Festigkeit nach einem
Jahr betrug für die Ringbiegezugfestigkeit etwa 87,5%, für die Ringzugfestigkeit etwa 83%, für die Längszugfestigkeit etwa 89%. Für die Längsbiegefestigkeit lassen sich wegen der Streuung der Versuchswerte keine
Angaben machen. Die Ringzugfestigkeit scheint auch nach einem Jahr
noch weiter anzuwachsen, während für die anderen Festigkeitswerte die
praktischen Endwerte anscheinend erreicht wurden. Allgemein kann
gesagt werden, daß gegenüber der 28-Tage-Festigkeit innerhalb des ersten
Jahres nach Herstellung noch ein Festigkeitszuwachs von etwa 15% zu
erwarten ist.

Die Beobachtung der Nachhärtung über längere Zeiträume ist schwierig. Beachtung verdient der Bericht von ROMANOFF und DENISON [20], deren Beobachtungen sich über 13 Jahre erstreckten. Sie untersuchten die Ringzug- und Ringbiegezugfestigkeit sowie Wassergehalt und Raumgewicht. Danach ergab sich die Tendenz, daß bei im Wasserbad gehärteten Rohren eine Nachhärtung mit Anstieg der Festigkeiten und des Raumgewichtes und Absinken der Wasseraufnahme bis zu 7 Jahren auftrat. Danach nahm die Ringzugfestigkeit zwar ab, lag aber auch nach 13 Jahren noch wesentlich über dem Ausgangswert. Bei der Ringbiegezugfestigkeit blieb der Maximalwert erhalten. Bei dampfgehärteten Rohren, die ein höheres Raumgewicht und eine geringere Wasseraufnahme zeigten, war die Nachhärtung nach zwei bis vier Jahren beendet. Im weiteren Verlauf der Versuchszeit war jedoch ein starker Rückgang der Festigkeiten zu beobachten.

Die angeführten Versuchsergebnisse lassen den Schluß zu, daß die Nachhärtung hauptsächlich im ersten Jahr nach der Herstellung stattfindet und dann allmählich ausklingt.

4.4.10 Einfluß des Wassergehaltes auf die Festigkeiten

Der Wassergehalt des Asbestzementes hat einen Einfluß auf die Höhe der Festigkeiten. An verschiedenen Orten durchgeführte gleichartige Versuche an „raumfeuchten" Proben zeigen daher im allgemeinen unterschiedliche Versuchsergebnisse. Zur Ausschaltung dieses Einflusses enthalten die Prüfnormen Vorschriften über die Wasserlagerung der Asbestzementproben vor ihrer Prüfung. Durch die Wasserlagerung kann auf einfache Weise die Sättigung der Proben erreicht werden, die eine einheitliche Vorbedingung für die Prüfungen schafft.

Innendruck- und Scheiteldruckversuche bei unterschiedlichem Wassergehalt an Rohren DN 200, PN 2,5 zeigten deutlich, daß mit steigendem Wassergehalt die Festigkeiten abnehmen [V47]. Die Ringzugfestigkeit der wassergesättigten Proben (Wassergehalt etwa 15 bis 16%) lag im Mittel um 19,1% niedriger als die Festigkeit der künstlich getrockneten Proben mit etwa 2% Wassergehalt. Gegenüber der lufttrockenen Probe (10% Wassergehalt) betrug die Festigkeitsabnahme der wassergesättigten Probe etwa 15%.

Die Ringbiegezugfestigkeit der gesättigten Proben lag um 6% unter der Trockenfestigkeit. Behelfsmäßige Prüfungen der Längsbiegefestigkeit ergaben etwa gleiche Festigkeitsabnahmen wie die Innendruckversuche.

4.4.11 Ringbiegezugfestigkeit gefrorener Rohrproben

Scheiteldruckversuche an Rohrproben DN 200, PN 2,5, die nach sieben-
tägiger Wasserlagerung bei $-60\,°C$ gefroren wurden, ergaben eine um
etwa 59% höhere Ringbiegezugfestigkeit als nicht gefrorene Proben.
Diese Festigkeitssteigerung ist auf die Stützwirkung des in den Poren
enthaltenen Eises zurückzuführen. Gleichartige Versuche an Proben,
die 10mal bei $-20\,°C$ durchfroren und anschließend wieder aufgetaut
wurden, ergaben keine Beeinflussung der Ringbiegezugfestigkeit gegenüber den nichtgefrorenen Proben [V47].

4.4.12 Elastisches Verhalten

Die elastischen Eigenschaften eines Materials werden durch den Elastizitätsmodul gekennzeichnet. Während bei einem isotropen Material, das
in seinem Dehnungsverhalten dem HOOKEschen Gesetz folgt, der E-
Modul von der Lastgröße und -richtung unabhängig ist, ist dies bei
Asbestzement nicht der Fall. Hier gehört zum Wert des E-Moduls die
Angabe, in welcher der drei Hauptwirkungsrichtungen die Belastung
erfolgte (axial in Richtung der Rohrachse, radial in Richtung des Rohr-
durchmessers oder tangential in Richtung des Rohrumfanges), ob es sich
um Zug- oder Druckbelastung handelte, für welchen Spannungsbereich
der E-Modul ermittelt wurde und ob die Bestimmung am ganzen Rohr
oder am Probestab erfolgte. Von den unterschiedlichen Werten des E-
Moduls sind nachstehend nur die für die Praxis wichtigen aufgeführt.

Axiale Druckbeanspruchung von Rohrstücken im Spannungsbereich
10 bis 35 N/mm²

$$E = 22\,000 \text{ bis } 24\,000,$$
$$\text{im Mittel } E = 23\,000 \text{ N/mm}^2.$$

Längsbiegebeanspruchung von Rohren, Spannung $\sigma_b = 10$ N/mm²,
wobei der E-Modul aus der gemessenen Durchbiegung in Rohrmitte
berechnet wurde:

$$E = 22\,500 \text{ bis } 24\,000 \text{ N/mm}^2 \text{ aus der elastischen Durchbiegung,}$$
$$E = 20\,500 \text{ bis } 21\,000 \text{ N/mm}^2 \text{ aus der Gesamtdurchbiegung.}$$

Scheiteldruckbeanspruchung von kurzen Rohrstücken, Spannung
etwa 18 N/mm² wobei der E-Modul aus den gemessenen vertikalen und
horizontalen Durchmesseränderungen berechnet wurde:

$$E = 25\,500 \text{ N/mm}^2.$$

Im gleichen Spannungsbereich ermittelte WEINHOLD [V67] bei Scheiteldruckversuchen an Rohrabschnitten DN 1600 einen E-Modul von

$$E = 27\,800 \text{ N/mm}^2.$$

Innendruckbeanspruchung von Rohren im Spannungsbereich 0 bis 8 N/mm²:

$$E = 33\,000 \text{ N/mm}^2.$$

Die angegebenen Zahlenwerte für den Elastizitätsmodul lassen erkennen, daß sich wegen der Abhängigkeit von der Spannung und Belastungsart ein allgemeingültiger Mittelwert nicht angeben läßt. Für jeden besonderen Anwendungsfall muß der entsprechende E-Modul gemäß der auftretenden Beanspruchung zugrunde gelegt werden. Näheres s. [43], wo auch Angaben über die Größe der POISSONschen Zahl enthalten sind, die ebenfalls von der Belastung abhängig ist. Für die Druckstoßberechnung kann jedoch überschläglich mit einem E-Modul für die Rohrleitung von $E_r = 25\,000$ N/mm² gerechnet werden (vgl. Abschn. 4.2.2.1).

Wegen ihres niedrigen Elastizitätsmoduls in Verbindung mit der bei üblichen Auflasten erforderlichen Wanddicke sind Asbestzementrohre in der Regel als elastische Rohre zu betrachten. Das bedeutet, daß sie sich unter Auflasten mindestens ebenso stark verformen wie der umgebende Boden (vgl. Abschn. 9.3). Dieses elastische Verhalten wirkt sich günstig aus bei Beanspruchung durch dynamische Verkehrslasten.

4.4.13 Verschleißfestigkeit

Die Einwirkung fließender Medien bzw. der mitgeführten Feststoffe auf die umgebende Rohrwand kann in Extremfällen zu einer Abnutzung jedes Rohrmaterials führen. Die Widerstandsfähigkeit der Rohrmaterialien gegen Verschleiß wird mit Hilfe der Zähigkeit der Werkstoffe beurteilt. Die Fortbewegung der Feststoffteilchen erfolgt überwiegend roll- oder stoßartig, und zwar mit zunehmender Geschwindigkeit des Transportmediums springend. In Abwasserleitungen ist, abgesehen von besonderen Steilstrecken, der Abrieb nach übereinstimmenden Feststellungen der Praxis von untergeordneter Bedeutung.

Über die Verschleißfestigkeit von Asbestzement wurden zahlreiche, sehr verschiedenartige Versuche durchgeführt.

Verschleißfestigkeit von Asbestzementrohren gegenüber Trinkwasser. Bei Abwesenheit von Feststoffen kommen nur Strömungseinflüsse zur Auswirkung. Das Institut für Baustoffkunde und Baustoffprüfung in

Berlin, Prof. PILNY [V50], hat Versuche durchgeführt, um festzustellen, ob Erosionsschäden an der Rohrwand infolge hoher Geschwindigkeiten auftreten. Es wurde eine Prüfstrecke aus Asbestzementrohren DN 50, zweimal 8 m lang, aufgebaut und zu einer endlosen Rohrschleife verbunden. Im Kreislauf wurde Berliner Trinkwasser bei einer Fließgeschwindigkeit von 12,3 m/s umgepumpt. Nachdem ein Durchsatz von 100 000 m³ erreicht war, ergaben Wanddickenmessungen (Meßgenauigkeit 2×10^{-3} mm) keinen Wanddickenabtrag. Da Kavitationserosion nur bei großen Differenzen zwischen Bezugs- und lokaler Fließgeschwindigkeit auftritt, ist diese Verschleißform auch nur bei hohen Fließgeschwindigkeiten in Armaturen oder Formstücken zu erwarten.

Verschleißfestigkeit von Asbestzementrohren gegenüber Abwasser. Die Abnutzung vollzieht sich infolge der mitgeführten Feststoffteilchen in Abhängigkeit vom Feststoffanteil, Korndurchmesser, -beschaffenheit, Fließgeschwindigkeit und Fortbewegungsart (gleiten, rollen, springen).

Das Forschungs- und Entwicklungsinstitut für Industrie- und Siedlungswasserwirtschaft, Stuttgart — Prof. PÖPEL [V29] — führte Verschleißversuche an einem 4 m-langen Asbestzementrohr DN 450 durch, das an den Enden mit Deckeln verschlossen war und mit einem Sand-Wasser-Gemisch gefüllt wurde. Der Sand bzw. Kies entstammte einem Mehrkammer-Langsandfang der Kläranlage Stuttgart Mühlhausen, mit einer Kornzusammensetzung von 70% ≤ 3 mm. Die Füllmengen bestanden aus 12 kg Sand und 10 l Wasser.

Als Wippe wurde das Rohr mittig gelagert und konnte, durch einen Exzenter angetrieben, Kippbewegungen ausführen. Insgesamt wurden

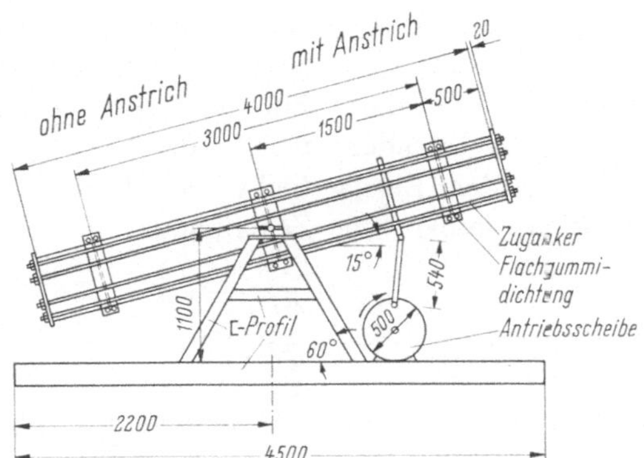

Abb. 4/18. Kippgerät für Abriebversuche mit Exzenterantrieb [V 29].

179 150 Kippbewegungen durchgeführt und dabei eine Sandmenge von 1433 t rutschend, rollend in einem Wasserstrom über die Sohle befördert.

Trotz des sicherlich ungünstigen Einflusses der wechselnden Fließrichtung, wurde in der Rohrmitte des ungeschützten Rohres nur eine Abriebtiefe von 1,26 mm gemessen. Bei Annahme mittlerer Bemessungswerte nach IMHOFF für Fließgeschwindigkeit, Niederschlagsmenge, Bebauungsdichte und Sandfracht würde diese im Versuch bewegte Sandmenge in ca. 100 Jahren durch einen Mischkanal DN 450 transportiert werden. Die Funktionsfähigkeit des Rohres wäre somit weit über diesen Zeitraum hinaus sichergestellt.

Die Technische und Gewerbliche Bundeslehr- und Versuchsanstalt Wien [V64] hat Scheuerversuche an 18 cm langen Asbestzementrohren DN 150 mit Innenanstrich vorgenommen, ohne Wasserzugabe mit scharfkantigem Basaltsplitt als Abrasionsmittel. Hier war umgerechnet für eine gleiche Abnutzungstiefe von 1,2 mm eine Durchsatzmenge von 960 t, d.h. rd. $^1/_3$ weniger als im Pöpel-Versuch, erforderlich.

Die spezifische Beanspruchung war also höher als im Versuch von PÖPEL [V29]. Da jedoch Basaltsplitt nur in Wintermonaten als Streumaterial in den Kanal geschwemmt wird oder kurzfristig vor oder während der Herstellung von Straßendecken anfällt, ist der Beanspruchungszeitraum kürzer, die hohe Lebensdauer des Rohres also nicht gefährdet.

Am Institut für Wasserbau und Wasserwirtschaft der TU Berlin, Prof. PRESS [V56], wurden Asbestzementrohre DN 100 in einer extremen Verschleißsituation getestet. Durch Strömungsumlenkung in einem geschlossenen Kreislauf mit Bogen von 90° und 180° wurde der Verschleiß durch die zusätzlichen Zentrifugalkräfte erhöht.

Der Vorversuch wurde mit einer Geschwindigkeit von $v = 2,2$ m/s und Körnungsdurchmesser von 0,7 bis 1,2 mm gefahren. Nach einer Versuchsdauer von 950 Stunden war kein meßbarer Angriff festzustellen.

Im Hauptversuch wurde daraufhin die Strömungsgeschwindigkeit auf $v \approx 6,2$ m/s und der Korndurchmesser auf 5 bis 7 mm angehoben. Die Anpreßkraft A aus dem Eigengewicht G wurde an den Bogenaußenwänden ($R = 0,75$ m) infolge der Zentrifugalkraft um das 5,3fache erhöht,

$$A = G \sqrt{\frac{v^4}{g^2 \cdot R^2} + 1} \; . \tag{4.4/8}$$

Die Bogen hielten bis zur Leckage rd. 90 Stunden stand, obwohl die Quarzkiesel infolge der enormen Schlagenergie bereits nach 8 Stunden Betriebszeit auf $^1/_{10}$ ihrer Größe zertrümmert waren und der Quarz zur

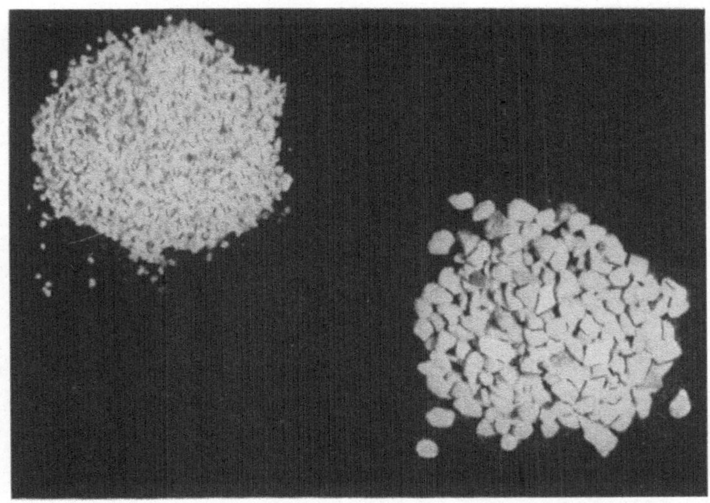

Abb. 4/19. Benutzter Kies vor der Zugabe und nach 8stündigem Versuchsbetrieb
[V 56].

Aufrechterhaltung einer Wasser/Kies-Konzentration von rund einem
Gewichtsprozent laufend ergänzt werden mußte.

Neben der hohen Widerstandskraft der Asbestzementbogen zeigt
dieser Versuch, daß bei Richtungsänderungen feststofführender Strömungen, besonders an Fußpunkten von Steilstrecken, der Verschleiß-
sicherung besondere Bedeutung zukommt.

In den folgenden Versuchen werden die Bewegungsvorgänge der
Feststoffteilchen im Kanal gut nachgeahmt, jedoch unter verschärften
Verschleißbedingungen.

Diese Versuche sind kurzzeitig und mit wenig Aufwand reproduzier-
bar, so daß sie sich gut für Vergleichstests eignen.

Die Baustoffprüfanstalt der Stadt Wuppertal — Methode BAUCH
[7] — hat eine Versuchsanordnung gewählt, bei der Rohrabschnitte
DN 200, an den Stirnenden mit Platten verschlossen, auf Gummirollen
gelagert, in Rotation versetzt werden. Damit wird der Inhalt, ein Wasser-
Korundgemisch, mit einer Zusatzbelastung aus Porzellankugeln (Durchmesser 2 cm) in Bewegung gesetzt.

Die Versuchsanstalt für Wasserbau der Universität Stuttgart, Prof.
RÖHNISCH, [V59] hat einen Stahltopf gebaut, dessen Innenraum durch
Trennwände in Sektoren aufgeteilt ist. Die einzelnen Kammern werden

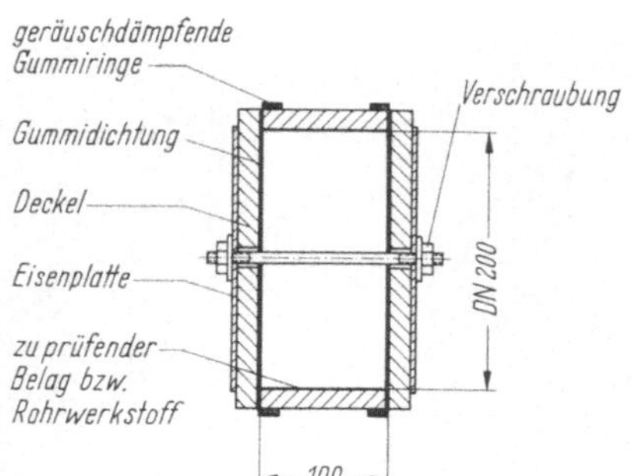

Abb. 4/20. Verschleißtest-Versuchsanordnung der Baustoffprüfanstalt der Stadt Wuppertal [7].

mit Wasser gefüllt und als Verschleißelemente Korundkugeln (Durchmesser 2 cm) hineingegeben. Das zu prüfende Rohrmaterial ist flächig in den rotierenden Boden des Topfes eingelegt.

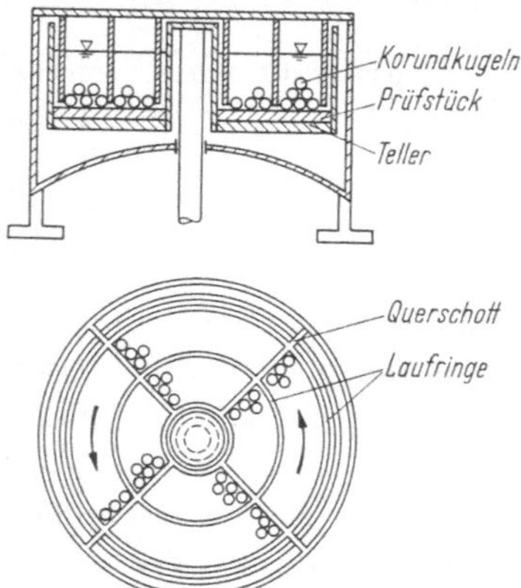

Abb. 4/21. Verschleißtest nach Röhnisch [V 59].

Beide Versuche simulieren durch die erhöhte Schlagenergie der Kugelkörper besonders die Stoßbewegung von Feststoffteilchen wie sie in Kanälen bei erhöhter Turbulenz, d.h. in Zusammenhang mit höherer Fließgeschwindigkeit, auftritt.

Der Vergleich mit anderen Werkstoffen hat gezeigt, daß Asbestzementrohre in ihrer Verschleißfestigkeit Rohren aus hochwertigem Beton (B II gemäß DIN 1045) mindestens ebenbürtig sind. Die Versuche von Bauch und Röhnisch an epoxydharzbeschichteten Rohrabschnitten zeigten, daß die Abriebfestigkeiten dann über denen von Glasuren liegen.

Ähnliche Ergebnisse wurden in England gefunden [V24]. Mit Aluminiumoxid als Abrasionsmittel wurden beschleunigte Verschleißtests durchgeführt, wobei die Versuchsanordnung dem Wuppertaler Verfahren ähnelt: das Wasser-Feststoff-Gemisch wurde durch Rotation der Rohrabschnitte bzw. durch rotierende Paddel in Bewegung gesetzt.

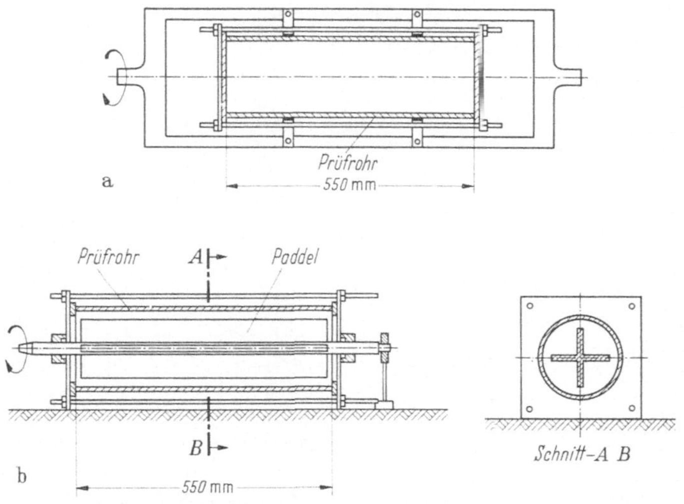

Abb. 4/22a u. b. Verschleißtest [V24].
a) Rotierender Rohrabschnitt;
b) rotierendes Paddel.

Ein Vergleich der prozentualen Gewichtsverluste (Abb. 4/23) der einzelnen Rohrmaterialien zeigt die relativ hohe Verschleißfestigkeit von Asbestzement besonders auch gegenüber keramischem Rohrmaterial. Die Streuung der Meßwerte läßt jedoch eine genaue Abgrenzung zwischen beiden nicht zu.

Zusammenfassung. Die Versuche insgesamt haben bewiesen, daß die Verschleißbeanspruchung proportional der Geschiebefracht steigt und in der Regel auch mit der Fließgeschwindigkeit zunimmt.

Da mit ansteigender Fließgeschwindigkeit die Schwebewege der Feststoffteilchen vergrößert und die Feststoffe von der Rohrsohle weg mehr zur Rohrachse hin konzentriert werden, kann aber auch mit ansteigender Fließgeschwindigkeit das Erosionsmaximum in der Fließsohle sogar verringert werden.

In den Bewegungsabläufen geht die gleitend-rollende Bewegung mit zunehmender Fließgeschwindigkeit in eine springende über, wobei diese

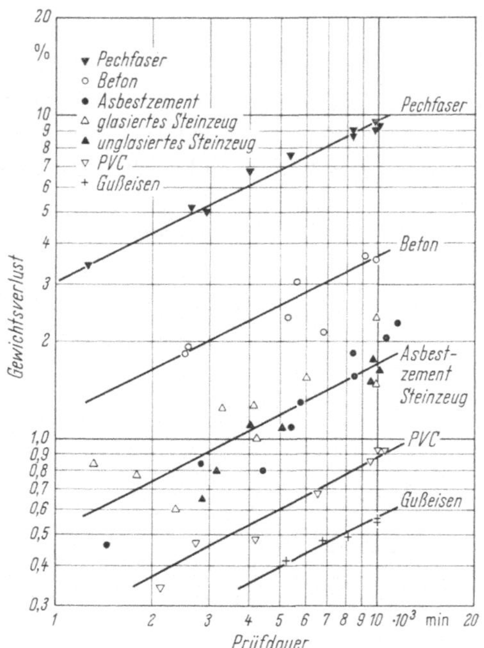

Abb. 4/23. Gewichtsverlust der Rohrabschnitte aus verschiedenen Werkstoffen in Abhängigkeit von der Prüfdauer [V 24].

ab einer Geschwindigkeit von 2 m/s überwiegt. Wie die Auswertung der einzelnen Versuche zeigt, sind diesen stoßartigen Beanspruchungen zähe Materialien, zu denen auch Asbestzement gehört, besser gewachsen. Sie ermöglichen ein Abfedern der Stoßimpulse.

Dieser vorwiegend stoßartigen Beanspruchung trägt das sogenannte Darmstädter Verfahren von Prof. KIRSCHMER [52] nicht Rechnung. Die zu kurze Prüfstrecke in der Kippschale von 0,7 m läßt im Gegensatz zum PÖPEL-Versuch einen Fließvorgang nicht zustande kommen. Das Abrasionsmittel gleitet ähnlich wie bei der BÖHMschen Scheibe mehr oder weniger kompakt über die Sohle und läßt nur die für echte Fließvorgänge untergeordnete Scheuerkomponente zur Wirkung kommen. Für spröde Rohrmaterialien werden daher zu gute Ergebnisse erreicht, wie Versuche von BAUCH und RÖHNISCH sowie die englischen Versuche zeigen, die den Einfluß der natürlichen Turbulenz mit ihrer Stoß- und Schlagkomponente (hüpfen, rollen) praxisgerecht erfassen. Auch der Sand-

strahlversuch, ausgeführt von der Wiener Versuchsanstalt [V64], zeigt
eine um 50% größere Widerstandskraft des schlagzähen Asbestzement-
Materials gegenüber aufprallenden Feststoffteilchen als schlagspröde
Werkstoffe. In einem Quarzsandstrahl von 2 bzw. 3 bar Blasdruck wurde
auf einer beanspruchten Kreisfläche von 60 mm Durchmesser ein Mate-
rialabtrag von 12 bzw. 17 g bei Asbestzement und 19 bzw. 29 g bei
keramischem Material gemessen. Ähnliche Versuche mit Stahlspänen
als Abriebmittel wurden im Prüflabor des Polytechnikums von Mailand
[V60] durchgeführt, die größenordnungsmäßig gleiche Gewichtsverluste
ergaben wie die Wiener Versuche. Ferner ist von Bedeutung, daß der
Verschleiß bei Asbestzement mit fortschreitender Tiefe abnimmt, was
auch durch den Wasserstrahlversuch von PRESS dokumentiert ist [V56].
Diese Wirkung kann durch den dämpfenden Einfluß der Asbestbeweh-
rung erklärt werden.

Asbestzementrohre haben sowohl im Versuch als auch in der Praxis
hohen Verschleißwiderstand gezeigt, so daß ihr Einsatz bei normaler
Geschiebefracht in Misch- und Regenwasserkanälen bis zu Fließgeschwindigkeiten von 6 bis 8 m/s erfolgen kann. Höhere Fließgeschwindigkeiten
werden meist vermieden, weil hydromechanische Vorgänge den Abfluß
im Rohr beeinträchtigen. Jedoch auch in Steilstrecken mit höheren
Fließgeschwindigkeiten haben sich Asbestzementrohre ohne zusätzlichen
Schutz bewährt [99].

Bei höheren Beanspruchungen kann außerdem eine Epoxydharzbeschichtung zusätzlichen Schutz bieten.

4.4.14 Untersuchungen an dynamisch belasteten, erdverlegten Asbestzementrohren

Vom CURT-RISCH-Institut der TH Hannover wurden Großversuche zur
dynamischen Beanspruchung erdverlegter Kanalisationsrohre ohne
Innendruck in rolligem und in bindigem Boden durchgeführt [V25, V26].
Neben den Versuchen mit Verkehrsbelastungen durch Fahrzeuge und
durch verschiedene Verdichtungsgeräte bei unterschiedlichen Überdeckungshöhen wurde auch eine Schwingmaschine eingesetzt, um eine
kontrollierbare, reproduzierbare Verformung in Abhängigkeit von der
Krafteinwirkung zu erzielen.

Neben anderen Rohrwerkstoffen wurden Asbestzementrohre DN 600
mit 37 mm Wanddicke von 4,0 m Länge untersucht, an die beidseitig je
ein 1,0 m langes Rohrstück mit REKA-Kupplungen angeschlossen wurde.
Die Verformung wurde in Rohrmitte und an den Schaftenden gemessen.

4.4.14.1 Versuche in rolligem Boden

a) Verdichtungsgeräte. Die Verdichtung des Bodens zur Grabenverfüllung wurde in Abhängigkeit von der Verfüllhöhe und in Anlehnung an die Vorschriften des „Merkblatt für das Zufüllen von Leitungsgräben", herausgegeben von der Forschungsgesellschaft für das Straßenwesen, Maastrichter Str. 45, 5 Köln, mit unterschiedlich schweren, handelsüblichen Verdichtungsgeräten durchgeführt. Als Anhaltswerte für die auftretenden Verformungen sei erwähnt, daß die vertikale Durchmesseränderung beim Stampfen mit einer 1-kN-DELMAG-Explosionsramme und 30 cm Überdeckungshöhe etwa 110 µm, beim Einsatz eines 5-kN-DELMAG-Frosches und 1,20 m Überdeckungshöhe etwa 270 µm und beim Übergang eines 16-kN-Rüttelverdichters von Bohn & Kähler bei 1,10 m Überdeckungshöhe etwa 270 µm betrug.

b) Schwingmaschine. Die Versuche mit der Schwingmaschine in rolligem Boden zeigten, daß die Elastizität der Rohre nur wenig von der Bodenelastizität abweicht. Das heißt, daß die Verformungen von Rohr und Boden in etwa einander entsprechen, was bei dynamischer Beanspruchung von großer Bedeutung ist. Ebenso wie bei der Beanspruchung durch die Verdichtungsgeräte klingen auch hier die Durchmesseränderungen und damit die Rohrbeanspruchungen mit zunehmender Überdeckung ab. Dehnungsmessungen in Rohrmitte und am Spitzende ergaben, daß infolge des verformungshindernden Einflusses der REKA-Kupplungen die Beanspruchungen zum Rohrende hin stark abklingen. Die horizontalen Bewegungen der Rohre waren in allen Fällen um eine Zehnerpotenz kleiner als die vertikalen und können für gewöhnlich vernachlässigt werden.

c) Verkehrsbelastung. Versuche mit Fahrzeugen, um die in der Praxis tatsächlich auftretenden Verkehrslasten zu ermitteln, konnten nur in rolligem Boden durchgeführt werden. Die Überdeckungshöhe betrug 1,20 m. Es wurden verschiedene Lastkraftwagen mit maximal 100 kN Achslast sowie ein 440-kN-Panzer eingesetzt. Beim Überfahren eines 10 cm hohen Meßkeils auf einer Kopfsteinpflasterdecke traten dabei bei Fahrgeschwindigkeiten von 8 bis 10 km/h zusätzliche Stoßbeanspruchungen in Höhe von etwa 30 bis 70% der statischen Lasten auf. Bei Fahrversuchen mit dem Panzer auf der Kopfsteinpflasterdecke ohne Meßkeil mit etwa 26 km/h Geschwindigkeit ergaben sich dynamische Amplituden von etwa 30% der statischen Werte.

Um einen Anhalt über die tatsächliche Rohrbeanspruchung zu erhalten, sei erwähnt, daß sich aus der bei der Panzerbelastung gemessenen

Dehnung von $\varepsilon = 9 \cdot 10^{-5}$ eine Ringbiegezugspannung von 2,25 N/mm² ergab, also ein sehr geringer Wert.

4.4.14.2 Versuche in bindigem Boden

a) Verdichtungsgeräte. Die Versuche in bindigem Boden, der aus Geschiebemergel bestand, zeigten, daß die Rohrbeanspruchung beim Schlagen mit DELMAG-Fröschen hier wesentlich höher liegt als im Sandboden. Außerdem werden die Stampfschläge in bindigem Boden weniger gedämpft als im Sandboden. Die vertikalen Durchmesseränderungen ergeben sich im Mittel um etwa 30% höher als im Sandboden.

Wegen der schlechten Tragfähigkeit des stark wasserhaltigen Verfüllmaterials und der bekannten Unwirksamkeit von Stampf- und Rüttelgeräten in bindigen Böden dieser Art, sind die hier gewonnenen Meßergebnisse nicht auf die Praxis übertragbar.

b) Schwingmaschine. Die Versuche mit der Schwingmaschine bei bindigem Boden zeigten eine Abhängigkeit der Resonanzfrequenz von der Legungstiefe. Die Frequenzen streben einem Grenzwert mit zunehmender Überdeckung zu.

4.4.14.3 Zusammenfassung

Faßt man die Ergebnisse der vorliegenden Schwingungsuntersuchungen und Fahrversuche zusammen, so kann folgendes festgestellt werden:

a) Verdichtungsgeräte. Der Einsatz von Stampfgeräten ergibt Stoßbeanspruchungen des Rohres, die sich in einer starken Verformungsspitze ausdrücken. Im rolligen Sand wurden keine Nachschwingungen des Rohres beobachtet. Der Einsatz einer 1-kN-Explosionsramme ist ab 30 cm Überdeckung ungefährlich für das Rohr, dagegen müssen schwerere Geräte mit Vorsicht angewendet werden. Hier zeigen sich erhebliche Einwirkungen auf das Rohr, so daß diese Geräte erst von größerem Überdeckungshöhen ab eingesetzt werden sollten.

Im bindigen Boden ist eine Verdichtung durch Stampfgeräte ungenügend, während hier die Erregerfrequenz des Rüttelverdichters eine größere Rolle als beim Sandboden spielt. Es konnte gezeigt werden, daß die Beanspruchungen des Rohres nach Überschreiten der Eigenfrequenz trotz höherer Erregerkräfte wieder abnehmen, so daß es bei Wahl geeigneter Arbeitsfrequenzen möglich ist, die Verdichtungswirkung durch höhere Erregerkräfte zu verbessern und gleichzeitig dabei die Rohrbeanspruchung zu vermindern.

b) Schwingmaschine. Die Beanspruchung der Rohre ist von der Legungstiefe abhängig. Während das untersuchte Asbestzementrohr im Sandboden sich gut den dynamischen Einwirkungen anpaßte, war dies beim bindigen Boden nicht der Fall. Das drückt sich darin aus, daß die gemessenen Eigenfrequenzen im Sandboden bei allen Überdeckungshöhen gleich blieben, während sie im bindigen Boden von der Überdeckungshöhe abhängig waren. Daher lassen sich auch die Rohrverformungen des in rolligen Boden gelegten Asbestzementrohres hinreichend genau aus den Schwingbewegungen des Bodens ermitteln, wobei die Verformungen entsprechend der Abklingfunktion des Bodens mit der Tiefe abnehmen. Im bindigen Boden können die Auswirkungen bei gleicher Erregerkraft um etwa 25% größer werden als im rolligen, wo eine stärkere Dämpfung herrscht.

Der Einbau einer Kopfsteinpflasterdecke ergibt bei beiden Bodenarten eine Erhöhung der Eigenfrequenz. Beim Sandboden konnte durch die lastverteilende Wirkung des Kopfsteinpflasters eine Verminderung der Rohrbeanspruchung um 20% bis 40% beobachtet werden.

c) Verkehrsbelastung. Die statischen Beanspruchungen durch Lastkraftwagen verhalten sich praktisch wie die Achslasten. Eine Abhängigkeit der dynamischen Zusatzbeanspruchung von den Achslasten ist nicht erkennbar. Bei seitlicher Vorbeifahrt klingt die Rohrbelastung sehr schnell ab. Letzteres gilt auch für die Keilüberfahrt (Nachahmung eines Schlagloches), wo jede Achse eine Verformungsspitze im Rohr erzeugt, die sofort abklingt. Bei höheren Fahrgeschwindigkeiten kann eine Entlastung der Vorderachse und eine zusätzliche Belastung der Hinterachse um 10% bis 20% erfolgen.

Zusammenfassend läßt sich als Ergebnis der zahlreichen durchgeführten Festigkeitsversuche feststellen, daß Asbestzementrohre hohe statische Festigkeitswerte aufweisen, die teilweise wesentlich über den in der Norm geforderten Mindestwerten liegen, und daß sie ein günstiges Verhalten gegenüber dynamischen Beanspruchungen zeigen. Sie sind daher auch für Rohrleitungen unter verkehrsreichen Straßen geeignet.

4.5 Verhalten bei chemischen Einwirkungen

In diesem Abschnitt sollen vor allem Probleme der Innen- und Außenkorrosion behandelt werden. Bei den komplizierten Vorgängen der Korrosion ist vor allem die Einwirkungszeit und Konvektion von ausschlaggebender Bedeutung. Es ist daher nicht ohne weiteres möglich, aus Versuchen eindeutige Aussagen über die zu erwartende Korrosionsbeständigkeit zu erhalten. Bei kurzzeitigen Laborversuchen, die in der Regel jeweils mit nur einem bestimmten Agens durchgeführt werden, liegen grundsätzlich andere Verhältnisse vor als unter natürlichen Gegebenheiten. Erkenntnisse aus Korrosionsversuchen im Laboratorium müssen daher durch Beobachtungen an gelegten Leitungen ergänzt werden und umgekehrt. Unter diesem Blickwinkel sind Laborversuche als Ergänzung praktischer Beobachtungen äußerst wertvoll.

Neben den Laborversuchen wurden alte Asbestzementrohrleitungen in den verschiedensten Gegenden der Bundesrepublik Deutschland aufgegraben und untersucht, die unterschiedlichen Einbau- und Betriebsbedingungen unterworfen waren. Die Ergebnisse dieser Untersuchungen enthält Kapitel 5.

4.5.1 Allgemeine Betrachtung zur Korrosion von Asbestzementrohren

Beim Asbestzement besteht die Möglichkeit einer Korrosion dann, wenn Agenzien vorhanden sind, die die im Rohrwerkstoff enthaltenen Kalziumverbindungen und geringen Mengen Magnesiumhydrat angreifen. Da das Material selbst basisch ist, kommen hierbei im wesentlichen saure Reaktionen in Frage. Das Hauptgewicht aller Boden- und Wasseruntersuchungen im Hinblick auf Korrosion muß daher auf der Erfassung des Säuregrades liegen.

Allgemein lassen sich die Korrosionsvorgänge auf chemische oder elektrochemische Reaktionen zwischen Rohrmaterial und Umgebung zurückführen. Bei den elektrochemischen Vorgängen bildet sich ein Element, das aus einem Elektrolyten, einer Kathode und einer Anode besteht und in dem ein Korrosionsstrom fließt. Die Bildung eines elektrochemischen Korrosionselementes setzt somit die elektrische Leitfähigkeit des betreffenden Materials voraus.

Damit wird aber gleichzeitig offensichtlich, daß die erwähnten Korrosionselemente, die auf elektrochemischen Vorgängen beruhen, beim Asbestzementrohr wegen seiner äußerst geringen elektrischen Leitfähigkeit von vornherein entfallen.

Aus gleichem Grund ist auch die sogenannte Fremdstromkorrosion nicht möglich, worauf jedoch noch näher eingegangen wird (Abschn. 4.5.4).

Bei Korrosionserscheinungen an Asbestzementrohren wird die angegriffene Oberfläche bis zu einer bestimmten Tiefe erweicht.

In den meisten Fällen werden die Korrosionsprodukte von der korrodierenden Flüssigkeit gelöst. Entstehen dagegen schwer lösliche Korrosionsprodukte, so verbleiben diese in der Rohrwandung. Um die grundsätzlichen Vorgänge aufzuzeigen, führte EICK [26] einen vereinfachten Korrosionsversuch durch, indem er aus Druckrohren gefertigte Platten im Alter von vier Wochen in verschiedene Bäder einhängte. Die Flüssigkeiten hatten folgende Zusammensetzung:

1. Pufferlösung aus 0,5%iger HCl mit Natriumacetatzugabe bis $p_H = 4,5$,
2. 0,5%ige HCl mit $p_H = 1,5$,
3. 0,5%ige H_2SO_4 mit $p_H = 1,4$.

Die Ergebnisse zeigt Abb. 4/24.

Die Korrosionsgeschwindigkeit nimmt ab mit zunehmender Korrosionszeit. Die Ursache hierfür liegt nach EICK in der Ausbildung einer inerten Asbestfilzschicht, die wie ein Puffer zwischen der noch nicht angegriffenen Rohrwand und der aggressiven Flüssigkeit wirkt. Die Flüssigkeit stagniert in den Poren dieser Pufferschicht.

Mit zunehmender Dicke der Filzschicht infolge fortschreitender Korrosion wird die aggressive Flüssigkeit weniger direkt als mehr über den Weg der Diffusion an das Material herangeführt, damit die Korrosion erschwert, was sich in der flacher werdenden Neigung der Kurven ausdrückt [26]. Insofern leistet Asbestzement auf Grund seiner Struktur eine Art von Selbstschutz, auf den nicht genügend hingewiesen werden kann.

Die verminderte Korrosionswirkung von Lösung 3 gegenüber Lösung 2 trotz etwa gleichen p_H-Wertes hat ihre Ursache in der diffusionshemmen-

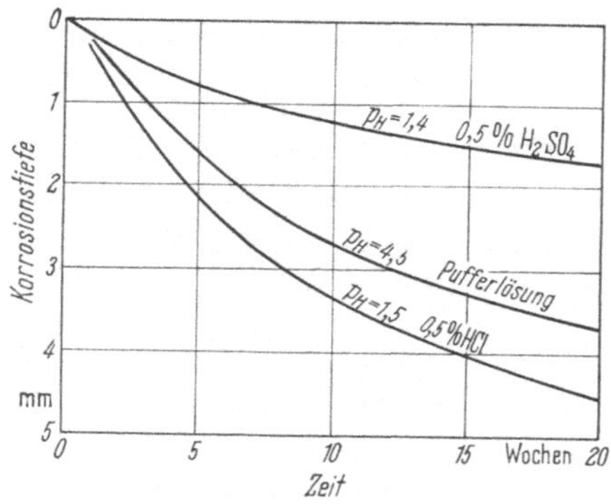

Abb. 4/24. Einfluß der Kontaktzeit auf die Korrosionstiefe [26].

den Wirkung des entstehenden schwerlöslichen Kalziumsulfats, das die Hohlräume des Asbestfasergeflechts ausfüllt.

Das hier gezeigte Korrosionsverhalten mit einer im Lauf der Zeit abnehmenden Korrosionsgeschwindigkeit ist für das Material charakteristisch. Es kann auch an den meisten Großversuchen sowie durch die Erfahrungen mit gelegten Leitungen nachgewiesen werden.

Die im folgenden dargestellten theoretischen Erkenntnisse, z. B. über die Rolle der Härte und des Kalk-Kohlensäure-Gleichgewichts des Wassers im Hinblick auf die Innenkorrosion sind allgemein eingeführt, stellen die Zusammenhänge jedoch nur angenähert dar. Zur Information über den neuesten Stand der Forschung sei z. B. auf [35] verwiesen.

p_H-Wert. Der Säuregrad einer wäßrigen Lösung wird in der Praxis meistens mit dem p_H-Wert charakterisiert. Dieser ist ein Maßstab für den Gehalt an Wasserstoffionen, die durch Dissoziation der vorhandenen Moleküle freigeworden sind. Bei der elektrolytischen Dissoziation entstehen positiv bzw. negativ geladene Ionen, die Kationen bzw. Anionen. Die Dissoziation in einer wäßrigen Lösung erfolgt im allgemeinen nicht vollständig, sondern es bildet sich ein durch die Dissoziationskonstante K gekennzeichneter Gleichgewichtszustand zwischen dissoziierten und nicht dissoziierten Molekülen aus. Die Dissoziationskonstante für Wasser bei 18 °C beträgt $K = 10^{-14}$, so daß für das Konzentrationsgleichgewicht der Reaktionen

$$H_2O \rightleftarrows H^+ + OH^-$$

$$\frac{[H^+] \cdot [OH^-]}{[H_2O]} = K = 10^{-14} \text{ gilt.} \tag{4.5/1}$$

Die Konzentrationen haben die Dimension mol/l.

Das Produkt der Wasserstoffionen und der Hydroxylionen bleibt im Wasser und auch in allen sonstigen verdünnten wäßrigen Lösungen stets konstant. Bei der Dissoziation des Wassers und bei allen chemisch neutralen Lösungen sind die Konzentrationen der Wasserstoffionen und der Hydroxylionen einander gleich, also nach Gl. (4.5/1) 10^{-7} mol/l. Je größer die H^+-Ionenkonzentration und je kleiner die OH^--Ionenkonzentration sind, um so saurer ist die Lösung, und je größer die OH^--Ionenkonzentration gegenüber der H^+-Ionenkonzentration ist, um so basischer wird die Lösung. Der p_H-Wert ist der negative dekadische Logarithmus der Wasserstoffionenkonzentration in mol/l. Demnach ist für chemisch neutrale Lösungen $p_H = 7$, für saure Lösungen $p_H < 7$, für basische Lösungen $p_H > 7$.

Die chemische Reaktionsgeschwindigkeit ist temperaturabhängig und zwar wird sie nach BÜRKNER [13] ungefähr verdoppelt bei einer Temperaturerhöhung um 10 °C. Mit steigender Temperatur nimmt auch die Dissoziation zu. Für die Aggressivität ist die tatsächlich vorhandene Wasserstoffionenanzahl maßgebend und es ist besonders zu beachten, daß diese mit dem p_H-Wert in einem logarithmischen Zusammenhang steht, so daß auch schon kleine p_H-Wert-Änderungen große Änderungen der H^+-Ionenkonzentration bedeuten. So erhöht sich z.B. bei einem p_H-Wert-Abfall von 5,8 auf 5,2 die H^+-Ionenkonzentration auf etwa das Vierfache.

Härte und Kalk-Kohlensäure-Gleichgewicht. Natürliche Wässer, die sowohl sauer als auch basisch reagieren, sind verdünnte Lösungen von Stoffen, die sie in der Atmosphäre und auf ihrem Fließweg im Boden aufnahmen. Die meist vorhandene Kohlensäure bildet mit den schwer löslichen Kalzium- und Magnesiumkarbonaten lösliche Hydrogenkarbonate. Auch für die Verbindungen mineralischer Säuren kommen vornehmlich Kalzium und Magnesium in Frage. Diese Verbindungen bestimmen die Härte des Wassers, wobei zwischen Gesamthärte, Karbonathärte und Nichtkarbonathärte unterschieden wird.

Die *Karbonathärte* umfaßt alle im Wasser enthaltenen Verbindungen der Kohlensäure mit den Erdalkalimetallen, vorwiegend Kalzium und Magnesium, sofern sie löslich sind, z.B. die Hydrogenkarbonate. Da die Hydrogenkarbonate bei Erhitzen des Wassers in unlösliche Karbonate überführt werden und dann ausfallen, nennt man die Karbonathärte auch vorübergehende oder temporäre Härte.

Die *Nichtkarbonathärte* schließt im Gegensatz dazu — wie der Name schon besagt — alle Verbindungen ein, die nicht der Kohlensäure entstammen. Es sind dies die Sulfate und Chloride der Erdalkalimetalle. Sie fallen durch Kochen nicht aus, daher wird die Nichtkarbonathärte auch häufig als bleibende oder permanente Härte bezeichnet.

Die *Gesamthärte* schließlich bildet die Summe aus Karbonat- und Nichtkarbonathärte. Gemessen wird die Härte in Härtegraden. Neben dem deutschen Härtegrad (°d) sind noch der französische, englische und amerikanische Härtegrad üblich. Die Beziehungen der Härtegrade zu den Mengen an gelösten Härtebildnern ergeben sich wie folgt:

1 deutscher Härtegrad $\quad\quad = 0,1783$ mmol/l CaO bzw. MgO
$\quad\quad\quad\quad\quad\quad\quad\quad\quad$ (10 mg CaO/l $= 7,19$ mg MgO/l),

1 französischer Härtegrad $\quad = 0,0999$ mmol CaCO$_3$/l
$\quad\quad\quad\quad\quad\quad\quad\quad\quad$ (10 mg CaCO$_3$/l),

1 englischer Härtegrad $\quad\quad = 0,0699$ mmol CaCO$_3$ in 0,7 l Wasser
$\quad\quad\quad\quad\quad\quad\quad\quad\quad$ (10 mg CaCO$_3$ in 0,7 l Wasser),

1 amerikanischer Härtegrad = 0,0584 mmol $CaCO_3$ in 0,585 l Wasser
(10 mg $CaCO_3$ in 0,585 l Wasser).

Für die deutschen Bezeichnungen wurden folgende Kurzzeichen eingeführt:

Gesamthärte $°d\ G$,

Karbonathärte $°d\ K$,

Nichtkarbonathärte $°d\ NK$.

Entsprechend seiner Gesamthärte bezeichnet man ein Wasser gemäß Tab. 4/3.

Tabelle 4/3

Härte	Bezeichnung
0 bis 5 °dG	sehr weich
5 bis 10 °dG	weich
10 bis 20 °dG	mittelhart
20 bis 30 °dG	hart
über 30 °dG	sehr hart

Die Menge des im Wasser gelösten Kohlendioxid ist vom Druck und von der Temperatur abhängig. Ein geringer konzentrationsabhängiger Teil hiervon (etwa $^1/_{1000}$) verbindet sich mit dem Wasser zu echter Kohlensäure nach folgender Reaktionsgleichung:

$$CO_2 + H_2O \rightleftharpoons H_2CO_3.$$

Das praktisch wasserunlösliche Kalziumkarbonat wird durch Kohlensäure in leicht lösliches Hydrogenkarbonat überführt:

$$CaCO_3 + H_2CO_3 \rightleftharpoons Ca(HCO_3)_2.$$

Zwischen Kalziumkarbonat, Kalziumhydrogenkarbonat und freier Kohlensäure stellt sich ein den Druck- und Temperaturverhältnissen entsprechendes Gleichgewicht ein. Um eine bestimmte Menge Kalziumkarbonat in Form von Hydrogenkarbonat in Lösung zu halten, wird eine entsprechende Menge an freier Kohlensäure benötigt, die sogenannte zugehörige freie Kohlensäure. Es wird also sowohl Kohlensäure zur Bildung von Hydrogenkarbonat als auch zu dessen Inlösunghalten, d.h. zur Aufrechterhaltung des Gleichgewichts benötigt.

Die Gesamtkohlensäure setzt sich zusammen aus der Hydrogenkarbonat-Kohlensäure und der freien Kohlensäure. Bei der Hydrogenkarbonat-Kohlensäure unterscheidet man die gebundene Kohlensäure, das ist das an CaO und MgO gebundene CO_2, und die mengenmäßig gleich große halbgebundene Kohlensäure, die in den Bikarbonaten steckt und z.B. beim Erhitzen entweicht:

$$Ca(HCO_3)_2 = CaCO_3 + H_2O + CO_2,$$
$$= CaO + \underline{CO_2} + H_2O + \underline{CO_2}.$$

Unter freier Kohlensäure versteht man das nicht an Metall gebundene Kohlendioxid, also die im Wasser frei vorhandene Kohlensäure und das gelöste Kohlendioxid. Sie setzt sich zusammen aus der zugehörigen freien Kohlensäure, die zur Aufrechterhaltung des Kalk-Kohlensäure-Gleichgewichts erforderlich ist und aus dem darüber hinaus vorhandenen Anteil, der überschüssigen (aggressiven) freien Kohlensäure. Letztere wirkt korrosiv. Sie verhindert die Bildung von rostschützenden Deckschichten aus Kalziumkarbonat, die sich ansonsten beim Fehlen aggressiver Kohlensäure im Zusammenhang mit der anfänglichen Rostbildung und der dabei auftretenden Wandalkalität bilden können. Aus Beton- oder Asbestzementrohren wird von der überschüssigen freien Kohlensäure soviel Kalziumkarbonat gelöst, bis sich ein neuer Gleichgewichtszustand einstellt, der eine entsprechend erhöhte Menge an zugehöriger freier Kohlensäure erfordert. Daraus ergibt sich, daß nur ein bestimmter Teil der überschüssigen aggressiven Kohlensäure kalkaggressiv ist, während dagegen die gesamte Menge eisenaggressiv ist. Siehe Anmerkung.

Enthält ein Wasser keine überschüssige, sondern nur zugehörige freie Kohlensäure, so steht es im Kalk-Kohlensäure-Gleichgewicht, das von

---

Anmerkung. Während der Drucklegung der Neuauflage wurde bekannt, daß der Begriff „Kalkaggressive Kohlensäure" bei der Beurteilung korrosiver Eigenschaften von Wasser in der Bundesrepublik Deutschland seit dem 1. Januar 1977 nicht mehr verwendet wird.

Nach Mitteilung von GROHMANN [35] u. a. tritt auch bei genauer Einstellung des zuvor berechneten Kalk-Kohlensäure-Gleichgewichtes an wasserführenden Installationen Lochfraß auf, ohne daß dies bisher in Laborversuchen zufriedenstellend reproduziert werden konnte. Bedeutungsvoll ist, daß Voraussagen über das Korrosionsverhalten von Wasser mit Hilfe der TILLMANS-Gleichung nur dann zutreffen, wenn bestimmte Voraussetzungen erfüllt sind. In der Praxis wird deshalb die Kalkaggressivität von Wasser nicht mehr über den Gehalt an Kohlensäure bzw. freier Kohlensäure, sondern aufgrund des p_H-Wertes — in der Regel durch einen Schnelltest an Ort und Stelle (Reaktion des Wassers mit Kalk und Messen der p_H-Wert-Änderung) — beurteilt.

Ergänzenden Aufschluß erhält man durch die Berechnung des Sättigungsindex SI, der allgemein nach

$$SI = \log ([Ca^{2+}] [CO_3^{2-}] \cdot f_L/L)$$

definiert ist.

Hiernach erhält man für kalkaggressives Wasser SI < 0, für kalkabscheidendes Wasser SI > 0 und für das Kalk-Kohlensäure-Gleichgewicht SI $= 0$.

Die in diesem Zusammenhang wichtigen Berechnungs- und Auswertungsverfahren werden in der angegebenen Literatur ausführlich dargestellt.

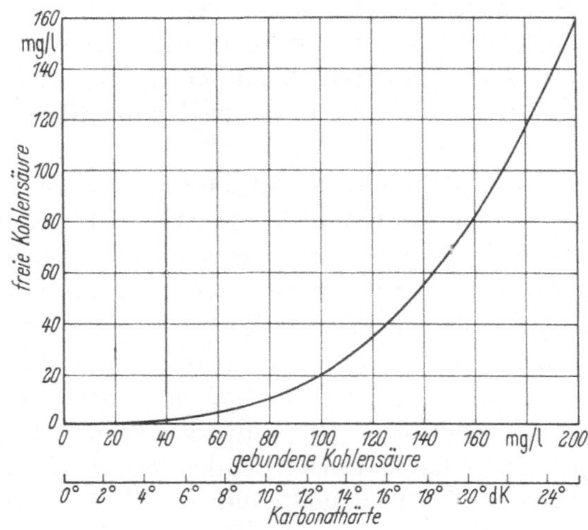

Abb. 4/25. Kalk-Kohlensäure-Gleichgewichts-Kurve nach TILLMANS ($t = 10\,°C$).

TILLMANS eingehend untersucht wurde. Die von ihm aufgestellte Gleichgewichtskurve zeigt Abb. 4/25. Liegt bei einem Wasser bestimmter Kalkhärte der Gehalt an freier Kohlensäure unter der Kurve, so fällt Kalziumkarbonat aus, bis die freie Kohlensäure für die verringerte Kalkhärte als zugehörig ausreicht. Diese Wässer neigen zur Deckschichtbildung. Liegt der Gehalt an freier Kohlensäure über der Kurve, so ist das Wasser aggressiv, da es überschüssige freie Kohlensäure enthält.

Beim Asbestzement- oder Betonrohr wird soviel Kalkhydrat bzw. Kalziumkarbonat aus dem Zementmaterial herausgelöst, bis sich ein neuer Gleichgewichtszustand bei der Kalkhärte k_2 gegenüber der ursprünglichen Härte k_1 eingestellt hat (Abb. 4/26). Abb. 4/26 läßt erkennen, daß nur ein Teil der überschüssigen freien Kohlensäure (Strecke $\overline{AC}$) kalkaggressiv ist (Strecke $\overline{AB}$), während die Reststrecke $\overline{BC}$ als zuge-

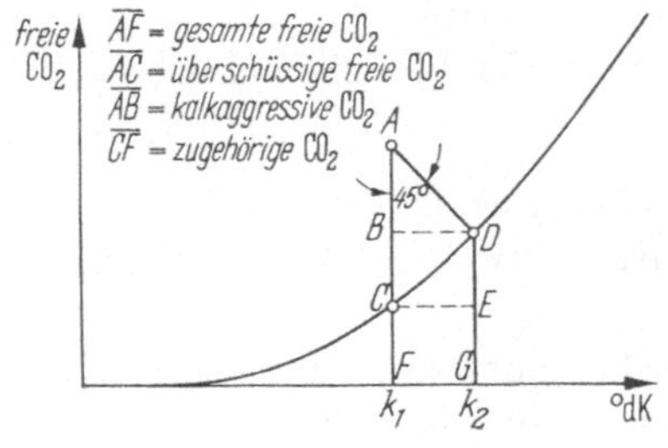

Abb. 4/26. Schema der TILLMANSschen Kurve mit Eintragung der verschiedenen Kohlensäuremengen eines beliebigen Wassers.

hörige freie Kohlensäure für die Aufhärtung benötigt wird. Zur Erreichung des neuen Gleichgewichtszustandes bei k_2 bedarf es einer entsprechend langen Einwirkungszeit. Bei durchströmten Rohrleitungen ist jedoch häufig die Kontaktzeit zu gering, so daß das Gleichgewicht nicht erreicht wird.

Bei der praktischen Anwendung der TILLMANSschen Kurve zur Beurteilung der Korrosionsgefährdung ist zu berücksichtigen, daß der Einfluß der in allen Wässern mehr oder weniger vorhandenen Magnesiumhärte und die Anwesenheit gelöster Salze das Ergebnis etwas verfälschen.

Sulfatreduktion. Der Korrosionsvorgang von Eisen im Boden führt zur Bildung von $Fe(OH)_2$, wobei freier Wasserstoff entsteht. Der freie Wasserstoff sammelt sich an der Kathode an und bremst den Korrosionsvorgang, bis dieser schließlich ganz zum Stillstand kommt, d.h., der Wasserstoff polarisiert die Kathode. Bei der aeroben Korrosion erfolgt die Depolarisation der Kathode und damit der Fortgang der Korrosion durch den Sauerstoff der Luft, der den Wasserstoff zu Wasser oxydiert und gleichzeitig zur Bildung dreiwertigen Eisenhydroxids, des Rostes, führt. Es ist aber auch eine Depolarisation durch mikrobiologische Vorgänge möglich. Die hierbei tätigen Mikroorganismen leben unter Abschluß von Luftsauerstoff, also z. B. in Moor-, Klei- und nassen Tonböden. Man spricht daher von anaerober Korrosion. Einer der wesentlichsten Prozesse dieser Art ist die Sulfatreduktion nach dem Schema

$$H_2SO_4 + 8\,H \rightarrow H_2S + 4H_2O,$$

bei der das Spirillum desulfuricans die Sulfate im Boden zu Schwefelwasserstoff oder Sulfiden reduziert. Der im Sulfat gebundene Sauerstoff kann zur Oxydation des freien Wasserstoffs und damit zur Depolarisation der Kathode herangezogen werden. Im Zusammenhang mit der Sulfatreduktion ist meistens auch freier Schwefel bzw. Pyrit im Boden anzutreffen, der bei anschließender Belüftung des Bodens, gegebenenfalls unter der Mitwirkung von Mikroben, zu Schwefelsäure oxydieren kann, wodurch der Boden sauer und aggressiv wird.

Nach einem KIWA-Bericht [54] werden bezüglich Korrosion folgende Bodenzustände unterschieden:

Fall 1: Aerob, Reaktion angenähert neutral ($p_H = 7$),
Fall 2: Anaerob, aktive Sulfatreduktion, Reaktion angenähert neutral ($p_H = 7$),
Fall 3: Aerob, Reaktion sauer bis sehr stark sauer ($p_H = 3$ bis < 1),
Fall 4: Wechselnd aerob und anaerob.

Während bei Metallangriffen im allgemeinen und beim Eisen im besonderen der frei werdende Wasserstoff den Ausgangspunkt für alle Korrosionsbetrachtungen bildet, spielt beim Angriff auf Asbestzement der Wasserstoff keine Rolle. Hierin liegt der wesentliche Unterschied zwischen der Bodenkorrosion des Eisens und der des Asbestzementes [54]. Unter diesem Gesichtspunkt betrachtet, können eiserne Gegenstände daher bei allen vier Bodenzuständen korrodieren, während Asbestzement nur in den Fällen 3 und 4 angegriffen wird. Der Fall 1 scheidet aus, da keine Säure vorhanden ist, die das Kalziumkarbonat des Asbestzements angreifen könnte. Im Fall 2 ist dagegen Sulfat vorhanden, das als zementgefährdend bekannt ist. Dieses Salz wird jedoch durch die mikrobiologische Reaktion abgebaut und der dabei entstehende Schwefelwasserstoff schadet dem Asbestzement nicht. Die Sulfatreduktion übt also in Bezug auf Asbestzement eine schützende Wirkung aus.

Gefährlich für Asbestzement sind Böden des Falles 3, die unter anderem auch aus Böden des Falles 2 durch nachträgliche Belüftung entstehen können. Daraus ergibt sich die Gefährlichkeit von Böden nach Fall 4.

4.5.2 Innenkorrosion

Unter dem Begriff „Innenkorrosion" werden Schäden oder Veränderungen an der inneren Rohroberfläche zusammengefaßt, die auf den chemischen Angriff durch die geförderte Flüssigkeit zurückzuführen sind.

Bei der Verwendung von Asbestzementrohren für Abwasserleitungen können Innenkorrosionen die verschiedensten Ursachen haben. Rein häusliche Abwässer mit im allgemeinen neutraler bis schwach alkalischer Reaktion sind völlig harmlos. Industrielle und gewerbliche Abwässer dagegen enthalten oft sehr stark angreifende Agenzien der unterschiedlichsten Art, die nähere Untersuchungen erfordern.

Bei der Verwendung von Asbestzementrohren für Trinkwasserleitungen sind die Verhältnisse weniger vielfältig. Die erforderliche Beschaffenheit des Trinkwassers als Lebensmittel schließt die Anwesenheit der meisten korrosiv wirkenden Agenzien aus. In der Hauptsache kommt hier nur Kohlensäure in Betracht. Weiterhin ist bei diesen Leitungen die Frage der Geruchs- und Geschmacksbeeinflussung des Wassers durch das Rohrmaterial sowie die Herauslösung gesundheitsschädigender Bestandteile der Rohrwandung oder des Innenschutzes zu untersuchen. Diese Punkte haben zwar nichts mit Korrosion zu tun, sollen aber trotzdem im Zusammenhang hiermit erörtert werden (s. Abschnitt 4.6).

Korrosionsversuche sollen das Verhalten der Asbestzementrohre gegenüber speziellen Agenzien aufzeigen. Sie sind daher im Labor mit künstlich hergestellten aggressiven Lösungen durchzuführen. Eine Verwendung natürlicher Wässer scheidet wegen der Vielfalt der in ihnen enthaltenen aggressiven Bestandteile in der Regel aus. Im folgenden soll über derartige Labor-Korrosionsversuche berichtet werden [V22].

Die Versuche wurden als Durchflußversuche an einem 2,0 m langen Druckrohr DN 50 durchgeführt. Die Fließgeschwindigkeit betrug 5 m/h bei stark aggressiven Wässern bzw. 2,5 m/h bei schwach aggressiven Wässern. Vor Versuchsbeginn wurden die Rohre 24 h lang gespült.

Der **Versuch mit aufbereitetem Trinkwasser** sollte zeigen, inwieweit das durchfließende Wasser durch die bei fabrikneuen Asbestzementrohren vorhandene Wandalkalität infolge des noch nicht karbonatisierten Kalziumhydroxids beeinflußt wird. Es wurde Berliner Trinkwasser mit einer Gesamthärte von 12,8 °dG und einer Karbonathärte von 10,8 °dK verwendet, das sich mit einem Gehalt an freier Kohlensäure von 0,318 mmol/l CO_2 (14 mg/l) praktisch im Kalk-Kohlensäure-Gleichgewicht befand. Nach 8 Wochen wurde der Versuch abgebrochen. Eine wesentliche Beeinflussung des Wassers erfolgte nicht, seine chemischen Veränderungen lagen knapp an der Grenze der Feststellbarkeit [V22]. Die Innenwandung der Rohre war mit einem grauweißen, hauchdünnen, feinkörnigen Belag aus abgeschiedenem Kalziumkarbonat bedeckt, der eine gleichmäßige und verhältnismäßig glatte Oberflächenstruktur besaß.

Zusammenfassend kann festgestellt werden, daß bei Durchfluß des im Kalk-Kohlensäure-Gleichgewicht stehenden Berliner Trinkwassers die Asbestzementrohre nach anfänglicher, sehr geringfügiger Kalziumkarbonat-Ausscheidung von amorpher Struktur keinerlei Veränderungen erfahren und damit auch das Wasser praktisch nicht beeinflussen [V22]. Ergänzende Standversuche von 28 Wochen Dauer zeigten, daß durch die CaO-Alkalität der Rohrwandung etwa 14 Wochen lang eine Entkarbonisierung des Wassers unter Abscheiden von Kalziumkarbonat stattfindet, die zu einer deutlichen Härteverminderung des Wassers führt. Mit dem Ausscheiden von Härtebildnern klingt die Wandalkalität ab. Bei einem mit Bitumenanstrich aus Inertol W 49 versehenen Versuchsrohr wurde anfänglich ein nicht erklärbarer Abfall der Gesamthärte sowie ein Anstieg der Karbonathärte des Wassers beobachtet.

Es hat sich also gezeigt, daß ein karbonathärtehaltiges Wasser vom Typ des Berliner Trinkwassers beim längeren Stehen in einer neuen Asbestzement-Druckrohrleitung nicht nachteilig beeinflußt wird. An-

fängliche Veränderungen der Härten klingen nach einiger Zeit ab. In
Endsträngen länger stagnierendes Wasser wird demnach in chemischer
Hinsicht auch nach Wochen nicht verändert; die besondere Eignung von
Asbestzement-Druckrohren für solche Fälle steht damit fest. Während
der Geruch und Geschmack des Wassers im ungeschützten Rohr unbeeinflußt bleibt, ist im bituminierten Rohr eine anfängliche Beeinträchtigung möglich.

Andere Autoren erhielten ähnliche Ergebnisse [48].

Abschließend läßt sich feststellen, daß vom chemischen Standpunkt
aus die Verwendung von Asbestzement-Druckrohren für Trinkwasserleitungen unbedenklich ist und eine Beeinflussung des Wassers lediglich
bei fabrikneuen Rohren kurzzeitig auftreten kann. Die dabei vorüber-
gehend auftretende Verminderung der Härte und damit verbundene
Erhöhung des p_H-Wertes ist für den Gebrauch des Wassers nicht bedeutend und kann überdies durch entsprechendes Spülen vor der Inbetriebnahme in weitem Maße eingeschränkt werden.

Versuche mit aggressiver Kohlensäure sind für die Frage der Rohrkorrosion von besonders weiter Bedeutung, da Kohlensäure in allen natürlichen Wässern vorhanden ist.

In der Praxis werden bei hohem Gehalt an aggressiver Kohlensäure
Asbestzement-Druckrohre mit entsprechendem Innenschutz verwendet,
weshalb in den Versuchen mit hochaggressiven Lösungen ebenfalls geschützte Versuchsrohre verwendet bzw. Inhibitoren zugesetzt wurden.

An ungeschützten Rohren wurde ein Durchflußversuch von 24 Wochen
Dauer bei 2,5 m/h Fließgeschwindigkeit mit Berliner Trinkwasser durchgeführt, das auf einen Gehalt an überschüssiger freier Kohlensäure von
etwa 1,25 mmol/l (55 mg/l) angereichert wurde, sowie ein Vergleichs-
versuch mit einem Weichwasser von etwa 6 °d G und ebenfalls 1,25 mmol/l
aggressiver Kohlensäure [V22]. Der Angriff der Kohlensäure führt zu
einer Aufhärtung des Wassers und Verminderung der Kohlensäure. Die
Aufhärtung ist beim Versuch mit Weichwasser deutlich größer, d.h. daß
das Weichwasser bei gleichem Gehalt an aggressiver Kohlensäure wesentlich angriffsfreudiger und gefährlicher ist als mittelhartes Wasser, was
aus der TILLMANNSschen Kurve (Abb. 4/25) ohne weiteres erklärbar ist.
Beim Versuch mit aggressiv gemachtem Berliner Trinkwasser war der
Korrosionsangriff anfangs etwa ebenso stark wie beim Weichwasser-
Versuch, ließ dann aber nach und nahm etwa ab der 11. Woche ein kon-
stantes, aber gegenüber Versuchsbeginn verringertes Maß an. Bei aggressivem Weichwasser dagegen blieb die Stärke des Korrosionsangriffs konstant.

Die Versuche zeigten, daß ungeschützte Asbestzementrohre durch aggressive Kohlensäure angegriffen werden, wobei sich das Ausmaß des Angriffs nach der Aggressivität richtet und bei gleichem Gehalt an aggressiver Kohlensäure mit abnehmender Härte des Wassers zunimmt.

In praxi wäre ein Wasser mit 1,25 mmol/l aggressiver Kohlensäure als stark aggressiv zu bezeichnen, bei dem man niemals ungeschützte Rohre verwenden würde. Aus dem Ergebnis des Versuchs mit aggressiv gemachtem Berliner Trinkwasser läßt sich eine Wanddickenverminderung von etwa 3 mm in 15 Jahren errechnen, so daß immerhin eine gewisse Widerstandsfähigkeit auch der ungeschützten Rohre festgestellt werden kann.

Asbestzementrohrleitungen erhalten zum Transport hochaggressiver Wässer einen oder mehrere Innenanstriche bzw. bei aggressiven Böden auch Außenanstriche (s. Kapitel 7). Dieser seit Jahrzehnten bewährte Rohrschutz ist die einfachste und wirtschaftlichste Schutzart. Hierzu wurden auch Laborversuche an geschützten Rohren durchgeführt. Ferner wurde der Einfluß von Inhibitor-Zusätzen zum Wasser auf Asbestzementrohre untersucht. An derartigen genau zu dosierenden Zusätzen okmmen für Trinkwasserleitungen Silikate und Phosphate in Frage. Für die Versuche wurden Ferrosil (Firma Henkel & Cie) bzw. Dinatriumhydrogenphosphat verwendet.

Ein 12 Wochen dauernder Versuch bei 2,5 m/h Fließgeschwindigkeit wurde mit einem Spezialanstrich auf Kunststoffbasis durchgeführt, wie er für Rohrleitungen zum Transport höchstaggressiver Flüssigkeiten vorgesehen wird. Das Berliner Trinkwasser wurde bis zu einem Gehalt von 180 mg/l aggressiver Kohlensäure angereichert [V22]. Während der Versuchszeit erfuhr das Wasser keinerlei Veränderungen, das Rohr bzw. der Spezialanstrich wurden nicht beeinflußt und die Haftfähigkeit des Anstrichs blieb unverändert.

Versuche mit aggressiven Wässern, denen ein Zusatz von Ferrosil und Phosphat zugegeben wurde, zeigten, daß hierdurch auch an Asbestzementrohren eine Verminderung der Korrosion erfolgen kann, und daß die Rohre durch diese Zusätze nicht ungünstig beeinflußt werden, so daß einer Verwendung derartiger Inhibitoren in einem Rohrnetz, in bezug auf die Asbestzement-Druckrohre, nichts im Wege steht.

Versuche mit reinem Zusatz von Dinatriumhydrogenphosphat an bituminierten Rohren zeigten, daß weder eine Beeinflussung des Bitumenbelages noch eine Veränderung des Wassers stattfindet, was durch zahlreiche Erfahrungen an gelegten Leitungen bestätigt wird. Entsprechende

Versuche an einem ungeschützten Rohr ergaben die Bildung einer dünnen Kalziumphosphat-Schutzschicht, die zu verminderter Korrosion führen kann. Bei ungenügender Phosphatzugabe wird die Rohrwand nicht vollständig abgedeckt, so daß an den freibleibenden Stellen mit verstärkter Korrosion zu rechnen ist. Versuche von EICK [26] zeigten ähnliche Ergebnisse. Eine schädigende Wirkung der Phosphatzusätze auf die Asbestzementrohre hat sich nicht gezeigt, so daß gegen ihre Anwendung keinerlei Bedenken bestehen.

Versuche mit Salzsäure. Die Durchflußversuche von 12 Wochen Dauer bei 5 m/h Fließgeschwindigkeit wurden an einem ungeschützten Versuchsrohr und an einem Rohr mit dreifachem inneren Schutzanstrich auf Steinkohlenteerpechbasis (Inertol I dick L) durchgeführt. Die Salzsäurelösung hatte einen p_H-Wert von etwa 3,4 bis 3,6. Bei dem Rohr mit Schutzanstrich zeigten sich keine Veränderungen des Wassers und kein Angriff auf die Rohrwand. Der Schutzanstrich war voll wirksam und beständig. Das ungeschützte Asbestzementrohr dagegen wurde ziemlich stark angegriffen. In der Praxis wird bei Wässern mit $p_H \leqq 6,0$ bereits fabrikseitig ein entsprechender Schutzanstrich für die Rohre vorgesehen. Der Versuch hat daher ebenso wie die folgenden Versuche mit hochaggressiven Agenzien an ungeschützten Rohren mehr theoretische Bedeutung und dient der Ergründung der Grenzen des Materials, um die erforderlichen Schutzmaßnahmen festlegen zu können.

In der Bundesanstalt für Materialprüfung (BAM) in Berlin wurden sehr extreme Wechseltauchversuche mit 2%iger und 5%iger Salzsäure durchgeführt [V7], also mit Konzentrationen, die in der Praxis im allgemeinen bei weitem nicht erreicht werden. Auch hier zeigte sich an Proben, die mit einem doppelten Schutzanstrich aus Inertol I versehen waren, kein Angriff der Rohrwand, während ungeschützte Proben stark korrodiert waren.

Aus den Versuchen mit Salzsäure wird offensichtlich, daß das ungeschützte Asbestzementrohr von dieser Mineralsäure, je nach der vorhandenen Konzentration stärker oder schwächer angegriffen wird. Geschützte Asbestzementrohre können dagegen stärkeren Konzentrationen ausgesetzt werden, ohne daß eine wesentliche Werkstoffzerstörung zu erwarten ist.

Durchflußversuche mit Schwefelsäure an ungeschützten Rohren sollten den Einfluß des p_H-Wertes mineralsaurer Lösungen auf die Korrosion ergeben. Der p_H-Wert wurde auf 3,5, 4,5 und 5,5 eingestellt, die Versuchsdauer betrug 12 Wochen bei einer Fließgeschwindigkeit von 5 m/h. Die Ergebnisse können hier im Einzelnen nicht aufgeführt werden, jedoch zeigte sich, daß der p_H-Wert hinsichtlich der Korrosion sehr bedeutungsvoll ist, da seine Änderung einen im logarithmischen Maßstab veränderten Gehalt an Wasserstoffionen zur Folge hat (vgl. Abschn. 4.5.1).

Von SCHLÄPFER [88] 1934 durchgeführte Versuche mit Asbestzementrohren hinsichtlich ihrer Verwendungsmöglichkeiten als Rauchrohre bzw. Gasabzugsrohre zeigten, daß die Rohre durch die SO_2-haltigen Abgase und die korrosiven Kondenswässer chemisch nicht nennenswert beeinflußt werden, so daß ihre Verwendungsfähigkeit für die genannten Zwecke gegeben ist. Unter Berücksichtigung längerer Betriebszeiten ist das Aufbringen eines Schutzanstrichs empfehlenswert.

Versuche mit Sulfaten. Übermäßige Gehalte an Sulfaten (SO_4^{--}) führen zur Bildung von Ettringit, $3\,CaO \cdot Al_2O_3 \cdot 3\,CaSO_4 \cdot 32\,H_2O$, das infolge seiner Volumenvergrößerung das Materialgefüge eines ungeeigneten Zementes mechanisch zerstören kann. Es entsteht nur bei Temperaturen unter 80 °C und bei neutraler bis alkalischer Reaktion der Mutterlauge [26]. Der in der Literatur mitunter genannte Wert von 3,12 mmol/l (300 mg/l) als schädlicher Sulfatgehalt ist nicht für Asbestzementrohre maßgebend. TILLMANS hält erst einen Gehalt von 10,41 mmol SO_4^{--}/l (1000 mg/l) und mehr für beton- bzw. zementschädlich.

Betrachtungen hierzu sind stets unter Angabe des verwendeten Zementes anzustellen, da bereits bei einem C_3A-Gehalt $\leqq 3\%$ praktisch kein Sulfattreiben mehr auftritt.

Die durchgeführten Versuche von 9 Wochen Dauer bei 5 m/h Durchflußgeschwindigkeit sollten das Verhalten von Asbestzementrohren gegenüber wesentlich höheren Sulfatgehalten zeigen. Dem Berliner Trinkwasser wurde Magnesiumsulfat zugesetzt, so daß der SO_4^{--}-Gehalt 31,23 mmol/l (3000 mg/l) betrug. Am ungeschützten Rohr fand zunächst ein Angriff statt, bei dem durch Umwandlung des in der Oberfläche enthaltenen freien Kalks eine dünne, relativ weiche Gipsschicht entstand. Infolge einer gewissen Schutzwirkung dieser Schicht wurde eine tiefer wirkende Rohrkorrosion nicht beobachtet. In der Praxis ist es zweckmäßig, bei derartigen Sulfatkonzentraten einen Schutzanstrich vorzusehen. Der Versuch mit einem bituminierten Rohr ergab keine Veränderung des Wassers und keine Beeinflussung des Schutzanstrichs oder der Rohrwand.

Ein parallel durchgeführter Standversuch von 13 Monaten Dauer mit Wasser der gleichen Zusammensetzung ergab auch am ungeschützten Rohr keine Veränderung der Rohrwand, bis auf eine hauchdünne, kaum wahrnehmbare Gipsschicht.

Vom Niederländischen Studienausschuß für Asbestzementrohre durchgeführte Standversuche mit Lösungen von Natriumsulfat und Magnesiumsulfat bis zur Sulfatkonzentration von 52,05 mmol SO_4^{--}/l (5000 mg SO_4^{--}/l) ergaben keinerlei Veränderungen der ungeschützten Rohrproben [54]. Allerdings ist die Verwendung des Gewichtsverlustes als Korrosionskriterium bei diesen Versuehen als problematisch zu betrachten.

Zusammenfassend kann gesagt werden, daß für den Angriff sulfathaltiger Lösungen auf Asbestzementrohre ein Grenzwert von 10,41 mmol SO_4^{--}/l (1000 mg SO_4^{-}/l) speziell für den Außenschutz, noch eine genügende Sicherheit einschließen dürfte. Im Hinblick auf die geringen Kosten ist es natürlich mit Rücksicht auf die Gesamtanalyse des Bodens oder Grundwassers auch bei Sulfatkonzentrationen unter 10,41 mmol SO_4^{--}/l möglich, einen Schwarzanstrich aufzubringen, durch den jede Gefährdung ausgeschlossen wird, bzw. einen geeigneten Zement zu verwenden.

Versuche mit Sulfiden. Dem Berliner Trinkwasser wurde Natriumsulfid zugesetzt, und zwar 0,384 mmol Na_2S/l (30 mg Na_2S/l), wodurch der p_H-Wert von 7,4 auf 7,7 erhöht wurde. Der Durchflußversuch am ungeschützten Rohr dauerte 12 Wochen bei 2,5 m/h Fließgeschwindigkeit [V22]. Eine gegenseitige Beeinflussung von Wasser und Rohrwand oder eine Verminderung der Wanddicke konnte nicht festgestellt werden. An dieser Stelle sei erwähnt, daß Schwefelwasserstoff nach EICK [26] in reduzierendem Wasser für Asbestzementrohre ungefährlich ist. Kommt dagegen H_2S-haltiges Abwasser mit Luftsauerstoff in Berührung, wie z.B. bei teilgefüllten Freispiegelleitungen, so kann das durch Oxydation entstehende Sulfat bzw. die Schwefelsäure zu Korrosion führen.

Versuche mit Orthophosphorsäure. Der Durchflußversuch von 12 Wochen Dauer bei 5 m/h Fließgeschwindigkeit wurde an einem ungeschützten Rohr und an einem Rohr mit dreifachem Teeranstrich durchgeführt. Dem Berliner Trinkwasser wurde so viel Orthophosphorsäure (H_3PO_4) zugesetzt, daß sich $p_H = 3,6$ ergab. Das mit Schutzanstrich versehene Rohr erwies sich als voll korrosionsbeständig, irgendwelche Korrosionserscheinungen waren ebensowenig festzustellen wie eine Veränderung des Wassers oder der Schutzschicht.

Das ungeschützte Rohr zeigte zwar einen Angriff auf die Rohrwand, jedoch besitzt das phosphorsaure Wasser eine geringere Aggressivität als die vergleichbaren salz- und schwefelsauren Wässer. Es bildet sich eine Schutzschicht aus schwerlöslichem Kalziumphosphat, die das weitere Herauslösen des Kalks und damit die Korrosion weitgehend hemmt.

Versuche mit Ammoniumchlorid. Ammoniumsalze wirken wie schwache Säuren, da unter Reaktion mit dem Kalziumhydroxid lösliche Kalziumsalze sowie Ammoniak entstehen. Für den Durchflußversuch von 12 Wochen Dauer bei 2,5 m/h Fließgeschwindigkeit wurden dem Berliner Trinkwasser 9,346 mmol NH_4Cl/l (500 mg NH_4Cl/l) zugesetzt. Es wurde ein ungeschütztes und ein Rohr mit dreifachem Teeranstrich untersucht. Eine eindeutige Beeinflussung des Wassers durch die ungeschützte Rohrwand, die auf Korrosionsvorgänge schließen lassen könnte, ist nicht eingetreten. Ebenso zeigten weder die Oberflächen des ungeschützten noch die des geschützten Rohres irgendwelche Veränderungen durch die Einwirkung des ammoniumchloridhaltigen Wassers.

Versuche mit Salpetersäure. Wechseltauchversuche der Bundesanstalt für Materialprüfung (BAM) [V7] mit 2%iger Salpetersäure ergaben nach 2890 h Versuchsdauer starke Korrosionen der ungeschützten Proben, wobei die Korrosionstiefe in der gleichen Größenordnung lag wie beim entsprechenden Versuch mit 5%iger Salzsäure.

Versuche mit Essigsäure. Die Wechseltauchversuche der BAM [V7] mit 5%iger und 1%iger Essigsäure (CH_3COOH) ergaben für die ungeschützten Proben Korrosionstiefen, die ungefähr die Hälfte der Werte beim Versuch mit 5%iger Salzsäure betrugen. Versuche von SCHLÄPFER [88] mit 1%iger Essigsäure zeigten ein Abklingen der Korrosion nach anfänglich starkem Oberflächenangriff und eine Korrosionstiefe von 1 bis 2 mm nach fünfmonatiger Versuchszeit.

Versuche mit Färbereiabwässern. Diese Versuche wurden an Ort und Stelle in einer Färberei durchgeführt, indem Halbschalen aus Asbestzementrohren DN 100 direkt unter dem Ablauf einer Färbebütte angeordnet wurden. Die zwei Jahre dauernden Versuche umfaßten ungeschützte Proben, Proben mit einem zweifachen Anstrich aus Inertol I dick L und Proben mit einem Spezialanstrich auf Kunststoffbasis. Die anfallenden Abwässer hatten eine sehr wechselnde Beschaffenheit und waren z.T. sehr sauer mit p_H-Werten unter 1,0, wenn auch ihre Einwirkungszeit im Laufe des Tages jeweils nur kurz war (Analysen s. [43]).

Zusammenfassend zeigten die Versuche, daß die geschützten Proben gegenüber dem Angriff aggressiver Flüssigkeiten voll widerstandsfähig waren. Die ungeschützten Proben zeigten eine oberflächliche Korrosion, die jedoch nicht tiefgreifend war. In Anbetracht der Versuchsbedingungen muß das Ergebnis als sehr zufriedenstellend bezeichnet werden.

Versuche mit Schlachthofabwässern [V23]. Ein ungeschütztes Rohr DN 100 mit rund 12 mm Wanddicke und von 1,0 m Länge wurde in die Abwasserleitung der Kuttelei eines Schlachthofes eingebaut und nach rund vierzig Monaten Betriebszeit untersucht. Die Abwässer waren neutral bis schwach alkalisch und enthielten Fettpartikelchen, Blut und andere für Schlachthofabwässer charakteristische Stoffe (Analyse s. [43]). Bei der Untersuchung zeigte die Rohrsohle nach Entfernung des abgelagerten Sandes eine tiefschwarze Verfärbung, die keinen Einfluß auf die Härte des Zementgefüges hatte und die auf einen Fäulnisprozeß der abgelagerten organischen Stoffe zurückzuführen sein dürfte. Hierbei führte der entstandene Schwefelwasserstoff zur Bildung einer hauchdünnen Eisensulfidschicht. Die restliche Rohrwandung war in Härte, Farbe und Struktur gegenüber normalem Asbestzement unverändert und es konnte kein Eindringen von Öl oder Fett festgestellt werden. Aus dem Versuch geht hervor, daß fettreiche Schlachthofabwässer das Asbestzementrohr nicht beeinflussen und unvermeidliche Fäulnisvorgänge ohne Korrosion der Rohrwand stattfinden.

Versuche mit Abwässern einer Wäscherei und Reinigungsanstalt [V23]. Es wurden ein ungeschütztes Rohr und ein mit Bitumen-Innenschutz versehenes Rohr DN 250 von je 2,0 m Länge und rund 30 mm Wanddicke in die Abwasserleitung einer Berliner Wäscherei eingebaut (Analysen s. [43]). Die Belastung der Leitung erfolgte stoßweise und zwar überwiegend mit Reinigungsabwässern, weniger mit eigentlichen Wäschereiabwässern. Die Untersuchung nach einer Betriebszeit von rund 40 Monaten zeigte teilweise nur dünne Beläge von ausgeschiedenem Kalziumkarbonat, im übrigen aber wies die Rohrwand die glatte, unveränderte Struktur eines neuen Asbestzementrohres auf, ein Angriff war praktisch nicht festzustellen. Die Verwendungsmöglichkeiten von Asbestzementrohren für derartige Abwässerleitungen sind somit voll bewiesen.

Versuche mit Molkereiabwässern. In zwei Großmolkereien in Westfalen wurden Asbestzementrohre in bestehende Abwasserleitungen eingebaut. Zwei Leitungen DN 125 führten ein Mischwasser aus reinem Molkereiabwasser und häuslichem Abwasser ab, die dritte Leitung DN 200 war eine reine Molkereiabwasserleitung (Analysen s. [43]). In jede Leitung wurden mehrere 60 cm lange Rohrstücke eingebaut, die teils ungeschützt, teils mit einem zweifachen Bitumenanstrich und teils mit einem Kunststoffanstrich versehen waren. Die Zusammensetzung der Abwässer war zeitlich und örtlich stark unterschiedlich, der Milchsäuregehalt betrug maximal rund 6,2 mmol/l (560 mg/l), daneben waren größere Anteile an Buttersäure und Essigsäure vorhanden. Die Gesamtreaktion war jedoch überwiegend neutral bis alkalisch. Die ersten nach 26 bis 34 Monaten Betriebszeit ausgebauten Versuchsrohre zeigten ebenso wie die zweiten nach rund 8 bzw. 9 Betriebsjahren ausgebauten Proberohre teilweise

Abscheidungen von Kalziumkarbonat aus dem Abwasser sowie geringe Karbonatisierung der Rohroberfläche (maximale Karbonatisierungstiefe 0,7 mm innen, 1,6 mm außen). Der Bitumenanstrich hatte sich an vielen Stellen abgelöst, ebenso hatte der Kunststoffanstrich (Krautoxin) teilweise seine Haftung verloren und zeigte starke Blasenbildung. Eine schädliche Veränderung der Rohroberfläche konnte jedoch in keinem Falle festgestellt werden, so daß Asbestzementrohre auch für derartige Abwasserleitungen ohne Schutzanstrich voll verwendbar sind [V28]. Auch an den REKA-Dichtungsringen zeigten sich nach der langen Betriebszeit keine Schäden, die Oberfläche war nicht rissig und eine Alterung nicht erkennbar.

Versuche mit Asbestzement-Kanalrohren in Australien. In Australien wurden in den Jahren 1967 bis 1969 umfangreiche Labor- und Feldversuche mit dampfgehärteten Asbestzementrohren und Betonrohren durchgeführt [V40]. Eine Anzahl von Rohrabschnitten wurde mehrere Jahre aggressiven Abwässern bei erhöhter Temperatur mit starken H_2S-Konzentrationen ausgesetzt. Die H_2S-Konzentration in den Versuchsstrecken betrug während der Versuchsdauer von 27 Monaten 5,86 bis 11,72 mmol/l (200 bis 400 mg/l). Diese hohe Gaskonzentration wurde durch einen Gasgenerator erzeugt, von dem das Gas in die Versuchsstrecke geleitet wurde.

Zusammenfassend zeigte sich, daß unter den absichtlich erzeugten hochaggressiven Bedingungen die ungeschützten Asbestzementrohre nur wenig angegriffen wurden. Festigkeitsverluste traten nicht ein. Auch bei Versuchen mit Milch-, Zitrus- und Tomatenabwässern stellte das Asbestzementrohr seine Eignung unter Beweis.

4.5.3 Außenkorrosion

Unter Außenkorrosion versteht man die Wirkung eines chemischen Angriffs auf die äußere Rohroberfläche. Bei erdverlegten Rohrleitungen spricht man auch von Bodenkorrosion, bei oberirdisch gelegten Rohrleitungen von atmosphärischer Korrosion. Die Beständigkeit von Asbestzement gegen atmosphärische Korrosion ist durch die zahlreiche Verwendung von Dacheindeckungen und dergleichen genügend erwiesen. Hier soll daher nur die Bodenkorrosion behandelt werden.

Während Innenkorrosionsversuche im Laboratorium mit einzelnen Agenzien erhöhter Konzentration durchführbar und leicht überschaubar sind und Rückschlüsse auf die in der Praxis vorliegenden Verhältnisse erlauben, sind Laborversuche zur Bodenkorrosion kaum durchführbar, da hier die Wirkung meist auf dem Zusammentreffen vielfältiger Agenzien beruht und eine Erhöhung der Konzentration und damit der Bodenaggressivität meist nicht ohne Änderung des Charakters des betreffenden Bodens möglich ist. Man ist daher auf Feldversuche in der Natur angewiesen. Derartige Versuche größeren Ausmaßes, die sich über rund 13 Jahre erstreckten, wurden in den Niederlanden und den USA durchgeführt. Im Kapitel 5 wird außerdem über Untersuchungen an durch Aufgrabungen freigelegten Betriebsleitungen berichtet.

Die niederländischen Feldversuche mit Asbestzement-Druckrohren. Die Feldversuche wurden im Jahre 1938 begonnen und nach dem Kriege fortgesetzt. Ihre Ergebnisse sind in Versuchsberichten veröffentlicht [54/55]. Die Entwicklung und Technologie der Schutzanstriche stand seinerzeit noch in den Anfängen, so daß die als Außenschutz verwendeten Bitumenanstriche wegen ihrer geringen Haftfestigkeit und ihrer Empfindlichkeit gegen das Einwachsen von Pflanzenwurzeln [15] das Auftreten von Korrosion nicht verhindern konnten. In Deutschland wird nach dem heutigen Stand der Technik als Außenschutz für Asbestzementrohre kein Bitumen verwendet, sondern nur noch Teerpechlösungen oder Epoxydharze, die einwandfreie und festhaftende Schutzüberzüge bilden.

Die Untersuchungen umfaßten auch umfangreiche Versuche mit ungeschützten Rohren, die man in der Praxis heute in die stark aggressiven Böden Hollands nicht mehr legen würde. Die sechs verschiedenen Versuchsfelder wurden so gewählt, daß möglichst viele der in den Niederlanden vorkommenden aggressiven Bodenarten mit p_H-Werten von 3,7 bis 8,1 erfaßt wurden. Die Versuchsergebnisse zeigten, daß mit Korrosionen bei einem p_H-Wert des umgebenden Bodens kleiner als 6 gerechnet werden muß und daß die Korrosion ungeschützter Asbestzementrohre nicht zum Stillstand kommt, sondern mit der Zeit fortschreitet. Auf Grund der Erfahrungen muß jedoch ergänzt werden, daß hier die Grundwasserbewegung von Einfluß ist. Bei geringer Grundwasserbewegung kann sich um das Rohr eine Pufferzone aus Korrosionsprodukten bilden, die den Korrosionsfortschritt verlangsamt oder zum Stillstand bringt. In sauren Böden mit stärkerer Grundwasserbewegung dagegen können die neutralen und alkalischen Korrosionsprodukte ausgewaschen werden, so daß die Pufferwirkung abgeschwächt wird. Asbestzementrohre sollten daher in kalkaggressive Böden nur mit einem wirksamen Außenschutz gelegt werden.

Die amerikanischen Feldversuche. Die 1937 begonnenen Feldversuche sowohl mit dampfgehärteten als auch mit wasserbadgelagerten Rohren wurden vom National Bureau of Standards durchgeführt [20]. Die Unter-

suchung der nach 13 Jahren ausgebauten Versuchsrohre umfaßte u.a.
auch Festigkeitsprüfungen, die recht eindeutige Ergebnisse hinsichtlich
des Korrosionseinflusses erbrachten. Allgemein ergab sich zunächst eine
Verbesserung der Materialqualität mit erhöhter Festigkeit. Im Laufe der
Zeit gingen die Festigkeitswerte infolge der Korrosion durch die aus-
gesucht aggressiven Böden allmählich zurück, jedoch lagen die Endwerte
nach Beendigung der Versuche zum größten Teil noch oberhalb der Aus-
gangsfestigkeiten. Hierbei zeigten die dampfgehärteten Rohre zum Teil
erheblich schlechtere Festigkeitseigenschaften als die unter Wasser nor-
mal gehärteten, was den europäischen Erfahrungen entspricht und bestätigt, daß die Korrosionsempfindlichkeit nicht vom Gehalt an freiem
Kalkhydrat abhängt.

Der Korrosionsprozeß wird sowohl durch organische als auch durch
anorganische Azidität gefördert.

Zusammenfassend kann gesagt werden, daß Böden mit Sulfatreduktion und anschließender Belüftung, die zu stark saurer Reaktion führt,
zu Korrosion führen können. Bitumenanstriche sollten nur für den Innenschutz verwendet werden, für den Außenschutz sind Teerpechanstriche
geeigneter. Das zusätzliche Einlagern von Kalk in die Rohrbettung in
aggressivem Boden kann die Lebensdauer einer Leitung nur begrenzt
verlängern. In stark aggressiven Böden kann ein Rohrschutz mit Epoxydharzbeschichtung zweckmäßig sein.

4.5.4 Erdstrom- und Streustromkorrosion

Bei den elektrischen Strömen, die eine elektrolytische Korrosion der
Rohrleitungen verursachen können, unterscheidet man die Rohreigenströme, die bei beträchtlicher Entfernung der anodischen und katho-
dischen Bereiche auch als Langstreckenströme bezeichnet werden und
die aus elektrischen Anlagen und zwar überwiegend von elektrischen
Gleichstrombahnen und Erdungen herrührenden Streuströme [56].

Unterschiedliche Oberflächenbeschaffenheit eines Rohres oder z.B.
unterschiedlicher Sauerstoffgehalt oder Salzgehalt des umgebenden Bodens führt zu unterschiedlichen elektrischen Potentialen dieser Bereiche,
so daß sich unter Zwischenschaltung des feuchten Bodens als Elektrolyt
ein Element bildet, das zum Fließen der Rohreigenströme führt. Voraussetzung hierfür ist jedoch, daß im Rohr ein Transport der freigewordenen
Elektronen zwischen den beiden Elektroden des Elements, also von der
elektrochemisch unedleren Anode zur elektrochemisch edleren Kathode,
möglich ist, d.h. daß das Rohrmaterial elektrisch leitend ist. Elektrische

Streuströme können die Rohrleitung anstelle des umgebenden Erdbodens ebenfalls nur dann als Fließweg benutzen und an den Stromaustrittsstellen damit zu Korrosionsschäden führen, wenn die Rohrleitung ein elektrischer Leiter ist.

Asbestzementrohre sind sehr schlechte elektrische Leiter. Wie unter Abschn. 4.3.7 ausgeführt, bewegen sich die Längswiderstände in Größen, die denen der Böden entsprechen. Infolgedessen eignen sie sich nur sehr schlecht als Elektrodenkörper im Sinne der Elemente Boden — Rohrleitung. Wichtiger ist allerdings noch die bemerkenswerte Tatsache, daß selbst unter der Annahme eines wenn auch nur geringen, jedoch durchaus denkbaren Stromflusses längs eines Asbestzementrohres eine Abtragung des Materials im anodischen Bereich nicht möglich ist, da Kationen von der Art der Metallionen nicht existieren. Daraus ergibt sich die Feststellung, daß nämlich

die Bildung von Korrosionselementen beim Asbestzementrohr infolge der äußerst geringen elektrischen Leitfähigkeit und des nichtmetallischen Charakters des Materials nicht möglich ist.

Zur weiteren Bestätigung dieser Tatsache wurde in der Physikalisch-Technischen Bundesanstalt ein Versuch über den Einfluß von Streuströmen auf ein Asbestzement-Druckrohr DN 100, PN 12,5 durchgeführt [V45]. Der zwischen zwei Kupferelektroden mit 220V Gleichspannung durch den Erdboden fließende Strom hatte die Möglichkeit, nach Durchtritt durch die Wand des wassergefüllten Versuchsrohres den im Rohrinnern liegenden stählernen Zuganker als Fließweg zu benutzen. Der Versuch zeigte keine wahrnehmbaren Veränderungen des Rohrmaterials an den Stromdurchtrittsstellen, so daß damit erwiesen ist, daß eine elektrochemische Korrosion bei Asbestzementrohren nicht möglich ist.

Verschiedentlich wird auch für elektrische Nichtleiter eine gewisse Korrosionsgefahr darin gesehen, daß sich die Kationen und Anionen des Elektrolyten in den Elektrodenbereichen anreichern können und so z. E. im Anodenbereich eine erhöhte SO_4^{--}-Ionenkonzentration auftreten kann. Praktische Erfahrungen über eine Korrosion des Asbestzementes durch derartige Vorgänge liegen jedoch nicht vor.

4.6 Hygienisches Verhalten

Die Kenntnis des Verhaltens einer Rohrleitung in hygienischer Hinsicht ist bei ihrer Verwendung zum Transport von Trinkwasser unerläßlich. Neben den Forderungen, daß weder Geruch noch Geschmack noch das Aussehen des Trinkwassers beeinträchtigt werden dürfen, steht vor allem

die Notwendigkeit im Vordergrund, daß die Rohrleitung selbst keimfrei
ist und bleibt, und daß sie zumindest einem Keimwachstum keinen Vorschub leistet. Zur Überprüfung des bakteriologischen Verhaltens von
Asbestzementrohren und der zugehörigen REKA-Kupplungen wurden
im Bundesgesundheitsamt — *Institut für Wasser-, Boden- und Lufthygiene* — unter der Leitung von Prof. Dr. KRUSE entsprechende Versuche durchgeführt und deren Ergebnisse in mehreren Versuchsberichten
[V16 bis V21] niedergelegt.

Die einzelnen Versuchsgruppen umfaßten Durchflußversuche mit
15 cm/min Fließgeschwindigkeit, kombinierte Durchfluß- und Standversuche mit Standzeiten unterschiedlicher Dauer und reine Standversuche. Als bakterienhaltiges Versuchswasser wurde vollbiologisch gereinigtes Abwasser verwendet, das mit entchlortem Berliner Trinkwasser
verdünnt wurde, sowie Flußwasser und schließlich biologisch gereinigtes
Abwasser, das während der Versuchsdauer künstlich belüftet wurde.

Neben Asbestzementrohren mit und ohne REKA-Kupplungen wurden
zum Vergleich Rohre aus Kupfer, verzinktem Stahl, Glas und schwarz
gestrichenem Glas untersucht. Die Versuche, mit denen überprüft werden sollte, ob Asbestzementrohre im Vergleich zu den anderen Rohrmaterialien irgendwelche Stoffe an das durchfließende oder stagnierende
Wasser abgeben, die zu vermehrtem Bakterienwachstum führen, und ob
die Innenwandung der Rohre die Ansiedlung und Vermehrung von Bakterien begünstigt oder behindert, ergaben, daß sich alle Versuchsrohre
mehr oder weniger gleich verhalten und keine wesentlichen Unterschiede
zwischen den Gesamtkoloniezahlen im Versuchswasser und im Belag
auf der Rohroberfläche festzustellen waren. Nur bei den Kupferrohren
zeigten sich zum Teil wesentlich niedrigere Koloniezahlen, was der
oligodynamischen Wirkung des Kupfers zuzuschreiben ist. Eingehängte
Probeplättchen aus Asbestzement ergaben praktisch keine anderen
Koloniezahlen als solche aus Glas. Bei Bestimmung der auf der Rohroberfläche angesiedelten Keime ergaben sich allerdings bei den Asbestzement-
rohrstücken mit REKA-Kupplungen wesentlich höhere Werte als bei den
übrigen Proben, was auf Bakterienansiedlungen in den Hohlräumen der
Kupplungsmuffen (Vergleichsmaterial wurde ohne Kupplungsmuffen
geprüft) zurückgeführt wurde[1]. Es handelte sich ferner nur um harmlose,
besonders resistente Sporenbildner, die seuchenhygienisch völlig bedeutungslos sind [V16]. Außerdem ist bei den neueren REKA-Kupplungen

---

[1] Für den Praxisvergleich müßte hier die geringe Fließgeschwindigkeit und die
10fach größere Zahl der Kupplungen (alle 50 cm) berücksichtigt werden.

mit Distanzring der Kupplungshohlraum verkleinert und geschlossen, so daß ein günstigeres bakteriologisches Verhalten erwartet werden kann. Bei den Standversuchen mit in Flußwasser eingehängten Materialproben zeigte sich bei einer Temperatur von 20 °C anfänglich ein stärkerer Kolonieanstieg bei den Asbestzementproben, der jedoch im weiteren Versuchsverlauf wieder zurückging und sich den anderen Proben anglich.

Versuche, mit denen überprüft werden sollte, ob ein Durchwachsen von Bakterien durch Asbestzementrohre möglich ist, verliefen mit völlig negativem Ergebnis. Sie bewiesen, daß die Rohre gegenüber Bakterien undurchlässig sind und auch in verseuchtem Grundwasser einen einwandfreien Schutz des in ihnen geförderten Trinkwassers in bakteriologischer Hinsicht gewährleisten, da auch die REKA-Kupplungen gegen Bakterien dicht sind, wie in Kapitel 6 gezeigt wird. Die Dichtheit der Asbestzementrohre gegen Bakterien wurde auch durch andere Untersuchungen bestätigt [54, 72, 91].

Versuche der Berliner Wasserwerke zur Ermittlung der Zeit, die erforderlich ist, um Rohrleitungen aus verzinktem Stahl, bituminiertem Stahl, Gußeisen, verschiedenen Kunststoffen und Asbestzement keimfrei zu spülen, zeigten, daß letztere höhere Spülgeschwindigkeiten und längere Spülzeiten erforderten als die übrigen Rohrleitungen. Die höhere Anfangsverkeimung war bereits nach kurzer Spülzeit auf die Vergleichswerte abgebaut. Die Versuchsergebnisse werden durch die Erfahrungen bei der Entkeimung gelegter Asbestzement-Druckrohrleitungen im Rohrnetz bestätigt.

Zur Verkürzung der Spülzeit kann eine Intensivchlorung durchgeführt werden. Dabei wird die Chlorlösung in die Leitung gedrückt und diese nach einer Reaktionszeit von ca. 12 Stunden freigespült.

Ist nach der Spülung die Entkeimung vollständig erreicht, so bleiben Asbestzement-Druckrohrleitungen auch weiterhin keimfrei. Die Gefahr einer Wiederverkeimung ist auch bei längerem Stagnieren des Wassers in der Leitung nicht gegeben.

Verschiedentlich wird die Frage gestellt, ob die Verwendung von Asbestzementrohren in der Trinkwasserversorgung zu einer Gesundheitsgefährdung der Bevölkerung durch Asbestfasern im Trinkwasser führen kann.

Nach Feststellung der Weltgesundheitsorganisation WHO kann eine derartige Gefährdung ausgeschlossen werden. Zu den gleichen Ergebnissen kommen auch zahlreiche andere umfangreiche internationale Untersuchungen, z. B. holländische Veröffentlichungen sowie eine Studie in den USA durch die „American Water Works Association" [V1]. Dies ist vor allem in zwei Tatsachen begründet: einerseits ist der Asbestgehalt im Wasser außerordentlich niedrig (ca. 10^{-11} g/l) und andererseits treten fast ausschließlich submikrone Fasern auf, die keine schädigende Wirkung hervorrufen. Selbst bei der Verwendung von Asbestfiltern zur Filtrierung von Getränken und Arzneimitteln, was seit Jahren in großem Umfang geschieht, wird seitens der Weltgesundheitsorganisation kein Risiko für die menschliche Gesundheit gesehen.

4.7 Verhalten bei Radioaktivität

Im Zusammenhang mit der Frage, ob Asbestzementrohre auch für den Transport radioaktiver Flüssigkeiten und Abwässer verwendbar sind, wurden vom BATTELLE-Institut in Frankfurt/M. Untersuchungen darüber durchgeführt, inwieweit das Material radioaktive Isotope adsorbiert und damit selbst strahlend wird, in welchem Maße es strahlungsdurchlässig ist und ob seine Festigkeitseigenschaften durch radioaktive Strahlung verändert werden. Im folgenden können die Ergebnisse dieser drei Untersuchungsgruppen nur kurz aufgeführt werden, nähere Angaben enthält [43].

Wegen der Vielfalt der möglichen radioisotopenhaltigen chemischen Verbindungen und der Abhängigkeit der Adsorptionsvorgänge von physikalischen und chemischen Faktoren ist eine allgemein gültige Aussage über die Adsorption von radioaktiven Substanzen an Asbestzement nicht möglich [V4]. Für spezielle Verwendungszwecke sind stets besondere Untersuchungen zweckmäßig. Zum Studium des Adsorptionsverhaltens von Asbestzement wurden nur Lösungen der Isotopen Schwefel S^{35}, Phosphor P^{32} und Jod J^{131} verwendet.

Die Versuche zeigten, daß die Oberflächen-Adsorption sehr schnell erfolgt. Das Maß der Adsorption ist von der Oberflächenrauhigkeit und von dem jeweiligen Radionuklid abhängig. Die adsorbierte Aktivität lag der Größenordnung nach zwischen 0,08 und 3,3 µC auf 1 g Asbestzement.

Zur Untersuchung der Strahlungsabsorption wurden Versuche mit Gamma- und mit Neutronenstrahlen an Asbestzementrohren unterschiedlicher Wanddicke durchgeführt. Alpha- und Betastrahlung konnte wegen ihrer geringen Reichweite vernachlässigt werden.

Da die abschwächende Wirkung von Stoffen gegenüber Gammastrahlen auf Wechselwirkungen zwischen Gammaquanten und den Atomen des durchstrahlten Materials beruht, sind für die Absorption neben der Energie der Gammaquanten Wanddicke, Dichte, Atomgewicht und Kernladungszahl des Absorbermaterials maßgebend. Für die Versuche wurden

Strahlungsquellen unterschiedlicher Strahlungsenergie verwendet und zwar Kobalt-60 als harter Strahler, Ruthenium-106 — Rhodium-106 als Strahler mittlerer Energie und Thulium-170 als weicher Strahler. Die Ergebnisse zeigten, daß der Einfluß der Wanddicke auf die Absorption bei allen Strahlern etwa gleich groß ist. Die Absorption betrug bei 40 mm Wanddicke für Co^{60} etwa 15%, für Tm^{170} etwa 50%.

Bei der Absorption von Neutronenstrahlen sind ebenfalls die bei der Gammastrahlenabsorption genannten Einflußgrößen von Bedeutung. Darüber hinaus spielen sich aber noch kompliziertere Vorgänge ab, deren Art davon abhängt, ob es sich um langsame, sogenannte thermische Neutronen oder um schnelle Neutronen von höherer kinetischer Energie handelt und auf die hier nicht näher eingegangen werden kann. Als Strahlenquelle wurde ein aus Radium und Beryllium zusammengesetztes Präparat benutzt [V5]. Die Versuche ergaben, daß bei 40 mm Wanddicke 28% der Intensität der langsamen und 17 der schnellen Neutronen absorbiert werden.

Neben den bereits beschriebenen Untersuchungen wurde versucht, die bei der Einwirkung von thermischen Neutronen auf Asbestzement zu erwartende Aktivität aus den zu erwartenden Aktivitäten jedes einzelnen im Material enthaltenen Elements rechnerisch zu ermitteln [V6]. Die Rechnung führte bei einem angenommenen Neutronenfluß des Reaktors von 10^{10} Neutronen/cm²·s und einer Bestrahlungszeit von 40 Jahren zu einer zu erwartenden Gesamtaktivität von rund 24 µC/g Asbestzement. Der aktivierte Asbestzement sendet sowohl Beta- als auch Gammastrahlen aus.

Zur Untersuchung der Frage, inwieweit die Festigkeitseigenschaften von Asbestzementrohren durch radioaktive Strahlung beeinflußt werden, wurden in Rohrlängsrichtung herausgearbeitete Versuchsstücke mit Gammastrahlen einer Co^{60}-Bombe bestrahlt und anschließend ihre Druckfestigkeiten bestimmt [V47]. Die Versuche zeigten, daß infolge der Bestrahlung durch Gammastrahlen die Festigkeit zunahm. Die Festigkeitssteigerung wird größer mit zunehmender Strahlendosis und lag in der Größenordnung von 10% bei einer Dosis von $5 \cdot 10^8$ r.

Zusammenfassend läßt sich sagen, daß Asbestzementrohre gegenüber Radioaktivität ein dem zementgebundenen Material entsprechendes Verhalten zeigen, das mit dem gewöhnlichen Beton verglichen werden kann, und zwar sowohl hinsichtlich des Adsorptionsvermögens von aktiven Lösungen als auch in der Absorption von Gamma- und Neutronenstrahlen. Die durch Bestrahlung erzeugte Aktivität bewegt sich in relativ niedrigen Grenzen, deren Zulässigkeit jedoch nur unter Berücksichtigung der jeweiligen Verhältnisse beurteilt werden kann.

5 Erfahrungen mit gelegten Asbestzementrohrleitungen

In diesem Abschnitt soll im Gegensatz zu den Laborversuchen über die Erfahrungen in der Praxis berichtet werden. Hierzu wurden zahlreiche Leitungen ausgegraben und eingehend untersucht, vor allem hinsichtlich des Einflusses des Zeitfaktors auf die Korrosionsvorgänge und bestimmte mechanische Beanspruchungen, wie z. B. Abrieb, dessen Berücksichtigung im Laborversuch nur angenähert möglich ist. Von dem umfangreichen vorliegenden Untersuchungsmaterial wurde nur eine begrenzte Auswahl getroffen, im Hinblick auf Betriebsalter und Betriebsverhältnisse, auf Bodenverhältnisse und auf Beschaffenheit des geförderten Wassers.

5.1 Erfahrungen mit Trinkwasserleitungen

Ausbau Frauenzimmern. Die Gemeinde Frauenzimmern/Württ. war die erste deutsche Gemeinde, die Asbestzement-Druckrohre der Marke ETERNIT legte, und zwar im Jahre 1930 Rohre DN 125 für eine Leitung mit einem Betriebsdruck von 8 bar. Die vorhandenen Lehm-, Sumpf- und Kiesböden waren zum Teil stark aggressiv gegenüber metallischen Werkstoffen. Im Juni 1972 wurden drei Rohrstücke sowie eine SIMPLEX-Kupplung und zwei GIBAULT-Kupplungen ausgebaut und von FRISKE, Karlsruhe, eingehend untersucht. Die Analysen der Boden- und Grundwasserproben ergaben einen hohen Sulfatgehalt (Tab. 5/1), so daß der Boden als betonfeindlich bezeichnet werden muß.

Der Boden wies eine hohe spezifische Leitfähigkeit auf, die die elektrolytische Korrosion begünstigt, was durch die 90%ige Querschnittverminderung der Stahlbolzen einer GIBAULT-Kupplung bestätigt wurde. FRISKE kommt zusammenfassend zu folgendem Untersuchungsergebnis:

„Die nach nahezu 42jähriger Betriebszeit aus der Trinkwasserleitung ausgebauten ETERNIT-Druckrohre lassen keinerlei Schwächung oder Schädigung weder durch Korrosion noch durch mechanische Einwirkungen erkennen. Vielmehr weisen die Ergebnisse der Festigkeitsprüfungen

Tabelle 5/1. Ergebnisse der Grundwasser- und Bodenuntersuchung beim Ausbau Frauenzimmern

	Grundwasser	Boden
p_H	7,45	6,6
SO_4^{--}-Gehalt	12,82 mmol SO_4^{--}/l	4,0 mmol SO_4^{--}/l
Gesamthärte	95,4 °d	7,46 mmol CaO/l
Karbonathärte	23,0 °d	2,39 mmol CaO/l
freie CO_2	0,64 mmol CO_2/l	—
aggressive CO_2	—	—

weit über den DIN-Anforderungen liegende Werte aus (s. Tab. 5/2) und lassen eine Tendenz zur zeitabhängigen Festigkeitssteigerung klar erkennen."

Tabelle 5/2. Materialfestigkeiten des in Frauenzimmern ausgebauten Asbestzement-Druckrohres DN 125

Art	Mittlere Bruch-spannung in N/mm²	Mindestwerte nach DIN 19 800 in N/mm²
Längsbiegezugfestigkeit	32,2	25,0
Ringbiegezugfestigkeit	70,0	45,0
Ringzugfestigkeit	25,1	22,0

FRISKE stellte weiterhin fest, daß die Verwendung von Asbestzement-Druckrohren in aggressiven Wässern der vorliegenden Art ohne Bedenken möglich ist. Die Lebensdauer des Rohrwerkstoffes erfährt hierdurch keine Einschränkung.

Untersuchungen durch die BAM [V57] an den ausgebauten Rundgummiringen bestätigen die unveränderte Gebrauchstauglichkeit.

Ausbau Bayreuth. Im Jahre 1938 legten die Stadtwerke Bayreuth eine Asbestzement-Druckrohrleitung DN 100, die der heutigen Druckklasse PN 10 entsprach. Im Dezember 1958 wurde ein Rohrstück aus dieser Leitung ausgebaut und von FRISKE untersucht. Die mit einem Innenanstrich versehene Rohrleitung lag in einem zum Teil lehmigen Sandboden und führte ein sehr weiches und stark kohlensäurehaltiges Fichtelgebirgswasser, das stark aggressiv ist (p_H-Wert 5,8, Gesamthärte

0,5 °d, 0,6 mmol/l kalkaggressive Kohlensäure). Trotzdem war der bituminöse Innenschutzanstrich sehr gut erhalten, und es konnten keinerlei Korrosionserscheinungen an der inneren Rohroberfläche festgestellt werden. Der Boden bzw. das Grundwasser ist neutral bis leicht sauer. An der ungeschützten äußeren Rohroberfläche war an einzelnen Stellen ein geringer Korrosionsangriff festzustellen, was auf örtlich verschieden starke Elektrolytkonzentration schließen läßt. Die Prüfung der Materialfestigkeiten ergab Werte, die über den Norm-Mindestwerten liegen (Tab. 5/3).

Tabelle 5/3. Materialfestigkeiten des in Bayreuth ausgebauten Asbestzement-Druckrohres DN 100, Druckklasse PN 10

Art	Mittlere Bruchspannung in N/mm²	Mindestwerte nach DIN 19 800 in N/mm²
Längsbiegezugfestigkeit	25,1	25,0
Ringbiegezugfestigkeit	61,8	49,0
Ringzugfestigkeit	34,8	24,0

Es läßt sich alles in allem feststellen, daß die untersuchte Asbestzement-Druckleitung sich auch im vorliegenden Falle trotz sehr ungünstiger Verhältnisse tadellos bewährt hat. Das Rohrmaterial blieb unbeeinflußt, wie die ermittelten Materialfestigkeiten bewiesen, die alle höher als die in der Norm geforderten Mindestwerte lagen. Auf Grund der Wasserbeschaffenheit kam die Bildung einer Schutzschicht nicht in Frage. Die Rohroberfläche blieb in ihrem ursprünglichen Zustand erhalten, so daß es trotz des rund 20jährigen Betriebes zu keiner Leistungseinbuße kam. Bis zum Jahre 1973, als infolge Neubebauung des Legungsgebietes die letzten Teile der Leitung außer Betrieb genommen wurden, traten somit nach 35 Betriebsjahren keine Störungen auf.

Ausbau Rehau. Aus einer im Jahre 1933 in Rehau/Bayern gelegten Asbestzement-Druckrohrleitung DN 200, die ein sehr aggressives Quellwasser von 1,2 °d G (0,7 °dK) und mit 0,51 mmol/l kalkaggressiver Kohlensäure führte, wurde im Dezember 1959 ein Rohrstück ausgebaut und eingehend untersucht. Sowohl der äußere als auch der innere bituminöse Schutzanstrich waren noch sehr gut erhalten. Auf der äußeren Rohroberfläche zeigte sich lediglich ein geringfügiger Angriff auf das Rohrmaterial an den Stellen, an denen der Schutzanstrich mechanisch beschädigt worden war. Der innere Schutzanstrich wies in der oberen Schicht kleine Bläschen auf, unter denen die Rohroberfläche aber noch nicht freigelegt war. Korrosionsschäden durch das sehr aggressive Wasser wurden nicht festgestellt.

Das ausgebaute Rohrstück hat bewiesen, daß mit einem bituminösen Schutzanstrich versehene Asbestzement-Druckrohre auch bei stark aggressiven Wässern vorteilhaft eingesetzt werden können. Die Rohrleitung war im Jahre 1975, wie bisher, störungsfrei in Betrieb.

Ausbau Mammelzen. An dem im März 1960 ausgebauten Rohrstück einer 1936 gelegten ungeschützten Druckrohrleitung DN 80 in Mammelzen/Westerwald wurden stärkere Außenkorrosionen beobachtet, die durch einen Schutzanstrich hätten vermieden werden können. Die Leitung war in feuchte Lettenschichten eingelagert. Hierbei betrug der p_H-Wert des Bodens 5,9, die rings um das Rohr entnommenen Bodenproben enthielten im Mittel 0,44 mmol SO_4^{--}/kg Boden und 0,28 mmol Cl^-/kg Boden.

Es ist auf Grund des niedrigen p_H-Wertes des Bodens anzunehmen, daß das Grundwasser der hauptsächliche Träger der festgestellten Aggressivität ist. An der Rohrsohle und am Scheitel zeigten sich braun oder rötlich gefärbte Stellen, an denen das Material bis zu 4 mm tief weich und filzig war. An den Kämpferseiten wurde kein Korrosionsangriff festgestellt. Die innere Rohroberfläche war durch einen Bitumenanstrich geschützt. Daher konnte das in der Rohrleitung geförderte, ebenfalls aggressive Wasser ($p_H = 5,4$; Gesamthärte 4,48 °d; Kalkhärte 4,2 °d; $KMnO_4$-Verbrauch 0,05 mmol/l; 0,6 mmol aggr. CO_2/l; 0,31 mmol Cl^-/l; 0,016 mmol NO_3^-/l; $4,3 \cdot 10^{-5}$ mmol NO_2^-/l; Spuren SO_4^{--}; Fe, Mn und P fehlen) keinen Angriff auf das Asbestzementmaterial ausüben. Nur wenige Stellen zeigten Angriffsspuren bis maximal 2 mm Tiefe. Der Schutzanstrich war ziemlich spröde und zeigte Bläschen im Bereich der Rohrsohle, die aber nicht die gesamte Schutzschicht erfaßten. Der Vergleich der inneren und der äußeren Rohroberfläche zeigt, daß ein Außenanstrich der heute üblichen Art völlig ausgereicht hätte, die Korrosionsschäden an der Außenfläche weitgehend zu vermeiden.

Unter Berücksichtigung der Tatsache, daß nach Aussage des 1. Vorsitzenden der Wasserinteressengemeinschaft, metallische Rohre infolge der erheblichen Bodenaggressivität nach einer Liegezeit von 18 bis 20 Jahren zerstört werden, muß die Beschaffenheit des nach 24 Betriebsjahren untersuchten Asbestzement-Druckrohres als äußerst zufriedenstellend angesehen werden; dies um so mehr, da die Außenfläche des Rohres völlig ungeschützt den Agenzien des Bodens ausgesetzt war. Die Rohrleitung zeigte auch bis zum Jahre 1975 keinerlei Störungen.

Ausbau Hohenwestedt. Ein Trinkwasser ($p_\mathrm{H} = 7{,}06$; Gesamthärte 10,6 °d, Karbonathärte 6,1 °d; 0,96 mmol Cl^-/l; 0,29 mmol SO_4^{--}/l; 0,44 mmol freie CO_2/l; 1,1 mmol gebund. CO_2/l; 0,41 mmol aggr. CO_2/l) wird in einer Asbestzement-Druckrohrleitung DN 100 der Gemeindewerke von Hohenwestedt/Holst. gefördert.

Die Leitung wurde 1934 ohne Schutzanstrich gelegt und hat bei einem Probeausbau 1957 zu keinerlei Beanstandungen geführt. Bis auf eine Karbonatisierung in Oberflächennähe zeigte die innere Rohrwand keine Veränderung. Der nur schwach aggressive lehmige Boden hatte keine Korrosion an der Rohraußenfläche verursacht. Die Leitung war vollständig in Betrieb. Bis zum Jahre 1975 sind keine Störungen aufgetreten.

Ausbau Hoya/Weser. Im Jahre 1974 wurde eine Rohrlänge aus einer Rohwasserleitung DN 200, PN 10, innen 2 × gestrichen, ausgebaut. Das Wasser ($p_\mathrm{H} = 6{,}1$; Gesamthärte 5,8 °d, Karbonathärte 1,9 °d; Eisen 0,25 mmol/l; 1,95 mmol freie CO_2/l) konnte infolge des Innenanstriches keinerlei Angriff hervorrufen. Der Anstrich war intakt und von einem dünnen, glatten, gelatineartigen Film überzogen. Kurz nach der Rohrlegung im Jahre 1959 wurde die Leitung extremen Erschütterungen durch Panzer und schwere Lastkraftwagen ausgesetzt. Trotz der noch nicht wieder hergestellten Straßenoberfläche und einer Deckung von 1,20 m traten keinerlei Schäden an der Leitung auf.

Ausbau Bad Lauterberg. Von den Stadtwerken Bad Lauterberg im Harz wurde 1938 eine Leitung DN 80 einer PN 10 entsprechenden Druckstufe eingebaut. Das in dieser Leitung geförderte Wasser zeichnet sich durch geringe Härte und Aggressivität infolge überschüssiger Kohlensäure aus. Bei einer Karbonathärte von 2,5 °d enthält es 0,45 mmol/l freier CO_2, der p_H-Wert beträgt 6,9. Ein 1961 ausgebautes Rohr zeigte an der ungeschützten Innenseite keinerlei Korrosionsschäden oder Ablagerungen. Eine Festigkeitsuntersuchung ergab für die Ringzugfestigkeit den Wert von 30 N/mm², für die Ringbiegezugfestigkeit 93,6 N/mm². Diese Werte liegen um 25% bzw. 91% über den Mindestwerten der Norm und bestätigen die Unversehrtheit des Asbestzementmaterials, das sich auch in diesem Falle gut bewährt hat. Die Rohrleitung ist nach 37jähriger Betriebszeit uneingeschränkt funktionsfähig.

Ausbau Birkheim. Durch eine Asbestzement-Druckrohrleitung DN 100 des Rohrnetzes von Birkheim, Kreis St. Goar, fließt ein aggressives Trinkwasser mit 0,28 °d Gesamthärte, 0,56 °d Bikarbonathärte, 0,1 mmol/l gebundene CO_2 und 0,35 mmol/l aggressive CO_2. Die 1932 gelegte Leitung war innen und außen mit einem Schutzanstrich versehen. 1959 wurde gelegentlich eines Umbaues ein Rohrstück ausgebaut. Die Schutzanstriche waren noch gut erhalten, zahlreiche Schadstellen des Außenschutzes dürften von mechanischen Beschädigungen stammen. Im inneren Schutzanstrich hatten sich stellenweise Bläschen mit einer hauchdünnen, stark versprödeten Bitumenhaut gebildet. Die darunter befindliche Bitumenschicht war auch hier zusammenhängend und deckte das Rohrmaterial voll ab. Die häufig zu beobachtende Bläschenbildung beim Innenanstrich muß also nicht zu einer Aufhebung der Schutzwirkung führen, sondern beschränkt sich auf die obere Lage der Bitumenschicht. Das Asbestzementmaterial wies keine Korrosionsschäden auf. Die Karbonatisierung der inneren Materialschichten fand hier nicht statt.

Ausbau Tschirn. Für die Wasserversorgung der Gemeinde Tschirn, Landkreis Kronach, wurde 1938 eine 4700 m lange Asbestzement-Druckrohrleitung DN 100, PN 10 in aggressiven Lehmboden ($p_H = 4,0$, $< 1\%$ $CaCO_3$) gelegt. Die Leitung, die ein sehr weiches, kalkaggressives Wasser führt (1,1 °d Karbonathärte, 1,8 °d Gesamthärte, 0,2 mmol/l kalkaggressive CO_2), erhielt einen inneren und äußeren Schutzanstrich. Ein nach 29 Betriebsjahren ausgebautes Rohr zeigte nicht die geringsten Angriffsspuren. Auch der Anstrich war noch vollkommen erhalten. Die Rohrleitung ist auch nach 37 Jahren einwandfrei in Betrieb.

Ausbau Adelmannsfelden. Beim Bau der Wasserversorgungsanlage von Adelmannsfelden, Kreis Aalen, wurden 1954 ca. 8 km Asbestzement-Druckrohre DN 80 bis DN 150 verwendet. 1967 wurden zwei Rohrproben DN 125 ausgebaut, die in einem sauren, schwach gepufferten Ton-Lehm-Boden lagen ($p_H = 4,9$, Acidität 3,60 ml, 0,1 n NaOH/100 g, Karbonatgehalt 1 bis 2% $CaCO_3$). Die ausgebauten Proben waren in einwandfreiem Zustand. Die Materialfestigkeiten lagen um 40 bis 75% höher als die geforderten Normwerte. Das Rohrmaterial hat sich auch hier sehr gut bewährt, was der einwandfreie Betrieb bis zum heutigen Tage bestätigt.

Ausbau Bruchhausen-Vilsen. Aus der im Jahre 1934 gelegten Versorgungsleitung DN 150 wurde nach 25jährigem Betrieb ein Rohrstück ausgebaut. Das Rohr besaß einen Außen- sowie einen Innenanstrich. Es wurden keinerlei Korrosionsspuren festgestellt. Das sehr weiche Trinkwasser (Karbonathärte 1,05 °d) hatte trotz des teilweise nicht ganz geschlossenen inneren Schutzanstriches keinerlei Angriffsspuren hervorgerufen. Die Rohrinnenwand war mit einem etwa 60 µm dicken Kalkfilm überzogen. Festigkeitsuntersuchungen ergaben für die Ringzugfestigkeit etwa 24,7 N/mm² und für die Ringbiegezugfestigkeit etwa 54,5 N/mm². Beide Werte liegen über den in DIN 19 800 geforderten Mindestfestigkeiten. Die Leitung ist auch nach über 40jährigem Betrieb störungsfrei.

Die vorstehend aufgeführten Beispiele sollten nur das Grundsätzliche an einem Querschnitt durch das in Fülle vorhandene Erfahrungs- und Untersuchungsmaterial aufzeigen. Als Ergänzung seien im folgenden einige der außerhalb Deutschlands gesammelten Erfahrungen angeführt.

Ausbau von Asbestzement-Druckrohren in Österreich. Die in Deutschland gesammelten guten Erfahrungen mit Asbestzement-Druckrohren wurden auch in Österreich bestätigt. Im Jahre 1973 wurde in Graz/ Andritz ein Rohr DN 100 PN 10, eingebaut von den ETERNIT-Werken LUDWIG HATSCHEK vor 40 Jahren, ausgebaut und durch die Versuchs- und Forschungsanstalt der Stadt Wien eine Festigkeitsuntersuchung durchgeführt (s. Tab. 5/4).

Tabelle 5/4. Materialfestigkeiten des in Graz/Österreich ausgebauten Asbestzement-Druckrohres DN 100 PN 10

Art	Mittlere Bruch- spannung in N/mm²	Mindestwerte nach DIN 19 800 in N/mm²
Längsbiegezugfestigkeit	27,7	25,0
Ringbiegezugfestigkeit	73,8	49,0
Ringzugfestigkeit	24,2	24,0

Der einwandfreie Zustand des Rohres wird auch durch den intakten Bitumen-Innenanstrich bestätigt.

Ausbau von Asbestzement-Druckrohren in niederländischen Wasserwerken. In den Niederlanden liegen zum großen Teil Bodenverhältnisse vor, die eine Sulfatreduktion begünstigen. Sofern darüber hinaus eine anschließende Belüftung des Bodens ermöglicht wird, entstehen hochaggressive, schwefelsaure Böden, die den bestehenden Rohrnetzen schwerste Schäden zufügen. Nicht zuletzt dieser Tatsache ist es zuzuschreiben, daß auf der Suche nach einem Rohrmaterial, das der Bodenkorrosion besser als die metallischen Leitungen widersteht, gerade Asbestzement eine verhältnismäßig weitverbreitete Anwendung erfahren hat, so daß 1956 etwa ein Drittel aller in den Niederlanden gelegten Hauptleitungen in Asbestzement ausgeführt waren.

Im KIWA-Bericht von 1948 [54] und im Ergänzungsbericht von 1958 [55] wird auch über Aufgrabungen von Asbestzement-Druckrohrleitungen berichtet. Die Untersuchungen beziehen sich hauptsächlich auf Außenkorrosion, da in den Klei-, Schlick- und Moorböden der Niederlande die p_H-Werte nicht selten unter 4,0 absinken und damit stark aggressive Verhältnisse vorliegen. Aus dem Ergänzungsbericht [55] seien einige Beispiele angeführt.

Die älteste in den Niederlanden gelegte Asbestzement-Druckrohrleitung wurde 1931 in 's-Hertogenbosch eingebaut, eine innen nicht geschützte Leitung DN 200 der Klasse 20. Nach 18 Betriebsjahren wurde sie 1949 ausgebaut. Äußerlich waren keine Veränderungen feststellbar. Bei der Festigkeitsprüfung stellte man fest, daß sich verschiedentlich an der Innenwand eine 1 mm dicke Schicht gelöst hatte, unter der ebenfalls ein Angriff stattgefunden hatte. Es kann m.E. vermutet werden, daß bereits bei Herstellung der Rohre in den Anfängen der Asbestzement-Druckrohr-Produktion eine Schichtentrennung erfolgte, so daß das anfangs noch nicht entsäuerte und dadurch sehr aggressive Wasser von der Stirnseite der Rohre her in den Spalt eindringen und Korrosionen hervorrufen konnte. Später ging man zur Entsäuerung über, so daß die lose Schicht Kalk aufnehmen und wieder etwas verhärten konnte. Bei der Lagerung nach dem Ausbau trockneten die Rohre aus, so daß der Ring durch Schrumpfung frei wurde.

1956 wurden Proberohre aus einer 1933 in Assendelft gelegten Leitung DN 100 ausgebaut. Der Boden war mit einem p_H-Wert von 5,5 erheblich aggressiv. Die Rohre zeigten über die ganze Oberfläche verbreitete, unterschiedlich starke Korrosionsschäden. Die Festigkeitsuntersuchungen ergaben Werte, die über den Mindestforderungen lagen.

In Osterzee wurde 1956 eine 1933 gelegte Leitung DN 175 ohne Schutzanstrich ausgebaut. Bodenuntersuchungen hatten p_H-Werte von 6,0 und weniger ergeben. Die Rohre waren stärker korrodiert, meistens an der Sohle und am Scheitel. Die Materialfestigkeit lag jedoch über der verlangten Mindestfestigkeit und war demnach durch die Korrosion nicht beeinflußt worden.

Ausbau von Asbestzement-Druckrohren in englischen Versorgungsbetrieben. Der Special-Report Nr. 15 [47], der 1952 im Rahmen der National Buildung Studies vom Stationary Office of Her Majesty veröffentlicht wurde, berichtet über Untersuchungen an ausgebauten Probestücken von Asbestzement-Rohrleitungen. In Großbritannien seit 1928 hergestellte Asbestzement-Druckrohre erhalten grundsätzlich eine innere und äußere Bitumenschutzschicht. Zur Überarbeitung der bereits 1933 entstandenen Britischen Norm Nr. 486 für „Asbestzement-Druckrohre" sollten auch die praktischen Erfahrungen mit gelegten Leitungen ausgewertet werden. Die Untersuchungen zeigten, daß an keiner der seit 12 bis 17 Jahren in Betrieb gewesenen Rohrproben, die in nicht aggressiven Böden gelegt waren und nicht bzw. leicht aggressives Trinkwasser förderten, größere Korrosionserscheinungen festzustellen waren, obwohl die Schutzschichten z.T. nicht mehr vorhanden waren. Dagegen waren die Schraubenbolzen und Muttern von GIBAULT- oder Flansch-Kupplungen stärker korrodiert. Eine 12 Jahre in saurem Moorboden gelegene Probe zeigte eine im großen und ganzen einwandfreie äußere Oberfläche. An zahlreichen Stellen, an denen der Schutzanstrich entfernt war, zeigten sich oberflächliche Erweichungen bis maximal 1 mm Tiefe. Eine 11 Jahre in sulfathaltigem Tonboden gelegene Leitung machte ebenfalls einen sehr guten Eindruck und zeigte äußerlich keine Korrosionsschäden. Der Schutzanstrich war sehr gut und zusammenhängend erhalten. Eine gußeiserne Flanschkupplung war dagegen in diesem sehr stark korrosiven Boden bereits nach 8 Betriebsjahren stark angegriffen. Eine Probe, die 10 Jahre ein aggressives Rohwasser mit einem p_H-Wert von 6,0 und darunter förderte, wies bei vollkommen einwandfreiem Innenanstrich ebenfalls keinerlei Korrosionsschäden auf.

Ausbau von Asbestzement-Druckrohren in italienischen Versorgungsbetrieben. In Italien wurden die ersten Leitungen aus Asbestzement-Druckrohren gelegt. SCIMEMI berichtete 1951 über Erfahrungen mit einigen älteren Leitungen.

Die 1925 gelegte Wasserleitung DN 200 von Sestri Levante, mit 15 mm Wanddicke und 15 km Länge, führte ein Gleichgewichtswasser mittlerer Härte (10,5 °dK). Ein 1948 ausgebautes Probestück hatte sich praktisch nicht verändert und zeigte eine einwandfreie Außenfläche sowie eine völlig glatte Innenwand mit einem dünnen, gelbgefärbten Niederschlag, der hauptsächlich Eisen enthielt. Hier zeigte sich besonders deutlich das Fehlen jeglicher Ablagerungen und Inkrustierungen im Vergleich zu eisernen Hausanschluß- und Endleitungen DN 50, die wegen der Inkrustierungen gegen Asbestzement ausgewechselt werden mußten.

An der Wasserleitung DN 800 von Turin nach Monferrato, die Quellwasser führte, zeigte sich beim Ausbau nach zwanzigjährigem Betrieb, daß die innere Rohroberfläche in einer Dicke von Millimeterbruchteilen schartig war, obwohl sie sich glatt anfühlte. Eine nähere Begründung für diese Erscheinung wurde nicht gegeben, jedoch dürften örtliche Einflüsse der Wasserbeschaffenheit und der Strömungsverhältnisse eine Rolle spielen.

Eine Abzweigleitung DN 275 der 300 km langen Asbestzement-Rohrstrecke der Apulischen Wasserleitung zeigte ebenfalls nach dem Ausbau eine einwandfreie Rohrinnenwand ohne Angriffserscheinungen, die mit einer leichten, tonhaltigen Schicht überzogen war.

Bemerkenswert ist noch die von SCIMEMI den veröffentlichten Berichten der Apulischen Wasserleitung entnommene Feststellung, daß nämlich die Leitungsschäden pro Kilometer Leitung in der Asbestzementstrecke von allen bei dieser Wasserleitung verwendeten Rohrmaterialien am niedrigsten liegen.

Ähnliches Verhalten zeigte die Wasserleitung von Vigevano, die 1932 gelegt wurde. Das 38 km lange Rohrnetz mit Nennweiten DN 60 bis DN 250 förderte eisen- und manganhaltiges Wasser von 3 °d Karbonathärte. Einige 1948 ausgebaute Rohre zeigten, daß durch porenfüllende Eisen- und Manganausscheidungen die innere Rohroberfläche noch glatter war als bei fabrikneuen Rohren.

5.2 Erfahrungen mit Meerwasser- und Soleleitungen

Die korrosive Wirkung von Meerwasser ist allgemein bekannt. Mit um so größerem Interesse wurde daher das Verhalten von Asbestzement-Druckrohrleitungen verfolgt, in denen Meerwasser, zum Teil auch mit höheren Temperaturen, weitergeleitet wird.

Ausbau Genua. Zu den ältesten Asbestzement-Druckrohrleitungen größerer Länge gehört die 1923 in Genua gelegte Brauchwasserleitung DN 250, mit deren Hilfe Meerwasser für die Straßenreinigung gefördert wird. Die Verbindung der einzelnen Rohre erfolgt durch eiserne GIBAULT-Kupplungen. Infolge ungünstiger dynamischer Verhältnisse können beim Pumpbetrieb Druckschwankungen von 4 bis 14 bar auftreten. In dem von dieser Leitung abgehenden Verästelungsnetz mit einer Länge von 15 km reduzieren sich die Nennweiten bis herunter auf 50 mm. Innerhalb dieses Netzes wurde nach etwa 25 Betriebsjahren ein Rohrstück DN 100 ausgebaut. Hierbei erwies sich das Rohrinnere völlig unberührt und intakt. Dagegen war die Hülse der GIBAULT-Kupplung, deren innere Wandung teilweise mit dem Meerwasser in der Leitung in Berührung kommt, bis zu 2 mm tief korrodiert.

Ausbau Wittdün auf Amrum. Hier wurde 1955 eine außen und innen mit einem Schutzanstrich versehene Asbestzement-Saugleitung DN 100 PN 10 zur Gewinnung von Nordseewasser in Seesand gelegt, der einen sehr hohen Kalkgehalt von $4{,}1 \cdot 10^2$ mmol CaO/kg Boden neben 2,4 mmol

SO_4^{--}/kg und 17 mmol Cl^-/kg aufwies. Das Nordseewasser hat einen hohen Chloridgehalt (Tab. 5/5).

Tabelle 5/5. Zusammensetzung des durch Asbestzement-Druckrohre DN 100 geförderten Nordseewassers von Wittdün auf Amrum

Na^+ : 4,6 $\cdot 10^2$ mmol/l	Cl^- : 5,35 $\cdot 10^2$ mmol/l
Mg^{++} : 0,5 $\cdot 10^2$ mmol/l	SO_4^{--} : 0,27 $\cdot 10^2$ mmol/l
Ca^{++} : 0,1 $\cdot 10^2$ mmol/l	HCO_3^- : 0,02 $\cdot 10^2$ mmol/l
K^+ : 0,097 $\cdot 10^2$ mmol/l	Br^- : 0,008 $\cdot 10^2$ mmol/l

Ein nach rund 5 Betriebsjahren ausgebautes Rohrstück zeigte an der Außenfläche trotz des teilweise abgescheuerten Schutzanstrichs keine Korrosion, was bei der Bodenbeschaffenheit auch nicht zu erwarten war. Der Innenanstrich war noch voll erhalten und war mit einem Niederschlag aus den im Nordseewasser gelösten Stoffen bedeckt. Das Material entsprach nach Aussehen und Festigkeit dem fabrikneuer Rohre.

Ausbau Westerland auf Sylt. Innerhalb des Kurbadehauses in Westerland auf der Insel Sylt wird in einer 1956 eingebauten Asbestzement-Druckrohrleitung DN 100 PN 10, Nordseewasser gefördert, das auf 60 °C erhitzt ist. Aus dieser Leitung wurde ein Rohrstück im Jahre 1960 ausgebaut. Der innere Schutzanstrich war nach $4^1/_2$ Betriebsjahren voll erhalten und zeigte keinerlei Ablösungen oder Bläschenbildung. Es hatten sich keine Inkrustierungen oder Ablagerungen gebildet, sondern lediglich ein dünner, rötlichbrauner Niederschlag, der in der Hauptsache Eisen enthielt, das vermutlich aus den benachbarten eisernen Leitungsteilen stammte. Daneben fanden sich Spuren von Kalzium, Magnesium sowie von Chloriden an. Unter dem Schutzanstrich war das Material hart und von ursprünglicher Beschaffenheit. Die mit der ausgebauten Rohrprobe durchgeführten Festigkeitsprüfungen ergaben Innendruck- und Scheiteldruckfestigkeiten, die weit über den Mindestwerten der Norm lagen.

Ausbau Bad Nenndorf. In Bad Nenndorf wurde seit 1939 schwefelhaltige Sole mit der Zusammensetzung nach Tab. 5/6 durch ein Asbestzement-Druckrohr DN 125 mit innerem und äußerem Schutzanstrich gefördert.

1959 wurde ein Stück der Rohrleitung ausgebaut und begutachtet. Der innere Schutzanstrich war vollständig erhalten und zeigte lediglich in der obersten Lage teilweise die wiederholt beobachtete Bläschenbildung. Das Rohrmaterial selbst war an keiner Stelle angegriffen und hatte seine ursprüngliche Härte behalten. Die Ringzugfestigkeit ergab sich zu

Tabelle 5/6. Zusammensetzung der schwefelhaltigen Sole von
Bad Nenndorf

Fe^{++}	0,04	mmol/l	Gesamthärte	472	°d
NH_4^+	0,86	mmol/l	Kalkhärte	165	°d
NO_2^-	0,002	mmol/l	Magnesiumhärte	307	°d
NO_3^-	0,016	mmol/l	Karbonathärte	15,1	°d
Cl^-	$15,9 \cdot 10^2$ mmol/l		Kohlensäure	0	
SO_4^{--}	90,0	mmol/l	p_H-Wert	6,6	
H_2S	2,05	mmol/l			
K^+	6,85	mmol/l			
N^+	$23,2 \cdot 10^2$ mmol/l				

35,6 N/mm², die Ringbiegezugfestigkeit zu 89,5 N/mm² also Werte, die
erheblich über den Normmindestwerten liegen. Das Asbestzementrohr
hat demnach die zwanzigjährige Soleförderung sehr gut überstanden und
sich als voll geeignet erwiesen. Auch nach über 35 Jahren ist die Leitung
ohne Beanstandungen in Betrieb.

Der äußere Schutzanstrich zeigte einige Schadstellen durch mecha-
nische Zerstörung beim Ausbau. Das Rohrmaterial zeigte jedoch keine
Korrosionsschäden, da der Boden trotz hohen Sulfatgehalts (7,7 mmol/kg
TS) durch gleichzeitigen Gehalt von 3,9 mmol Kalk/kg TS und 3,7 mmol
Magnesium/kg TS hinreichend gepuffert und damit nicht korrosiv war.

5.3 Erfahrungen mit Abwasserleitungen

Die Verwendung von Asbestzementrohren für den Transport von Abwässern in Deutschland reicht schon in die Zeit vor dem zweiten Welt-
krieg zurück. Speziell für Abwasser-Verregnungsanlagen in Mitteldeutschland haben sich diese Rohre ausgezeichnet bewährt. Auch bei fehlender
Vorklärung, angefaultem Abwasser und langen Standzeiten zeigten sich
nach Betriebszeiten von 18 bis 23 Jahren keine Korrosionsangriffe oder
Abschliff durch mitgeführten Sand [43, 94]. Asbestzementrohre werden
sowohl für Abwasser-Druckrohrleitungen als auch für Freispiegelleitungen mit gutem Erfolg verwendet. Beim Übergang von Abwasser-
druckleitungen auf Freispiegelkanäle ist jedoch dem Rohrschutz wegen
extrem hoher Schwefelwasserstoffkonzentrationen besondere Bedeutung
zu schenken.

Im folgenden wird über die praktischen Erfahrungen an in Betrieb
befindlichen Abwasserleitungen berichtet. Für die Beurteilung des Verhaltens von Asbestzementrohren gegenüber Abwässern sind aber auch
die an Versuchsleitungen für Färberei-, Schlachthof-, Wäscherei- und

Molkereiabwässer gewonnenen Erfahrungen von großer Bedeutung, s. Abschn. 4.5.2.

Ausbau Stuttgart. Die für Abwasser- und besonders für Klärschlammleitungen günstige Eigenschaft des Asbestzementrohres, keine Inkrustationen zuzulassen, kommt u.a. in einer Stellungnahme des Tiefbauamtes der Stadt Stuttgart zum Ausdruck. Im Hauptklärwerk Stuttgart-Mühlhausen wurde eine 1938 gelegte Klärschlammleitung nach 18 Betriebsjahren ausgebaut. Es zeigte sich, daß das ausgebaute Rohrstück weder Korrosionsschäden noch irgendwelche Inkrustierungen aufwies.

Ausbau Starnberg. Von 1934 bis 1954 war in Starnberg/Bayern eine Asbestzement-Druckrohrleitung DN 200 als Abflußleitung für das in Klärteichen geklärte städtische Abwasser in Betrieb. Der Boden bestand aus Moorboden, durchsetzt mit stinkigen fäkalen Sickerwässern. Trotz des Gehaltes an Sulfiden bzw. Sulfaten liegt der p_H-Wert nur bei etwa 6,45, da der Boden auf Grund seines Kalkgehalts eine gewisse Pufferungsfähigkeit besitzt. Der innere und äußere Schutzanstrich war sehr gut erhalten, das Rohrmaterial war unversehrt und kernig.

Kläranlage Bottrop-Bernemündung. In einer 1958 in Betrieb genommenen Klärschlammleitung DN 200 aus Asbestzement-Druckrohren für das Klärwerk Bottrop-Bernemündung der Emscher-Genossenschaft wird ausgefaulter Klärschlamm (Feststoffgehalt 15%) mittels Pumpen rund 3000 m gefördert ($v = 1,2$ m/s, $p_i = 3,5$ bar). Die Leitung, die keinen inneren bzw. äußeren Schutzanstrich hat, ist noch in vollem Umfang in Betrieb und hat sich ausgezeichnet bewährt. Ein Verstopfen der Leitung durch Ablagerungen ist selbst nach längerer Standzeit nicht aufgetreten [5]. Die Prüfung eines nach 17 Betriebsjahren ausgebauten Rohrstücks zeigte weder Abrieb noch Korrosionserscheinungen.

Ausbau Scharbeutz-Haffkrug-Sierksdorf (Timmendorfer Strand). Zur Untersuchung wurden 1967 nach fünfjähriger Betriebszeit zwei Rohre DN 300 aus der Schmutzwasserkanalisation Scharbeutz-Haffkrug-Sierksdorf ausgebaut, die in Moorboden gelegt waren. Der Außenanstrich war noch durchweg vorhanden und es konnten keine besonderen Abnutzungserscheinungen an irgendeiner Stelle der Rohre festgestellt werden. Die Ringbiegezugfestigkeit wurde zu 76,9 N/mm² ermittelt und lag damit weit über der geforderten Mindestfestigkeit. Durch das häusliche Abwasser waren keinerlei Korrosionserscheinungen aufgetreten und es konnte auch keine mechanische Abnutzung im Sohlenbereich festgestellt werden.

Untersuchung Heidelberg. Im Jahre 1965 wurde der Bachlauf im Klingenteich auf einer Länge von 138 m mit einer Längsneigung von maximal 20% mit ETERNIT-Kanalrohren DN 800 verdolt. Bei Regenwetter fließen etwa 600 l/s mit starker Sandfracht durch die Kanalrohre bei einer Abflußgeschwindigkeit von über 8 m/s. Nach 8 Betriebsjahren wurde der Kanal mit einer Fernsehkamera untersucht. Trotz der hohen mechanischen Beanspruchung konnten keine sichtbaren Verschleißerscheinungen oder sonstige Schäden festgestellt werden.

Abwasser-Beregnungsanlage des Abwasserverbandes Braunschweig. Auf Grund der guten Erfahrungen, die man mit Asbestzement-Druckrohren für Abwasser-Beregnungsanlagen in Mitteldeutschland gewonnen hatte, wurden seit 1956 vom Abwasserverband Braunschweig rund 266 km Asbestzement-Druckrohre der Nennweiten 100 bis 1000 für derartige Anlagen, sowohl als Freispiegelleitungen als auch als Druckleitungen, eingebaut. Bei den Druckleitungen liegt der Druck zwischen 4,5 und 7,5 bar. Seit Inbetriebnahme vor 18 Jahren wurden weder bei den Druckleitungen noch bei den Freispiegelleitungen Störungen durch Rohrbrüche oder durch Aggressivität des städtischen Abwassers festgestellt. Bei einer Überprüfung einer innen ungeschützten Gefälleleitung DN 900 wurde festgestellt, daß sich eine Sielhaut gebildet hatte, unter der die Rohroberfläche einen neuwertigen Zustand aufwies.

Ausbau Landkreis Burgdorf/Großburgwedel. Die Kanalisation der Gemeinde Großburgwedel erfolgte 1963 mit Asbestzement-Kanalrohren (Freispiegelleitungen) der Nennweiten 80 bis 400, PN 10. Nach 9 Jahren Betrieb wurde eine Kanalleitung DN 200 untersucht. Sie lag im aggressiven Grundwasser (p_H-Wert 6,3; 2,5 °d Karbonathärte; 1,15 mmol/l aggressive Kohlensäure; 2,74 mmol/l Sulfate) und hatte einen zweimaligen Schutzanstrich auf Bitumenbasis; die Beschickung erfolgte mit häuslichen Abwässern. Es zeigte sich, daß der Innen- und Außenanstrich noch vollständig erhalten war. Im Rohr hatte sich eine Sielhaut gebildet. An keiner Stelle sind Auswirkungen der Aggressivität des Grundwassers oder des Abwassers vorhanden, ebenso kein Abrieb. Die Festigkeitsprüfungen ergaben eine Längsbiegezugfestigkeit von 35,1 N/mm² (Bruchlast) und eine Ringbiegezugfestigkeit von im Mittel 93,6 N/mm², ebenfalls Bruchlast. Beide Werte liegen weit über den Mindestfestigkeiten nach DIN 19 800 und bestätigen die sehr gute Eignung der Asbestzement-Kanalrohre in der häuslichen Abwassertechnik.

Ausbauten und Erfahrungen in Frankreich. In Frankreich finden Asbestzementrohre für Abwasserleitungen besonders umfangreiche Anwendung.

Im Jahre 1956 wurde nach 23jähriger Betriebsdauer in Dieppe ein Kanalisationsrohr der Nennweite 400 und in Coueron ein solches der

Nennweite 250 ausgebaut. Beide Rohre zeigten innen keine Spur von Abrieb und keinerlei Korrosionsangriffe. Die Rohre, die in lehmigen bzw. schieferhaltigen Boden gelegt waren, zeigten auch an der Außenfläche keine Korrosionserscheinungen und wurden in ihrem Aussehen als neuwertig bezeichnet.

In Cannes wird seit 1949 eine Kanalisationsleitung von 1030 m Länge aus Asbestzementrohren DN 600 unter einem Staudruck von 0,078 N/mm² betrieben. Die Leitung hat zu keinerlei Beanstandungen Anlaß gegeben.

In Nizza wurden von 1933 bis 1939 rund 7200 m Asbestzementrohre der Nennweiten 150 bis 300 in das Kanalisationsnetz eingebaut und haben sich bewährt.

Erfahrungen in Italien. In Italien wurden schon sehr frühzeitig Asbestzementrohre auch für Kanalisationsleitungen verwendet, so daß hier die längsten Erfahrungen in dieser Hinsicht vorliegen. Es kann hier nur eine kurze Auswahl gegeben werden.

In Neapel sind seit langer Zeit ETERNIT-Rohre der Nennweiten 200, 400 und 600 im Kanalnetz eingebaut. In Velletri wurden seit 1936 mehrere tausend Meter Asbestzementrohre DN 100, 150 und 200 für Abwässerkanäle gelegt. In Padua wurden bereits 1932, in Sesto San Giovanni 1934 bis 1935, in Verona etwa 1934 und in Mailand 1934 bis 1935 Asbestzementrohre im Kanalisationsnetz verwendet. In keinem der angeführten Fälle haben sich irgendwelche Schäden gezeigt, die Anlaß zur Beanstandung gegeben hätten. Diese Aufzählung ließe sich beliebig fortsetzen.

In Padua wurden 1961 Proben aus einer Kanalisationsleitung aus Asbestzementrohren DN 300 ausgebaut, die 1932 gelegt wurde und häusliches Abwasser führte. Es zeigten sich nur geringfügige Ablagerungen auf der Sohle und keinerlei Veränderungen im Rohrmaterial selbst.

Vom Hygiene-Institut der Universität Padua wurden Versuche mit Asbestzementrohren unter der Einwirkung von Kloakenflüssigkeit, Fäkalien, medizinischen Abwässern, Mineralsäuren, Meerwasser und selenhaltigem Wasser durchgeführt. Auch bei diesen Versuchen ergaben sich keinerlei schädliche Veränderungen der Rohroberfläche oder der Struktur des Rohrmaterials bis auf geringfügige Erweichungen der Rohroberfläche bis etwa 0,5 mm Tiefe unter der Einwirkung medizinischer Abwässer und stark säurehaltiger Wässer. Die Schäden ließen sich nach Angaben des Untersuchungsberichtes auf alle Fälle durch Aufbringen eines bituminösen Schutzanstriches vermeiden. Der Bericht kommt zu dem Schluß, daß sich Asbestzementrohre auch für Schmutzwasserkanäle unter schwierigen Betriebsverhältnissen sehr gut eignen.

Ausbau einer Grubenwasserleitung. Der Special Report Nr. 15 (National Building Studies) [47] berichtet u.a. über eine $9^1/_2$ Jahre in Betrieb gewesene Asbestzement-Druckrohrleitung, die ein sehr saures Grubenwasser transportierte, dessen p_H-Wert infolge des hohen Eisensulfatgehaltes nur 2,0 bis 4,0 betrug.

Die nähere Untersuchung des ausgebauten, beidseitig bituminierten Rohrstückes zeigte, daß sich im Innern des Rohres eine 1 bis 4 mm dicke, harte und teilweise spröde Kruste abgesetzt hatte, die an manchen Stellen sehr fest mit dem darunterliegenden Bitumenanstrich verhaftet war. Die Analyse der abgelagerten Kruste ergab, daß diese Schicht hauptsächlich aus Eisenhydroxid und Eisensulfat bestand. Unter der Kruste war das Asbestzementmaterial völlig unversehrt. Ein Angriff hatte also nicht stattgefunden. Das in der Rohrleitung geförderte Wasser hatte mithin eine Schutzschicht gebildet, die das Rohr vor einem Angriff bewahrte [47].

Ausbau einer Leitung für Kaliendlauge. Am 29. 10. 1959 wurde im Kalikombinat „Werra" in Merkers/Rhön ein Versuchsrohr DN 500 PN 10 (Fabrikat ETERNIT) eingebaut. Nach erfolgtem Ausbau am 14. 2. 1961 waren durch die Leitung in 9422 Betriebsstunden jeweils 585 m³/h Kaliendlauge transportiert worden.

Die mechanische Prüfung des ausgebauten Rohres ergab eine Ringzugfestigkeit von $\sigma_{rz} = 34{,}8$ N/mm² und eine Ringbiegezugfestigkeit von $\sigma_{rbz} = 71{,}4$ N/mm². Das Proberohr hatte also offenbar durch die Einwirkung der Kaliendlauge mit der in Tab. 5/7 angegebenen Zusammensetzung keine Festigkeitseinbuße erlitten.

Tabelle 5/7. Zusammensetzung der Kaliendlauge im Kalikombinat „Werra"

KCl	$1{,}88 \cdot 10^2$ mmol/l
MgSO$_4$	$2{,}1 \ \cdot 10^2$ mmol/l
MgCl$_2$	$5{,}46 \cdot 10^2$ mmol/l
NaCl	$31{,}8 \ \cdot 10^2$ mmol/l
H$_2$O	$502 \ \ \cdot 10^2$ mmol/l

An der inneren Rohroberfläche ohne Schutzanstrich waren Anfressungen oder Zerstörungserscheinungen nicht vorhanden. Die Verwendung von Asbestzement für Kaliendlauge der genannten Zusammensetzung scheint also möglich und vorteilhaft zu sein.

5.4 Erfahrungen mit Jaucheleitungen

Über die Verwendung von Asbestzementrohren für Jaucheleitungen liegen vor allem aus der Schweiz sehr positive Erfahrungen vor. Dies ist insofern besonders bemerkenswert, als Jauche auf Grund ihres Ammoniakgehaltes als kalk- bzw. zementangreifend zu betrachten ist. Durch mikrobiologische Vorgänge wird das Ammoniak in der Jauche zu Salpetersäure aufoxydiert, die ihrerseits durch die Bildung von löslichem Kalknitrat korrodierend wirkt.

In der Schweiz sind bisher insgesamt etwa 250 km Jaucheleitungen vorwiegend DN 100 und DN 125, seltener DN 150, mit Asbestzementrohren gelegt worden, ohne daß bisher irgendwelche Betriebsstörungen oder Korrosionsschäden bekannt wurden. Als besonders vorteilhaft ist hierbei auch die Tatsache anzusehen, daß sich in den Jaucheleitungen keinerlei Inkrustierungen bildeten. Es mag noch besonders interessieren, daß allein auf dem Gut der bekannten MAGGIS Nährmittelfabrik in Kempttal seit 1928 über 5400 m derartige Leitungen aus Asbestzement in Betrieb sind und, ohne bisher irgendwelche Reklamationen ergeben zu haben, heute ihren Dienst noch genauso gut versehen wie vor nunmehr 48 Jahren.

In Deutschland wurden ebenfalls Asbestzementrohre für Jaucheleitungen verwendet, wenn auch in wesentlich geringerem Umfange. Auch hier liegen bisher noch keinerlei Schadensmeldungen vor.

5.5 Zusammenfassung

Im vorstehenden Kapitel wurden einige Erfahrungen zusammengetragen, die beim Ausbau von Rohrproben aus bestehenden Asbestzementleitungen für die verschiedensten Anwendungsgebiete gemacht wurden. Es konnte hierbei größtenteils nachgewiesen werden, daß Asbestzementrohre selbst unter Bedingungen, die diesem Material auf Grund seiner Zusammensetzung feindlich gesonnen sind, sich als sehr widerstandsfähig gezeigt haben und ihren Verwendungszwecken voll gewachsen waren Der hohe Korrosionswiderstand ist auf folgende Materialeigenschaften zurückzuführen [64]: Hochverdichteter Feinschichtenaufbau, hoher Zementgehalt und glatte Oberfläche

Die praktische Anwendung hat die im Laboratorium gewonnenen Erkenntnisse bestätigt, untermauert und verschiedentlich übertroffen. Mit der sich daraus ergebenden Ausweitung der Anwendungsgebiete werden auch die Erfahrungen mit diesem Rohrmaterial immer reichhaltiger und größer werden, so daß noch vorhandene Zweifel in speziellen Fällen eindeutig geklärt werden können

Nach DIN 19 800 wird für praktische Entscheidungen über die Notwendigkeit besonderer Schutzmaßnahmen (s. Kapitel 7) im allgemeinen DIN 4030 „Beurteilung betonangreifender Wässer, Böden und Gase" herangezogen.

Die Erfahrung an langjährig in Betrieb befindlichen Asbestzementrohrleitungen in Verbindung mit den im Labor gefundenen Versuchswerten zeigt, daß die auf der sicheren Seite liegenden Werte für ungeschützte Rohre $p_H > 6{,}0$, Sulfatgehalt $\leq 10{,}4$ mmol SO_4^{--}/l (1000 mg SO_4^{--}/l) sind. Bei Anwesenheit von kalkaggressiver Kohlensäure sollte man die Verhältnisse in Zusammenhang mit der Karbonathärte sehen (s. Abschn 4.5.1).

6 Rohrverbindungen und Formstücke

Jede Rohrleitung besteht aus einzelnen Rohren, die durch Rohrverbindungen zusammengehalten werden; sie dichten außerdem die Stoßstellen ab. Neben den genannten Aufgaben müssen die Rohrverbindungen noch folgende Anforderungen erfüllen:

Beweglichkeit,
Korrosionsbeständigkeit,
Unempfindlichkeit auf der Baustelle,
einfache und schnelle Montierbarkeit.

Die einzelnen Eigenschaften werden sehr stark durch Art und Form des Dichtelementes bestimmt. Erst durch Einführung der Gummidichtung war es möglich, eine allen Anforderungen gerecht werdende Rohrverbindung zu schaffen.

6.1 Das Dichtungsmittel Gummi

Erst nach Entwicklung der Elastomerdichtung in der zweiten Hälfte des 19. Jahrhunderts konnte die bis dahin übliche starre Verbindung durch eine elastische Verbindung abgelöst werden. Sie erlaubt die beste Anpassung an die unterschiedlichen Legungs- und Betriebsverhältnisse eingeerdeter Rohre und erzielt damit die höchste Betriebssicherheit.

Die erste Gasleitung wurde 1858 in Lahr (Baden) und die erste Wasserversorgungsleitung 1883 als Heberleitung in Köln mit Rundgummiringen gedichtet.

An den Dichtungsgummi der Rohrverbindungen sind folgende Forderungen zu stellen:

1. Als Kompressionsdichtung muß das Gummimaterial in hohem Maße elastisch sein und seine Elastizität auch beibehalten. Auch bei Auslenkungen der Rohrenden in der Muffe muß ein genügender Rest an Druckverformungsspannung erhalten bleiben, um die Dichtwirkung zu garantieren.

2. Gummidichtungen müssen, je nach Anwendungsgebiet, beständig gegen Wasser, Säure, Lauge, Öl und biologische Einflüsse sein.

3. Das Material muß, je nach Einsatzbereich, auch gegen Hitze und Frost beständig sein.

4. Der Gummi darf nur geringfügig altern (geringe Relaxation).

Die Kriterien über die Qualität und Leistungsfähigkeit des Dichtungsgummis, die Relaxation und Maximalverformung, Druckverformungsrest, Streckgrenze, Alterungsbeständigkeit, Shorehärte werden in den Normen DIN 4060 und DIN 19 543 behandelt, außerdem bestehen Richtlinien des Instituts für Bautechnik.

Zur Erreichung des geforderten elastischen Verhaltens muß ein Gummi mit geringstem Druckverformungsrest und optimalem Vulkanisationsgrad verwendet werden. Die bleibende Verformung im Versuch darf bei Raumtemperatur und bei Zusammenpressung auf ein Drittel der ursprünglichen Dicke höchstens 10%, bei 70 °C höchstens 25% betragen. Die Mindeststreckung beim Zug-Bruch soll 450 bis 500% betragen.

Die Beständigkeit des Gummis gegen Wasser ist praktisch gegeben. Trotzdem findet eine Wasseraufnahme statt, deren maximal zulässiger Wert nach den Vorschriften des holländischen KIWA-Instituts $30\,\text{g/m}^2\cdot 6\text{h}$ in kochendem Wasser beträgt. Die Wasseraufnahme des Gummis ist für die Praxis bedeutungslos.

Zur Erzielung einer ausreichenden Säure- und Laugenfestigkeit müssen entsprechend widerstandsfähige Füll- und Hilfsstoffe gewählt werden. So ist z.B. in den Niederlanden der Gehalt an Zinkoxid auf höchstens 3 Gew.-% begrenzt. Eine einwandfreie Ölbeständigkeit läßt sich bei Verwendung von Naturkautschuk zur Gummiherstellung nicht erreichen, der Gummi quillt auf. Gut ölbeständig dagegen ist z.B. der synthetische Kautschuk Perbunan.

Unter bestimmten Bedingungen können Gummiringe auch einem mikrobiologischen Angriff unterliegen. Ein derartiger Angriff schreitet nur sehr langsam fort und wurde bisher auch nur in bestimmten Gegenden beobachtet. Synthetischer Gummi sowie Naturgummi mit Zusatz von Giftstoffen wurde nur bedingt angegriffen.

Hinsichtlich der Temperaturbeständigkeit ist exakt behandelter Naturgummi bei den in Wasserversorgungsleitungen herrschenden Temperaturen von 6 °C bis 18 °C nicht gefährdet. Im Hinblick auf die Rohrlegung wird im allgemeinen für den Dichtungsgummi Frostbeständigkeit bis −20 °C verlangt. Für Warm- und Heißwasserleitungen sowie für

Dampfleitungen mit Temperaturen über 70 °C kommen nur hitze-
beständige Dichtungsringe aus synthetischen Erzeugnissen oder hitze-
festem Naturkautschuk zur Anwendung.

Die Alterung des Gummis, die eine Verminderung der Elastizität zur
Folge hat, ist auf äußere Einflüsse zurückzuführen, und zwar hauptsächlich auf eine Oxydation. Zur Verminderung bzw. Verzögerung der Alterung werden der Rohgummimischung Antioxydatoren, sogenannte Alte-
rungsschutzmittel, beigegeben. In Wasserleitungen besteht bei einwandfreiem Gummimaterial keine Alterungsgefahr, da hier der Einfluß von
Licht, Wärme und Sauerstoff in der Regel weitgehend ausgeschaltet ist.
Jedoch sind bei längerer Lagerung auf der Baustelle mit Licht- und
Sauerstoffzutritt ggf. besondere Schutzmaßnahmen gegen die Alterung
des Gummis zu treffen

Zusammenfassend kann festgestellt werden, daß bei Verwendung von
einwandfreiem Material, Gummi unbedenklich als Dichtungsmaterial
sowohl für Wasserversorgungs- als auch für städtische Abwasserleitungen
verwendet werden kann. Seine Bewährung auch unter schwierigen Bedingungen haben Ausbauergebnisse erwiesen (vgl. Abschn. 4.5.2 und
5.1). Für Gasleitungen müssen unter Umständen, z.B. wegen des Benzol-
gehaltes, besondere Gummiringe verwendet werden, jedoch ist grundsätzlich auch hier die Verwendung von Gummidichtungen möglich. In
besonders gelagerten Fällen kann auf Erzeugnisse aus synthetischem
Kautschuk oder kautschukähnlichen Kunststoffen ausgewichen werden,
z.B. auf Neoprene oder auf Perbunan.

Die Größe der bleibenden Formänderung bzw. des Druckverformungs-
restes hängt von der mechanischen Belastung ab. Es muß daher ein
Gummi mit kleinstem Druckverformungsrest verwendet und die Beanspruchung des Gummis in der Kupplung in Grenzen gehalten werden.
Dies wird durch eine geeignete Kupplungskonstruktion und ein günstiges
zugeordnetes Gummiprofil erreicht.

6.2 Die Rohrverbindung

Das MAZZA-Verfahren hat sich in der Rohrproduktion wegen der
wesentlich höheren Materialfestigkeiten durchgesetzt. Dieses Herstellungsverfahren erlaubt keine monolithisch angeformten Muffen. Die
Rohre sind daher glattschäftig und das Verbindungselement besteht aus
einer separaten Hülsmuffe, lediglich Abflußrohre erhalten zum Teil auf-
geklebte Muffen.

6.2.1 Gibault-Kupplung (Flanschkupplung)

Die aus Gußeisen bestehende Gibault-Kupplung ist eine Stopfbuchsverbindung, die ursprünglich für eiserne Rohrleitungen gedacht war und anfangs auch häufig als Kupplung für Asbestzement-Druckrohrleitungen benutzt wurde.

Sie war besonders in Frankreich, Spanien und in der Schweiz verbreitet, wird jedoch heute nur noch vereinzelt angewendet. Die Dichtpressung wird durch zwei Rundgummiringe c über Schraubenbolzen d erzeugt, zwischen einem mittleren Hülsring b und zwei äußeren losen Flanschen a (Abb. 6/1).

Diese Rohrverbindung ist gut auswinkelbar, kann größere Außendurchmessertoleranzen aufnehmen und läßt sich nachdichten. Der Rundgummidichtring erfährt zwar eine sehr hohe Quetschung, die Gefahr der Zerstörung ist jedoch nicht groß, da die Beanspruchung aus einer allseitigen Zusammendrückung resultiert.

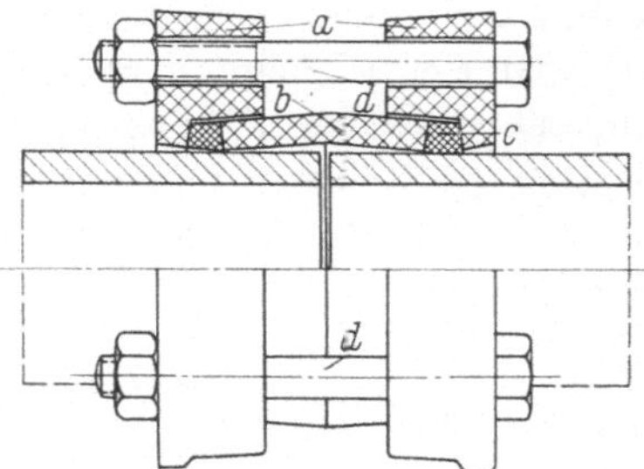

Abb. 6/1. Schnitt durch eine
Gibault-Kupplung.

Der Hauptnachteil der Gibault-Kupplung liegt in der Korrosionsanfälligkeit der stählernen Spannschrauben des gußeisernen Kupplungskörpers. Weiterhin nachteilig sind die größere Montagearbeit sowie die relativ hohen Kosten.

In abgewandelter Form findet die Gibault-Kupplung Verwendung als Flanschkupplung, bei der die Mittelhülse umgeformt ist und einen Flanschanschlag besitzt. Für Fernheizmantelrohre werden auch AZ-Mittelhülsen eingesetzt.

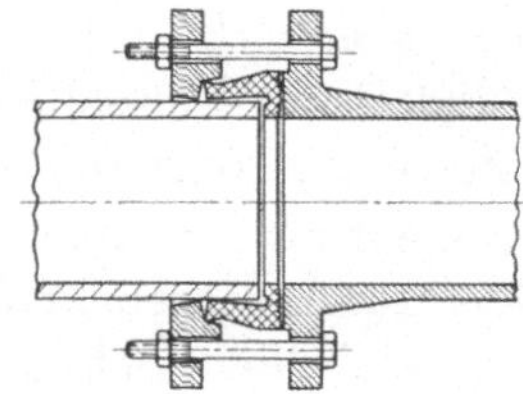

Abb. 6/2. Schnitt durch eine Flansch-
Kupplung.

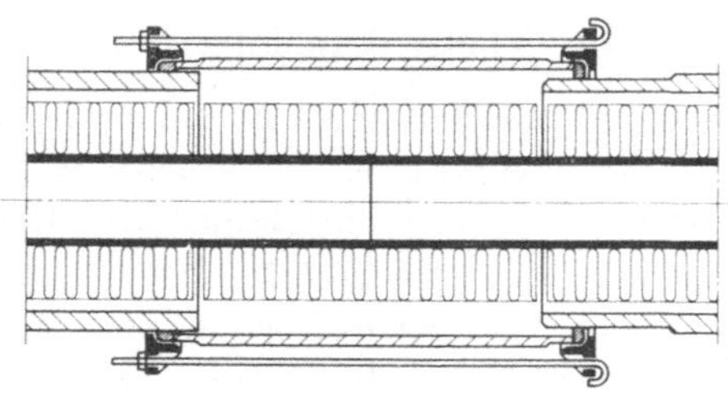

Abb. 6/3. Schnitt durch die Verbindung von Fernheizmantelrohren.

6.2.2 Die Entwicklung der Steckmuffen

6.2.2.1 Simplex-Kupplung

Bereits im Jahre 1916 wurde in Italien von der S.A. ETERNIT eine gummigedichtete Überschiebmuffe entwickelt, die wegen ihrer gegenüber anderen damaligen Rohrverbindungen einfachen Handhabung den Namen SIMPLEX-Kupplung erhielt. Diese Verbindung kann als Stammform mehrerer später entwickelter Kupplungen dieser Art für Asbestzementrohre angesehen werden. Die aus einem Asbestzementrohr mit größerem Durchmesser geschnittene und entsprechend ausgedrehte Kupplungshülse dichtete mit zwei Rundgummiringen gegen das abgedrehte Rohrende ab (Abb. 6/4).

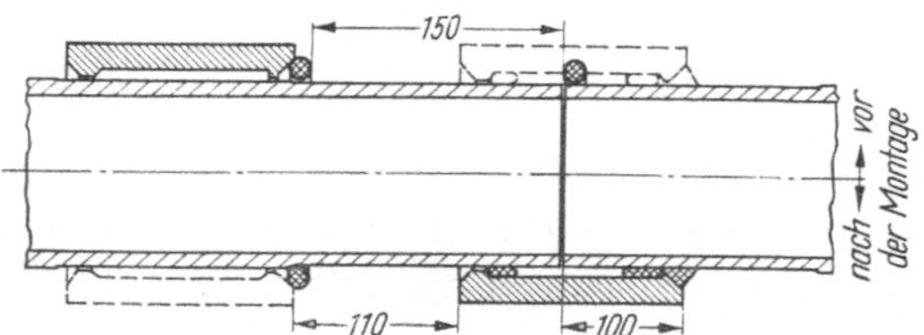

Abb. 6/4. Schematische Darstellung der SIMPLEX-Kupplung und ihrer Montage.

Die SIMPLEX-Kupplung zeichnete sich bereits durch die Beweglichkeit der Verbindung aus, die auch die Legung von Bogen mit größeren Radien in Form von Polygonzügen ermöglichte. Bei der praktischen Anwendung haben sich auch einige Nachteile herausgestellt, so z.B. die Notwendigkeit, die Einschlupfseite der Kupplung nach der Montage mit einem Zementmörtelwulst oder einem Schraubring verschließen zu müssen, damit der Dichtungsring nicht durch den Wasserdruck herausgedrückt wird. Außerdem konnten sich bei feuchten oder verschmutzten, schlüpfrigen Rohren Schwierigkeiten bei der Montage ergeben, die manchmal durch Schrägstellung der Dichtringe zur Undichtheit führten. Die starke Quetschung der Gummiringe während der ganzen Betriebszeit beschleunigte ihre Ermüdung. Leitungen mit SIMPLEX-Verbindungen sind dennoch bis heute in Betrieb und funktionstüchtig. Trotz ihrer Mängel bedeutete die SIMPLEX-Kupplung einen erheblichen Fortschritt, der zur Verbreitung der Asbestzement-Druckrohre entscheidend beitrug. Heute wird die SIMPLEX-Kupplung in ihrer Urform nur noch vereinzelt angewendet, dagegen sind abgewandelte Ausführungen in verschiedenen Ländern noch in Gebrauch.

6.2.2.2 Magnani-Kupplung

Die MAGNANI-Kupplung kann als eine Weiterentwicklung der SIMPLEX-Kupplung betrachtet werden.

Der Fortschritt gegenüber der SIMPLEX besteht in größerer Zuverlässigkeit und geringerem Montageaufwand. Die Steckmuffe ist nicht mit einer Rollring-, sondern mit einer Gleitringdichtung ausgerüstet. Die Rundgummiringe sind unverschieblich in Nuten eingelegt, was die Gefahr der Verdrillung herabsetzt. Zumindest für Druckrohrleitungen erfordert auch diese Verbindungsart eine relativ hohe Verpressung des Dichtelementes und damit eine entsprechend hohe Montagekraft.

In gewisser Abwandlung findet die MAGNANI-Kupplung auch heute noch als Verbindung für Fernheizleitungen Anwendung.

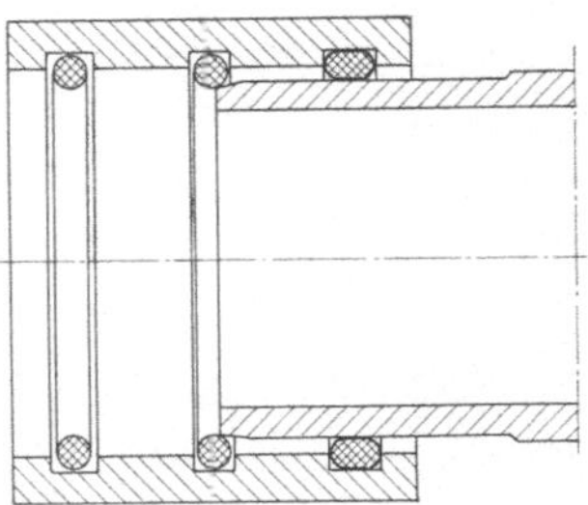

Abb. 6/5. MAGNANI-Kupplung.

6.2.2.3 Komet-Kupplung

Die Dichtringe der KOMET-Kupplung besitzen bereits eine Lippe, die sich beim Einschieben des Schaftendes satt auf die Oberfläche des Rohres anlegt und, durch den Innendruck gesteuert, die Dichtwirkung erhöht. Sie wird in Belgien sowohl für Druck- als auch für Kanalrohre verwendet.

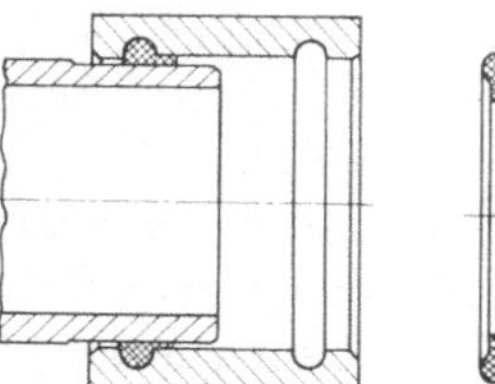

Abb. 6/6. Schnitt durch eine KOMET-
Kupplung.

6.2.2.4 Super-Simplex-Kupplung

Die selbstdichtende Wirkung des Lippenprofiles infolge Innendruck wird
hier erstmals noch unterstützt durch die keilförmige Nut, die mit zunehmendem Druck den Dichtring zur Keilspitze treibt und damit die
Verpressung des Ringes erhöht. Die Distanzierung muß unter Verzicht
auf einen Distanzring durch Markierungsnuten am Schaftende erzielt
werden.

6.2.2.5 Triplex-Kupplung

Der Dichtring der TRIPLEX-Kupplung in abgerundeter Keilform weist
zwar keine Dichtlippen auf, der Ring ist jedoch durch runde Aussparun-
gen in der Druckseite so aufgelöst, daß der Innendruck dieses kompakte
Profil gegen die Dichtflächen von Kupplung und Rohr anpreßt. Wie
bereits bei der MAGNANI- und bei der KOMET-Kupplung sorgt ein
Distanzring für die mittige Zentrierung der Kupplung über dem Rohr-
stoß.

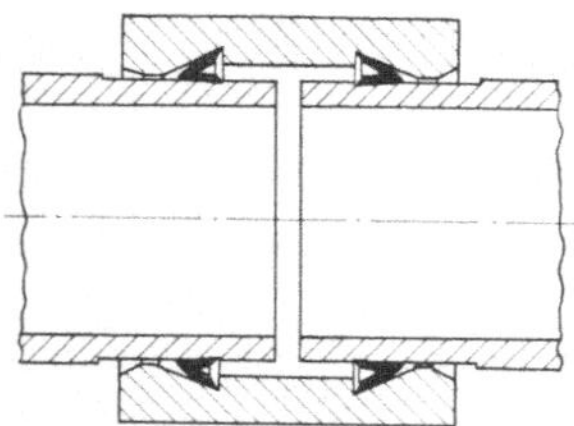

Abb. 6/7. Schnitt durch die
SUPER-SIMPLEX-Kupplung.

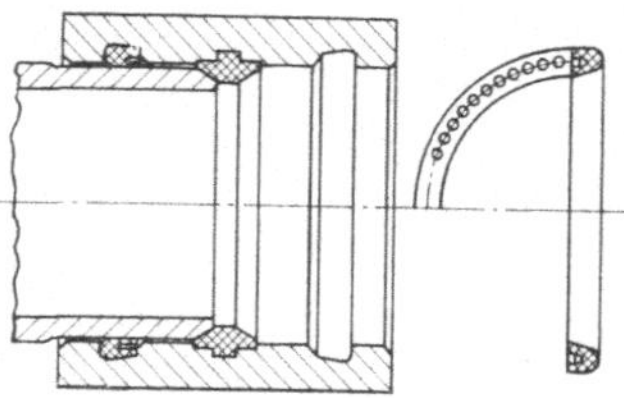

Abb. 6/8. Schnitt durch eine
TRIPLEX-Kupplung.

6.2.3 Reka-Kupplung

Auf der Grundlage der Gleitgummidichtung vereint die REKA-Kupplung
den Vorzug des selbstdichtenden Lippenprofils mit dem des Keildich-
tungsprinzips. Durch Auffächerung des Dichtgummiquerschnittes in

mehrere Lippen wird die Dichtsicherheit zusätzlich erhöht. Benannt nach ihrem Erfinder, Karl Rescheneder, hat sie sich zunächst in Österreich hervorragend bewährt und besonders nach Ablaufen der Patente überall eine starke Verbreitung gefunden.

Der doppelte Effekt aus Lippendichtung und Keildichtung, zusammengenommen als Reka-Prinzip bezeichnet, verlangt eine relativ geringe Verpressung, um eine Anfangsdichtigkeit zu erzielen. Bei ansteigendem Innendruck wird der Dichtquerschnitt zunehmend in die Keilspitze und die Lippen gegen den Rohrschaft gepreßt. Um das exakte Zusammenspiel zwischen Dichtring und Kupplung bzw. Rohr zu ermöglichen, ist eine genaue Bearbeitung der Asbestzementteile erforderlich. Das ist ohne Schwierigkeit möglich, da die Maßtoleranzen aufgrund der spanabhebenden Bearbeitung sehr klein gehalten werden können.

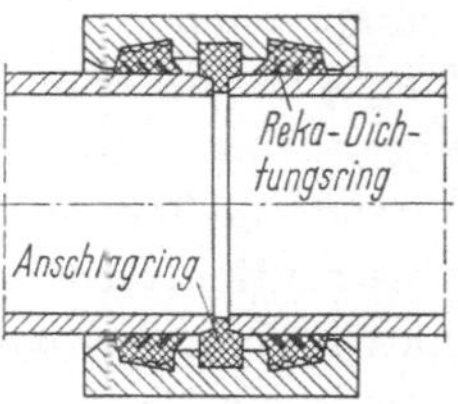

Abb. 6/9. Schema der Reka-Kupplung mit Anschlagring.

6.2.3.1 Das Verhalten der Reka-Kupplung bei verschiedenen Belastungsfällen

Dichtheit bei innerem Wasserüberdruck. Berstversuche haben den selbstdichtenden Effekt der Reka-Kupplung bestätigt. Bei vorschriftsmäßiger Zuordnung von Rohr und Kupplung wird die Verbindung auch bei extremer Anordnung durch Auswinkeln oder Querpressen im Versuch nicht undicht.

Die Verbindung versagt erst bei Erreichen der Ringzugfestigkeit durch Bersten des Rohres oder der Kupplung.

Haftfestigkeit in Längsrichtung. Die Reka-Kupplung ist keine zugfeste Rohrverbindung und kann daher keine größeren Kräfte in Richtung der Rohrachse aufnehmen. Es wurden jedoch zur Messung der zwischen Rohr- und Kupplung bzw. Dichtungslippen des Gummiringes auftretenden Reibungskräfte Versuche an Rohrstücken DN 100, 200, 300 und 400, alle PN 12,5, durchgeführt [V47]. Bei konstantem Innendruck von 12,5 bar ergab sich für mit Gleitmitteln montierte Reka-Kupplungen aller unter-

suchten Nennweiten angenähert folgende Abhängigkeit für die Reibungs-
kraft:

$$R = \frac{1}{137,5} \cdot (DN)^{2,4} \, . \tag{6.2/1}$$

Hierbei bedeuten:

$$R \; = \text{Reibungskraft in N,}$$
$$DN = \text{Nennweite in mm.}$$

**Dichtheit bei äußerem Wasserüberdruck und bei Unterdruck im Innern
der Leitung.** Die keilförmige Ausbildung des Gummidichtungsringes im
Querschnitt, sowie die ebenfalls konische Kammer für den Ring in der
Kupplungshülse, könnten vermuten lassen, daß sich diese Dichtung zwar
für einen von innen nach außen gerichteten Druck eignet, aber weniger
für ein Druckgefälle von außen nach innen. Die Ergebnisse einer ganzen
Reihe entsprechender Versuche lassen jedoch erkennen, daß die REKA-
Kupplung auch bei einem äußeren Überdruck, z.B. bei Unterdruck im
Rohrinnern, einwandfrei abdichtet.

Während im Technologischen Gewerbemuseum in Wien eine Versuchskonstruktion, bestehend aus zwei Asbestzement-Rohrstücken, die
mit REKA-Kupplungen verbunden und an ihren freien Enden verschlossen waren, in ein Wasserbad gelegt und einem äußeren Wasserdruck von
11 bar ausgesetzt wurde [V65], erhöhte PRESS den äußeren Wasserdruck
auf 26 bar [V51]. In beiden Fällen waren die REKA-Verbindungen völlig
dicht geblieben. Anzeichen einer eingedrungenen Feuchtigkeit konnten
nach Ausbau und Zerlegung der Versuchsanordnung nicht festgestellt
werden.

Die REKA-Kupplungen müssen auch bei Unterdruck in der Rohrleitung dicht sein, wenn sie als Saugleitungen verwendet werden sollen
und um ein Einsaugen hygienisch nicht einwandfreien Grundwassers in
Trinkwasserleitungen bei auftretendem Unterdruck auszuschließen. Dazu
wurden von verschiedenen Instituten entsprechende Versuche durchgeführt. Versuche von PRESS [V52] bei einem absoluten Druck von
0,676 bar sowie Versuche in Wien [V65] bei einem Druck von 0,0258 bar
während $^1/_2$ h Dauer ergaben absolute Dichtigkeit der Rohrverbindung.
Das gleiche Ergebnis hatten Versuche der Physikalisch-Technischen
Bundesanstalt [V41] bei einem Innendruck von 0,098 bar während 48 h
Dauer.

Dichtheit gegenüber Luft-Innenüberdruck. Von der Physikalisch-
Technischen Bundesanstalt wurden mit einer REKA-Kupplung verbundene Rohrstücke im Wasserbad durch Luft-Innendruck belastet. Eine

Versuchskonstruktion DN 300 war auch nach zweistündigem Innendruck
von 7 bar noch dicht, während an einer Konstruktion DN 100 bei 6 bar
Innendruck Bläschen an der Kupplung aufstiegen. Die REKA-Verbindungen blieben bei den Versuchen bis zu Gasdrücken dicht, die weit über den
in Mittel- und Niederdruck-Gasrohrnetzen auftretenden Betriebsdrücken
liegen [V41]. Für Gasleitungen aus Asbestzementrohren wird die REKA-
Kupplung mit kleinerem Innendurchmesser geliefert, so daß der Anpreßdruck für die Gummiringe größer wird. Nach Untersuchungen des
Instituts für Gastechnik, Feuerungstechnik und Wasserchemie an der TH
Karlsruhe ist die Dichtheit der REKA-Kupplung gegenüber Gas als sehr
gut zu bezeichnen.

Dichtheit bei Auslenkung der Rohre in der Kupplungshülse (vgl. auch
Abschn. 8.1.3). Durch die besondere Querschnittform der Gummidichtungsringe mit ihrer breiten Anliegefläche ist die REKA-Kupplung auch
bei extremster Auslenkung der Rohre vollkommen dicht.

Hierzu wurden 1959 auf Veranlassung der Stadtwerke Trier Abwinke-
lungsversuche an zwei mit einer REKA-Kupplung verbundenen Rohren
DN 300, PN 10, durchgeführt. Alle Versuche mit einem größten Inner-
druck von 19 bar bei einer Abwinkelung von 4,5° und mit einer größten
Abwinkelung von 7,6° bei einem Innendruck von 15 bar ergaben die
völlige Dichtheit der Rohrverbindung. Abb. 6/10 zeigt die um 5° abge-
winkelte Verbindung unter 11 bar Innendruck, in Abb. 6/11 beträgt die
Auswinkelung 7° bei 10 bar Innendruck.

Von PRESS 1956 durchgeführte Versuche an Rohren DN 100, PN 12,5,
ergaben bei einer Abwinkelung der Rohrachse von 6° selbst bei einem
Innendruck von 76 bar keine Undichtheit, auch nicht bei einer aufgebrachten Rüttelfrequenz von 40 Hz [V51].

PILNY führte Versuche mit durch eine REKA-Kupplung verbundenen Rohrstücken DN 100, 200 und 300, PN 10, durch [V47]. Vor Versuchsbeginn wurde nach Entfernen der Dichtungsringe der größtmögliche
Auslenkungswinkel der Rohrenden bestimmt. Er betrug für DN 100 etwa
8° je Kupplungsseite. Im Versuch wurde für stufenweise größer werdende
Auslenkungswinkel der Innendruck jeweils bis 21 bar gesteigert. Schließlich trat bei einem maximalen Auslenkungswinkel ein Versagen der Rohrverbindung ein, und zwar in den meisten Fällen, vor allem bei den kleineren Nennweiten, durch Bruch der Kupplung infolge der durch die
Auslenkung auftretenden Kräfte. In den meisten Fällen war der erreichte
Maximalwinkel größer als der ohne Gummiringe bestimmte Grenzwinkel,
was zu Beschädigungen an den Rohrenden führte. Trotz dieser Schäden
blieben aber die Verbindungen dicht. Der größte erreichte Auslenkungs-

winkel betrug 11,2° bei DN 200 bei einer Spaltweite von 25 mm. Die bei
diesen Versuchen erreichten großen Auslenkungswinkel waren nur durch
die großen Spaltweiten von 25 bzw. 40 mm möglich. In der Praxis sind
letztere kleiner und damit auch die Auslenkungswinkel. Es ist aber bemerkenswert, daß die infolge der großen Spaltweite verbliebene kurze
Einschublänge der Rohre von 50 bzw. 60 mm ausreichte, um eine selbst
bei größerer Auslenkung noch dichte Verbindung herzustellen.

Daß sogar andauerndes Hin- und Herschwenken des Rohres in der
REKA-Kupplung keinen Einfluß auf die Güte und Beschaffenheit der
Verbindung nehmen kann, bewiesen sehr interessante Dauerschwenk-
versuche in der Amtl. Forschungs- und Materialprüfanstalt für das Bau-

Abb. 6/10   Abb. 6/11

Abb. 6/10. Blick auf die ausgelenkte REKA-Kupplung. Die Markierungen geben den
Rohreinschub in der Geraden an.

Abb. 6/11. Auswinkelung um 7° mit Abweichung von der Geraden um 610 mm. Man
erkennt deutlich den Erdwall, den das Rohr vor sich hergeschoben hat und der an
der Grabenwand ein Widerlager findet.

wesen der TH Stuttgart, dem Otto-Graf-Institut. In einer festgehaltenen Reka-Kupplung wurde ein Rohrstück bis zu $2 \cdot 10^6$ Male hin- und hergeschwenkt, ohne daß der konstant gehaltene Innendruck von 25 bar mit dem diese Konstruktion belastet wurde, durch auftretende Undichtigkeiten verringert wurde. Der Auslenkwinkel betrug dabei maximal 1°48′ [V2].

Dichtheit gegenüber Luftdruck-Wechselbeanspruchung. 1959 wurden von Press [V55] Versuche an durch Reka-Kupplungen verbundenen Rohrstücken DN 200, PN 10, mit Luftinnendruck-Wechselbeanspruchung durchgeführt. Der Innendruck des im Wasserbad gelagerten Systems wechselte zehnmal zwischen einem Unterdruck von 0,9 bar und einem Überdruck von 2,94 bar. Die Rohrverbindungen zeigten hierbei keinerlei Undichtheiten.

Bakteriologisches Verhalten der Reka-Kupplung. Durch spezielle Versuche mit Reka-Kupplungen sollte die für Trinkwasserleitungen wichtige Frage geklärt werden, ob die Kupplung von Mikroben durchwandert werden kann. Die Versuche wurden vom Bundesgesundheitsamt — Institut für Wasser-, Boden- und Lufthygiene — mit Kupplungen für Rohre DN 50 durchgeführt. Als Testbakterien wurden E-Coli verwendet. Nach der vierwöchigen Versuchszeit waren von sechs Proben vier absolut dicht, während bei zwei Proben eine Durchwanderung der Kupplung von innen nach außen festgestellt wurde. Es ist jedoch offen geblieben, ob die Ursache hierfür in einer Undichtheit der Kupplung oder in einer Beschädigung der normalen Gummidichtungsringe durch die vorangegangene Sterilisation liegt, da letzteres nach dem Untersuchungsbericht durchaus zu einer Durchwanderung führen könnte. In der Praxis dürften jedoch dort, wo die normale Gummiqualität eingesetzt wird, derartige Beanspruchungen nicht auftreten [V20].

Abschließend kann somit festgestellt werden, daß die Reka-Kupplungen gegen Bakterien dicht sind.

Wurzelfestigkeit der Reka-Kupplung. Vom Landwirtschaftlichen Untersuchungsamt der Land- und Forstwirtschaftskammer Hessen-Nassau wurde die Reka-Kupplung nach den „Vorläufigen Bau- und Prüfgrundsätzen für Dichtungen aus Elastomeren für Abwasserleitungen der Grundstücksentwässerung" des Prüfausschusses für Grundstücksentwässerungsgegenstände auf Wurzelfestigkeit untersucht. Nach dem Gutachten [V33] hat die Prüfung ergeben, daß sich Absterbeerscheinungen an den Wurzeln nicht gezeigt haben und daß die Wurzeln durch den Dichtungsring zurückgehalten wurden und den Distanzring nicht erreicht haben.

Die Versuchsergebnisse und die praktischen Erfahrungen haben eindeutig gezeigt, daß die REKA-Kupplung in ihrer Dichtfunktion allen Anforderungen der Praxis genügt und sowohl für Druckrohrleitungen für Wasser und Gas als auch für Saugleitungen verwendet werden kann. Die Gummiringe weisen wegen ihrer geringen Deformation eine große Lebensdauer auf. Dies konnte auch in umfangreichen Langzeitversuchen der BAM bestätigt werden.

REKA-Kupplungen DN 250 PN 10 erwiesen sich auch bei einem durch Lagerung in Luft mit einer Temperatur von 100 °C künstlich erzeugten Druckverformungsrest von 92% bei einem Innendruck von 10 bar als dicht [V58].

6.2.3.2 Montage der Reka-Kupplung

Vor der Montage werden bei Nennweiten bis einschließlich DN 400 werkseits, bei größeren Nennweiten bauseits, die Dichtringe und Distanzringe in die Kupplungshülse eingelegt. Die Dichtringe erhalten dabei eine Stauchung in Umfangsrichtung zwischen 2,5 und 6,5%, die den Ring in der Nut verspannt, am Herausfallen während der Montage hindert und die Dichtpressung unterstützt.

Wie alle Gleitringe müssen auch die REKA-Ringe sowie die Schaftenden mit einem säurefreien Gleitmittel dünn überwischt werden, um das Einschieben zu ermöglichen. Bei Auswahl der Gleitmittel (soweit sie nicht mitgeliefert werden) ist auf eine hygienisch einwandfreie und bakterizide Wirkung zu achten. Tierische Fette oder Öle dürfen nicht verwendet werden, notfalls jedoch Grafit, Talkum oder Glycerin.

Abb. 6/12. Einlegen des Dichtungsringes in eine REKA-Kupplung unter Stauchung.

Die REKA-Kupplung wird an das Rohrende möglichst zentrisch angesetzt und mit Brechstange und Holzvorsatz, bei größeren Nennweiten auch unter Zuhilfenahme von Spannschellen und Montierhebeln bzw. unter Anwendung mechanischer Montiergeräte bis zum Anschlag an den Distanzring auf das Stirnende des Rohres aufgeschoben.

Das nächste Rohr, dessen abgedrehtes Ende gleichfalls mit dem Gleitmittel überwischt wurde, wird ebenso an die Kupplung angesetzt und bis zum Anschlag eingeschoben.

Abb. 6/13. Montage der REKA-Kupplung mit Brechstange.

Abb. 6/14. Montage mit Brechstange und Aufziehgerät.

Auch hier ist, wenn mit einer Brechstange gearbeitet wird, ein Holzvorsatz zu verwenden, um die Stirnfläche des Rohres nicht zu beschädigen.

Nachträglicher Einbau von Formstücken. Ein besonderer Vorzug der REKA-Kupplung liegt darin, daß sie nach Entfernen des Distanzringes voll auf das Rohrschaftende aufgeschoben werden kann. Sie ermöglicht damit den nachträglichen Einbau von Formstücken bzw. das Auswechseln von Rohren.

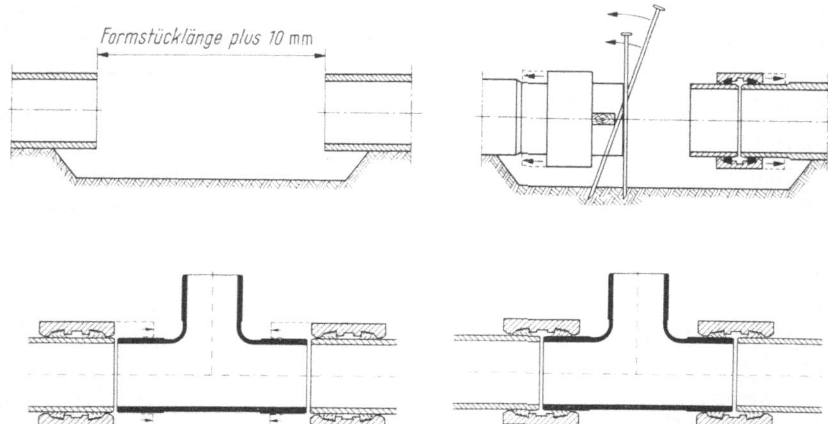

Abb. 6/15. Nachträglicher Einbau eines Abzweiges mit Schaftstutzen (GAZ-B).

6.2.3.3 Reka-Spezialkupplungen für Druckrohrleitungen

Um allen besonderen Anforderungen eines Druckrohrnetzes gerecht zu
werden, wurden einige Spezialkupplungen entwickelt (Abb. 6/16).

Die Reka-Langkupplung. Sie ist in der Lage, Längenänderungen in
axialer Richtung aufzunehmen, die z. B. in Bergsenkungsgebieten auftreten. In Abhängigkeit von der Nennweite werden Längenänderungen
bis zu 125 mm überbrückt.

Die Reka-Übergangskupplung. Sie überbrückt Wanddickenunter-
schiede beim Übergang auf andere Druckstufen oder beim Übergang auf
andere Rohrmaterialien, z. B. Gußeisen, Stahl oder Kunststoff.

Innerhalb eines Leitungsnetzes aus Asbestzementrohren werden sie
besonders erforderlich beim Übergang auf Gußformstücke, da diese nur
für PN 10 und PN 16 handelsüblich sind.

Die Reka-Reduzierkupplung ermöglicht die Reduzierung des Querschnittes bei kleineren Durchmessern bis DN 200 um jeweils eine Nenn-
weitenstufe.

Die Reka-Anbohrkupplung weist korrosionssichere Abzweigstutzen
zwischen 1″ und 2″ zum Einbinden von Hausanschlüssen auf.

Die Reka-Winkelkupplung ermöglicht Abwinklungen von $11^1/_4{}^\circ$ bzw.
$22^1/_2{}^\circ$. Durch Hintereinanderschalten mehrerer Kupplungen wird der
Krümmungswinkel entsprechend vergrößert.

Die zugfeste Kupplung (Z-O-K) findet außer im Brunnenbau besondere Anwendung beim Bau von Unterwasserleitungen. Neben der Zug-

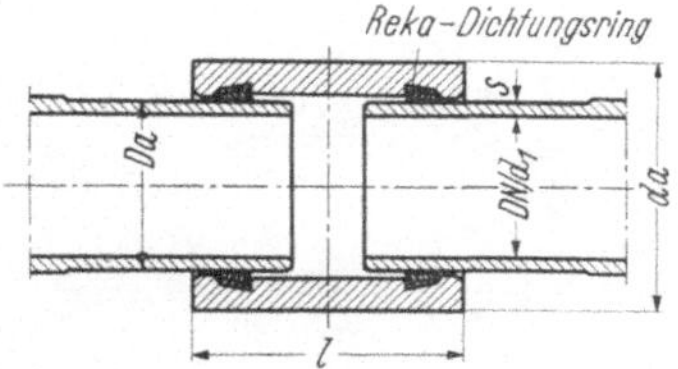

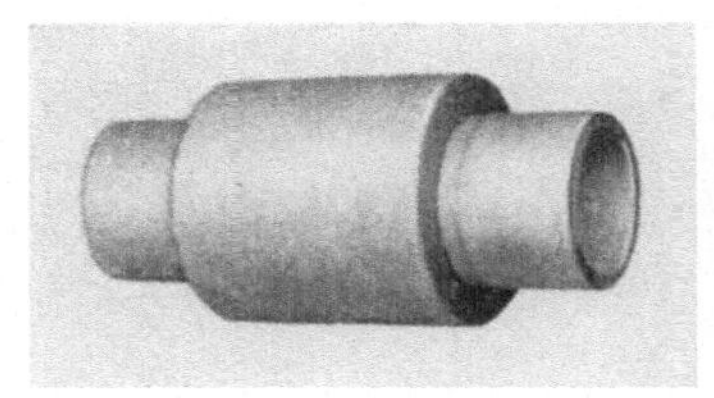

REKA-Langkupplung RKL

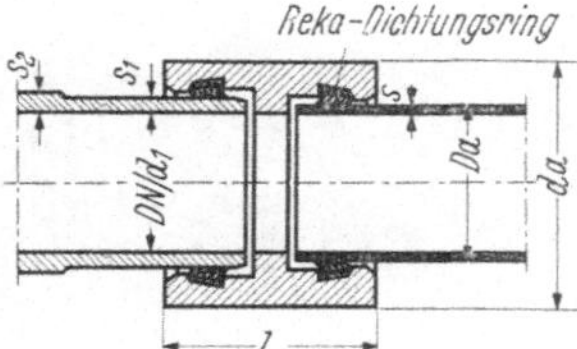

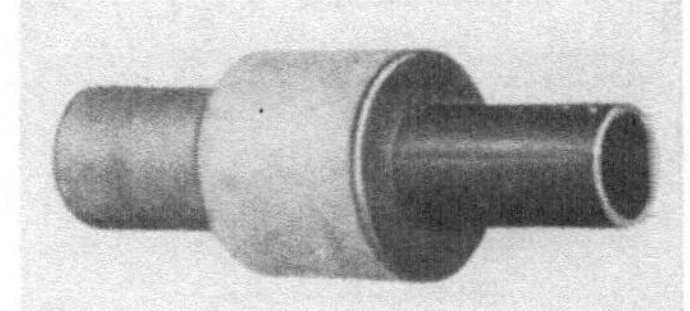

REKA-Übergangskupplung RKU

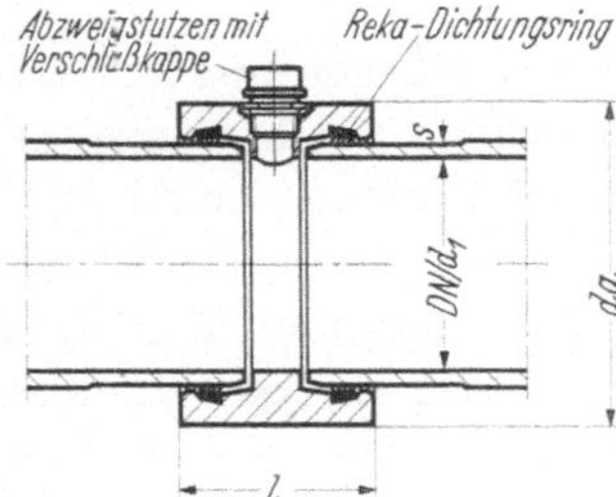

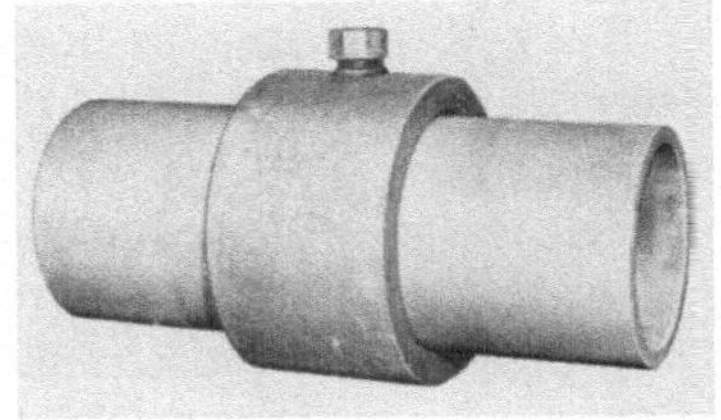

REKA-Abzweigkupplung RKA

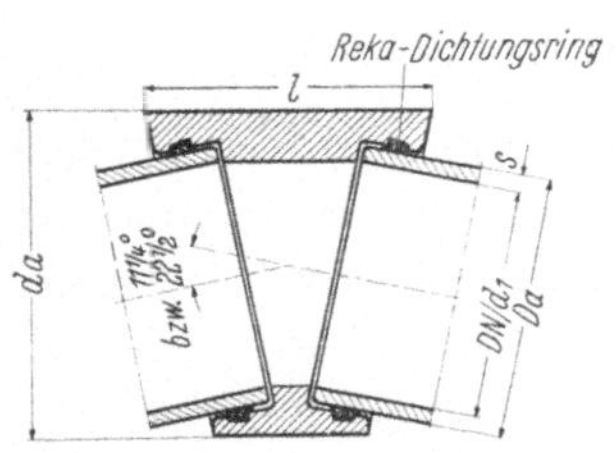

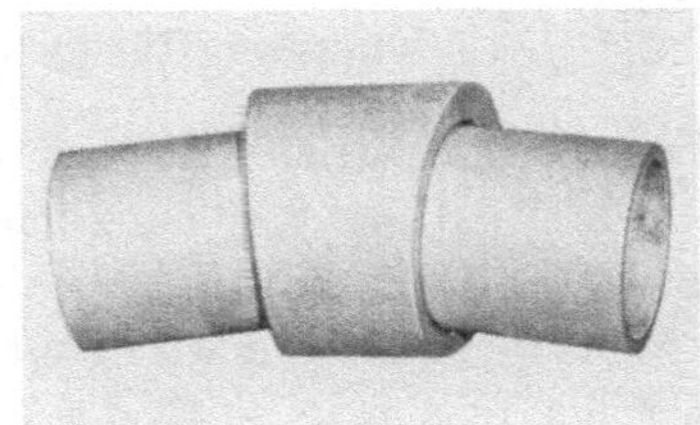

REKA-Winkelkupplung RKW

Abb. 6/16. (Fortsetzung S. 128.)

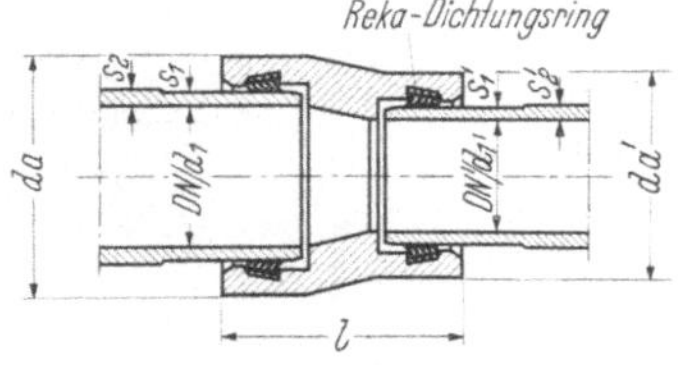

Reka-Reduzierkupplung RKR

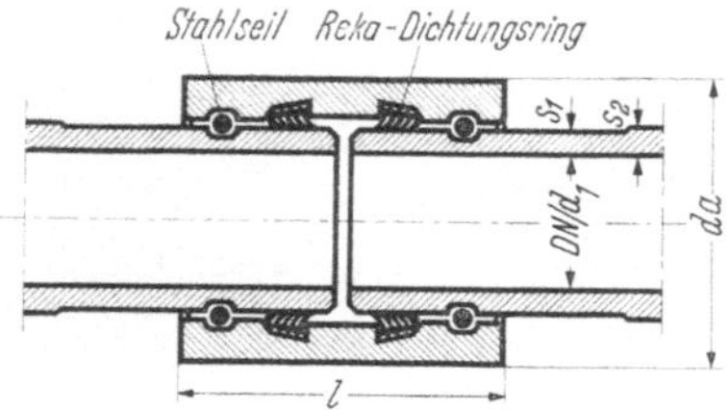

Zugfeste Kupplung Z-O-K

Abb. 6/16. Sonderformen der Reka-Kupplung für Druckrohre.

festigkeit spielt hier die Auswinkelbarkeit (gleiche Größenordnung wie bei der Reka-Kupplung) eine besondere Rolle und hat zu mehreren speziellen Legungsverfahren geführt (Einzieh-, Einschwimm- sowie Absenkverfahren).

Ihr Einsatz anstelle von Widerlagern bei Krümmern und Abzweigen in Druckrohrleitungen ist durch die Axialstreckung in den einzelnen Kupplungen problematisch; die Leitung muß im Bereich der Krümmer während oder nach dem Einbau — jedenfalls vor der endgültigen Verfüllung — vorgestreckt werden, um Scherbrüche zu vermeiden.

6.2.4 Reka-Kupplung für Kanalrohre (RKG-Kupplung)

Für drucklose Leitungen im unteren Nennweitenbereich bis DN 350 wurde die Reka-Kupplung modifiziert, um die Legung zu vereinfachen und zwar durch Einsparen des Abdrehens im Anschluß an Rohrschnitte.

Die Dichtfunktion wird hauptsächlich durch Kompression des Gummikörpers, teils auch durch die Membranspannung der Lippen erzielt.

Das Gummidichtprofil erhielt hierfür einen geraden Rücken und längere Dichtlippen. Das aufgelöste Dichtprofil erfordert nur eine relativ geringe Verpressung, so daß auch nur niedrige Montagekräfte erforderlich werden. Die längeren Lippen erlauben die Aufnahme der produktionsbedingten Außendurchmessertoleranzen, so daß eine Bearbeitung der Schaftenden entfällt.

Werden Rohre für Paßlängen auf der Baustelle geschnitten, ist eine Kalibrierung überflüssig, lediglich das Wiederherstellen der Fase am Schaftende muß erfolgen.

Die Dichtsicherheit dieser Verbindung ist sowohl gegenüber Innen- als auch Außendruck bis ca. 2 bar gewährleistet. Das Montageverhalten entspricht dem der Druckrohrkupplung, die auch im Kanalisations- bereich für größere Rohre heute noch Anwendung findet.

6.2.4.1 Spezialkupplungen für Freispiegelleitungen

Übergangskupplung. In der Kanalisation werden Spezialkupplungen in erster Linie zum Anschluß an Kanäle aus anderen Werkstoffen erforder- lich. So werden Übergangskupplungen hergestellt, die auf der einen Seite den Außendurchmessern der Asbestzementrohre angepaßt sind und auf der anderen auf die Außendurchmesser des Fremdmaterials, z.B. Stein- zeug, Beton oder Kunststoff abgestimmt sind.

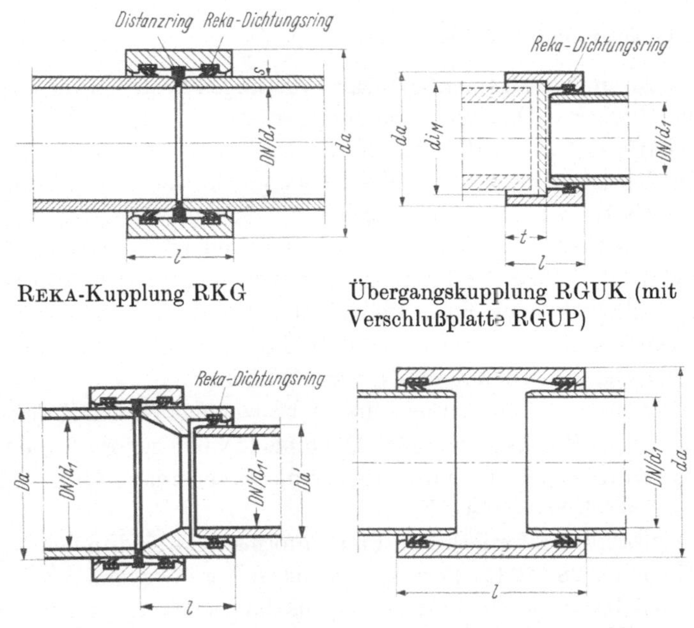

REKA-Kupplung RKG

Übergangskupplung RGUK (mit Verschlußplatte RGUP)

REKA-Reduzierkupplung RKGR Langkupplung RKGW

Abb. 6/17. Sonderformen der REKA-Kupplung.

Diese Kupplungen werden hauptsächlich bei Abzweigen, d.h. dort, wo die Grundstücksentwässerung in den Straßenkanal einmündet, angewendet. (s. Abb. 6/17).

Reduzierkupplung. Querschnittsveränderungen um jeweils eine Nennweite, die diese Kupplungen ermöglichen, werden auf der Strecke nur in der Grundstücksentwässerung vorgenommen.

Langkupplung. Diese Kupplungen wurden insbesondere für Kanalisationsleitungen in Bergsenkungsgebieten entwickelt, da sie infolge großer Längs- und Querbeweglichkeit Bodenbewegungen folgen können.

Die zugfeste Kupplung (Z-O-K). Sie findet im Kanalbau für ähnliche Legungen Anwendung wie im Druckleitungsbau, d.h. sie eignet sich zur Herstellung von Dükern und insbesondere zum Bau von Seeleitungen, die als Vorflutkanäle die geklärten Abwässer von Kläranlagen in tiefere Schichten von Gewässern einleiten sollen.

6.3 Formstücke

6.3.1 Formstücke für Druckrohre

6.3.1.1 Gußeiserne Formstücke

Formstücke in Asbestzement-Druckrohrleitungen bestehen im allgemeinen aus Gußeisen. Die Enden der Formstücke sind den Asbestzementrohr-Schaftenden angepaßt, d.h. der Außendurchmesser der Formstück-Schaftenden ist mit den nach DIN 19 800 genormten Rohraußendurchmessern PN 10 bzw. PN 16 identisch.

Für die Druckstufen PN 2,5, 6 und 12,5 sind Übergangskupplungen (s. Abschn. 6.2.3.3) zur Verbindung mit Formstücken PN 10 erforderlich. Auf Bestellung können Formstücke mit den Schaftenden der übrigen Druckstufen geliefert werden, so daß die Verbindung mit normalen REKA-Kupplungen vorgenommen werden kann.

Die gußeisernen Formstücke für Asbestzement-Druckrohrleitungen sind in DIN 19 802 bis 19 808 für DN 65 bis DN 600 genormt. Sie tragen vor dem Kurzzeichen des Formstückes die Bezeichnung GAZ, z.B. ein Einflanschstück heißt GAZ-F.

Alle zusätzlich erforderlichen Flanschformstücke sind in den Normen DIN 28 537 bis 28 546 für Formstücke aus Gußeisen bzw. in den Normen DIN 28 637 bis 28 648 für Formstücke aus duktilem Gußeisen erfaßt. Die Abb. 6/18 zeigt eine Auswahl der gebräuchlichsten gußeisernen Formstücke.

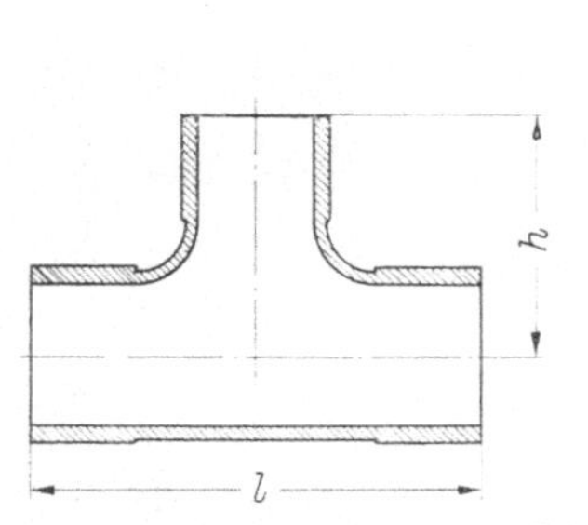

Abzweig mit Schaftstutzen GAZ-B

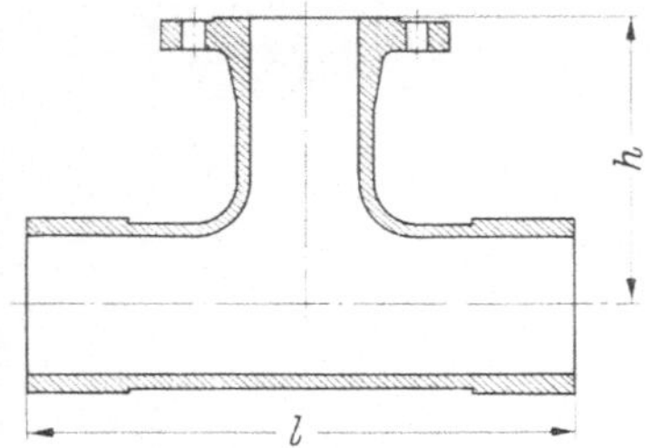

Abzweig mit Flanschstutzen GAZ-A

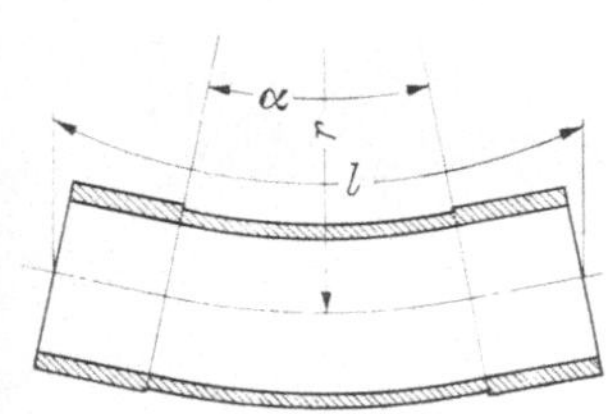

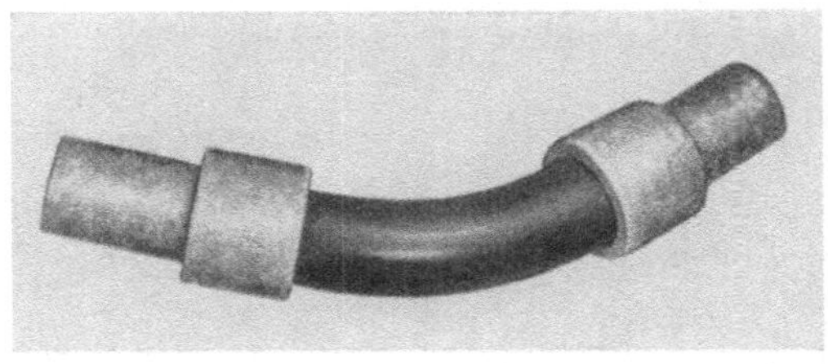

Bogen GAZ-K

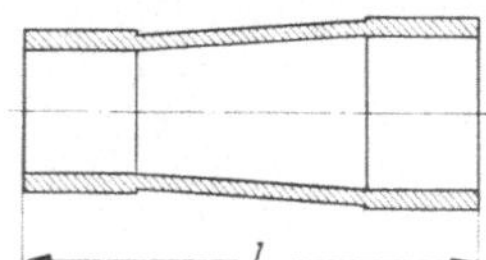

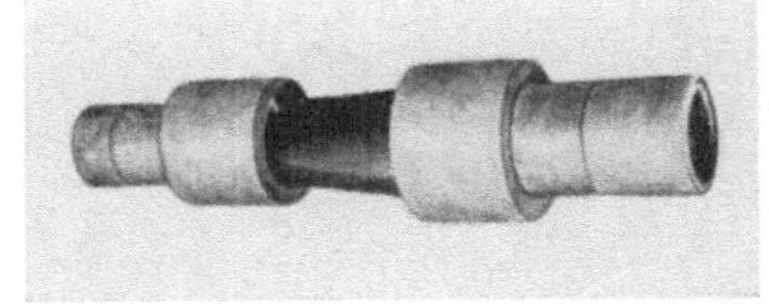

Übergangsstück GAZ-R

Abb. 6/18. (Fortsetzung S. 132.)

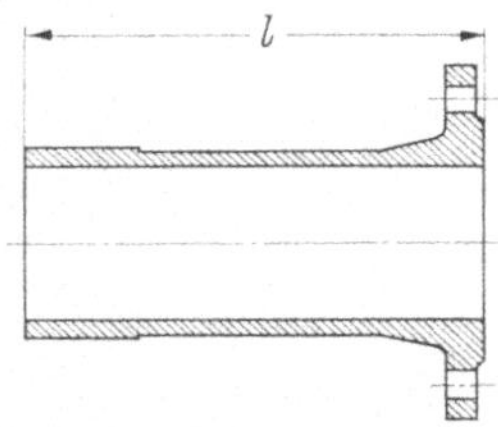

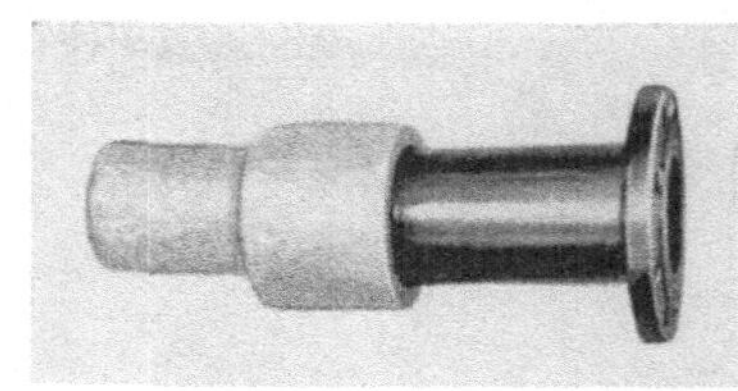

Einflanschstück GAZ-F

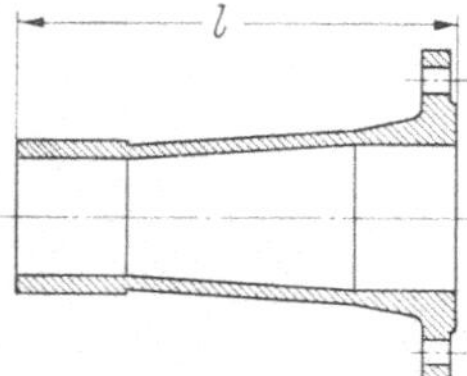

Übergangsstück mit Flansch am weiten Ende GAZ-FRW

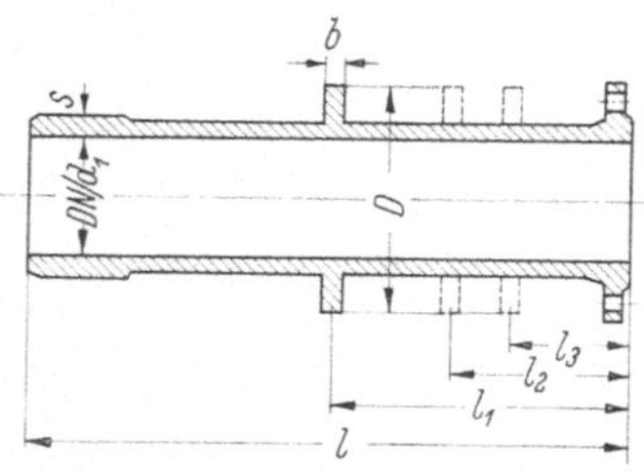

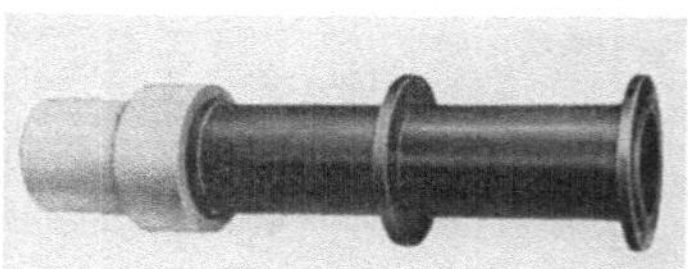

Einflanschstück mit Mauerflansch GAZ-FL

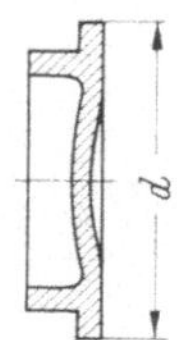

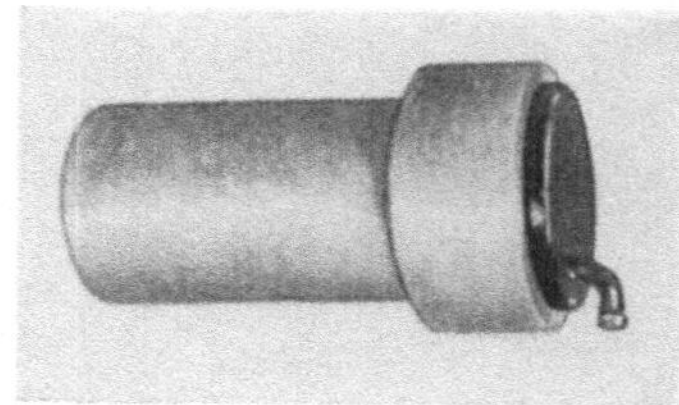

Stopfen GAZ-P

Abb. 6/18. Auswahl der wichtigsten gußeisernen Formstücke, die im Zusammenhang
mit Asbestzement-Druckrohren verwendet werden.

6.3.1.2 Stahlformstücke

Mit zunehmendem Durchmesser und abnehmender Stückzahl wird die Herstellung von Gußformstücken unwirtschaftlich, so daß ab DN 600 Stahlformstücke vorherrschen. Sie werden mit verdickten Schaftenden versehen, die denen der jeweiligen Asbestzementrohre entsprechen. Zum Anschluß an Stahlleitungen und Armaturen werden die Stahlformstücke mit genormten Vorschweißflanschen versehen.

Wegen der Einzelfertigung können neben den üblichen Formstücken auch relativ einfach Sonderformstücke hergestellt werden, z. B. Hosenstücke, tangentiale Abzweige oder Reduzierungen mit Abzweigen.

Analog zum gußeisernen Formstück erhalten Stahlformstücke vor dem Formstückkurzzeichen die Bezeichnung StAZ, z. B. StAZ-K für Stahlbogen. In Abb. 6/19 sind einige Beispiele für Stahlformstücke

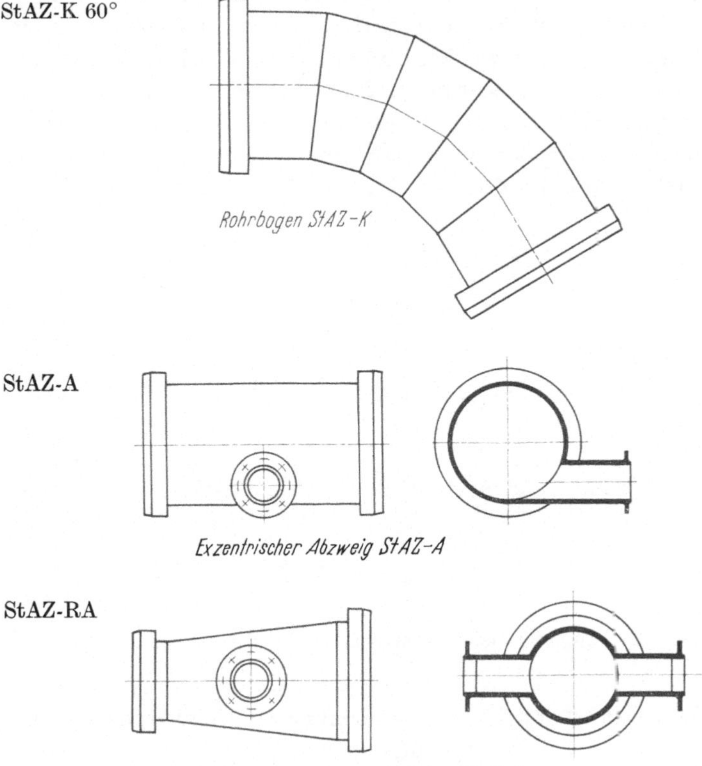

Abb. 6/19. Beispiele für Stahlformstücke in Asbestzement-Druckrohrleitungen.

dargestellt. Wegen der Korrosionsgefährdung der Stahlrohre ist auf einen einwandfreien äußeren und inneren Korrosionsschutz zu achten.

6.3.1.3 Asbestzement-Formstücke für Druckrohre

Die gußeisernen und stählernen Formstücke haben den Nachteil des höheren Gewichts, der höheren Kosten und, unter bestimmten Voraussetzungen, der größeren Korrosionsgefährdung als Asbestzement-Formstücke. Man ist daher bemüht, sie durch gleiche Formstücke aus Asbestzement zu ersetzen.

Bogen: Zur Herstellung der Bogen aus Asbestzement, die schon seit über 30 Jahren in Druckrohrleitungen eingesetzt werden, werden bis DN 200 frisch gewickelte, noch nicht abgebundene Rohre auf Länge geschnitten und von Hand in mehrteilige Bogenformen eingepaßt. Für größere Nennweiten (bis DN 450) und für spezielle Anwendungsgebiete (z. B. Rohrpostleitungen) wurden Sonderverfahren entwickelt. Bei großen Nennweiten bzw. bei Rohren mit sehr dicken Wandungen werden die Gefügeauflockerungen beim Biegen zu groß. Zur Zeit werden Bogen (ELE-Stücke) mit den üblichen Zentriwinkeln $11^1/_4°$ bis $90°$ und dem Radius $r = 7 \times$ DN geliefert, und zwar serienmäßig bis DN 200 (maximaler Zentriwinkel bei DN 200 $45°$).

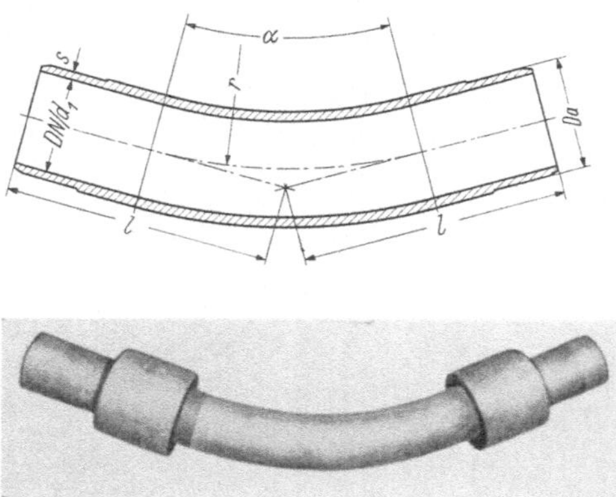

Abb. 6/20. Asbestzement-Bogen (ELE).

Abzweige: Sehr bedeutsam für die Entwicklung von Abzweigen war die Schaffung von hochfesten, porenfreien Klebern, die es gestatteten, ohne Festigkeitsverlust die aus normalen Rohren zugeschnittenen Teile des Formstücks einwandfrei zusammenzusetzen. Die Entwicklung derartiger Formstücke erscheint sehr aussichtsreich. Die bisher versuchsweise eingebauten Formstücke zeigten gute Ergebnisse. Geklebte Abzweigformstücke werden als Rohrabzweige und als Kupplungsabzweige mit Asbestzement-Schaftstutzen oder Gußeisen-Flanschstutzen hergestellt. Zur Verklebung der Formstücke wird eine Epoxydharzverbundmasse verwendet. Berstversuche an künstlich gealterten Abzweigen zeigten, daß bei einwandfreier Klebung der Bruch stets im Asbestzement erfolgt, die Klebefuge dagegen unbeschädigt bleibt. Abzweigformstücke DN 150/100, die nach $2^1/_2$jähriger Betriebszeit ausgebaut wurden, ergaben auf dem Prüfstand Berstdrücke von 35 bzw. 40 bar. Aufgrund der Versuchs- und Ausbauergebnisse kann festgestellt werden, das geklebte Abzweigformstücke in Druckrohrleitungen sicher angewendet werden können.

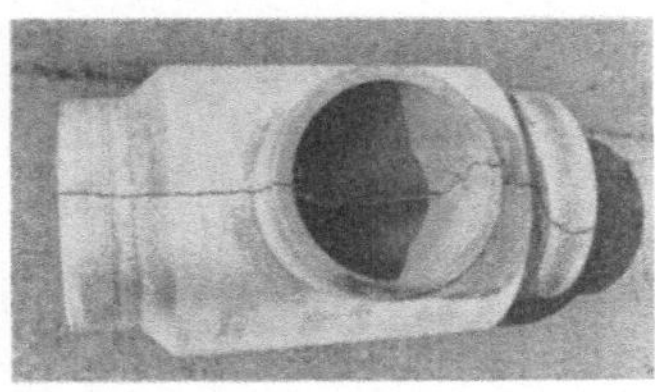

a) Im Berstversuch zerstörter Rohrabzweig (EEB-Stück).

b) Muffenabzweig 150/100 (EMB-Stück) im Versuchseinbau.

Abb. 6/21. Geklebte Formstücke.

6.3.2 Asbestzement-Formstücke für Kanalrohre

Im Kanalbau ist nur eine geringe Typenzahl von Formstücken erforderlich, bedingt durch die geradlinige Streckenführung ohne Querschnittsänderung und ohne Armaturen.

Wegen der geringeren Beanspruchung können für Freispiegelleitungen alle Formstücke aus Asbestzement hergestellt werden. Kleine Formstücke (Bogen und Abzweige) werden im Injektionsverfahren, d.h. in Spritzfertigung hergestellt, größere Formstücke werden handgeformt bzw. aus Einzelteilen zusammengesetzt und verklebt, unter Verwendung von Epoxydharzreaktionskleber.

Im Vordergrund der Anwendung stehen Abzweigformstücke für Hausanschlüsse mit Abzweigen unter 90° und 45°. Daneben gewinnen aber auch lose Stutzen an Bedeutung, die bauseits entweder unter 90°

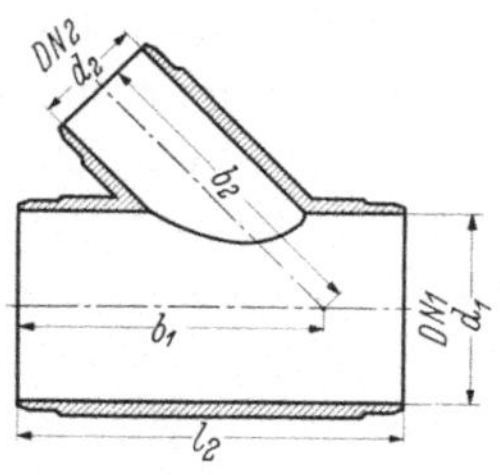

Abzweig 45° EEC

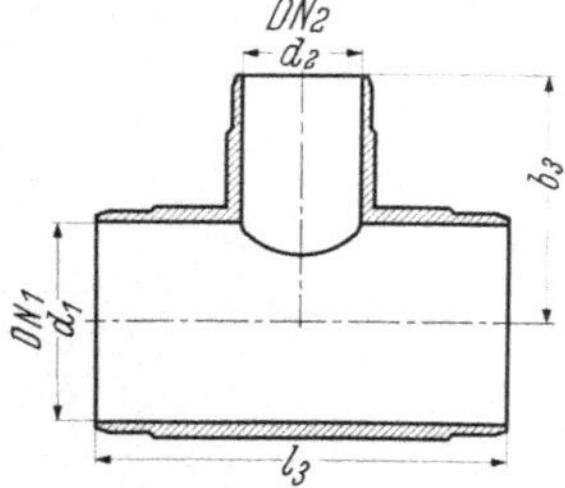

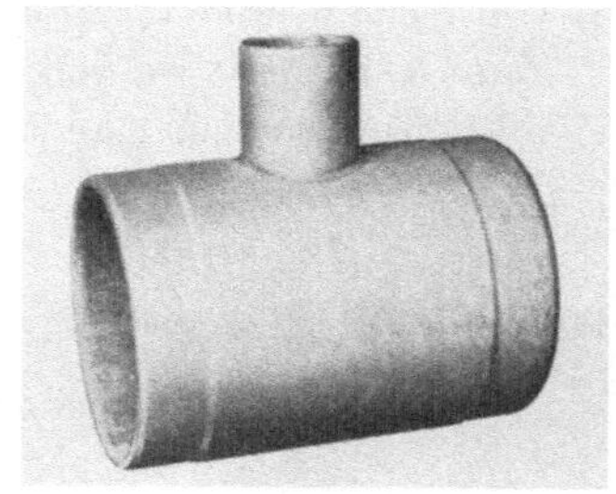

Abzweig 90° EEB

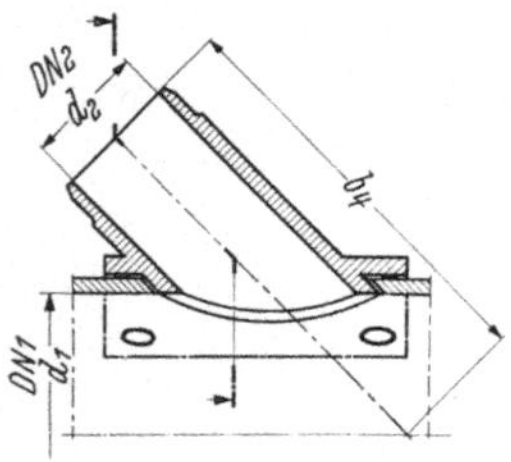

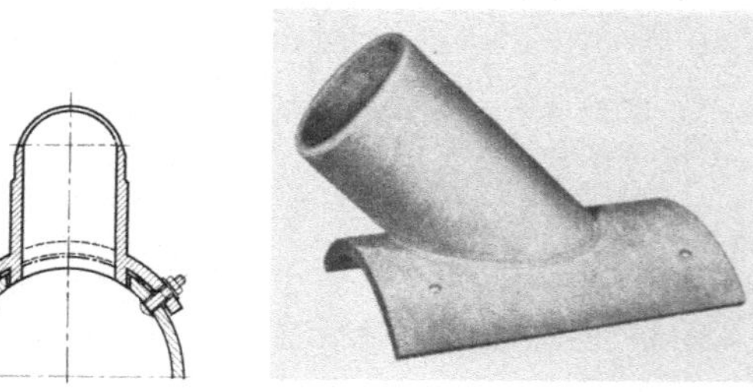

Sattelstutzen ESC 45°

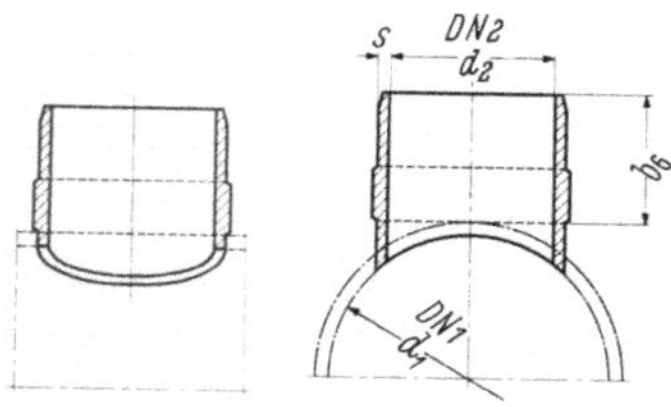

Abzweigstutzen 90° AB

Abb. 6/22. (Fortsetzung S. 137.)

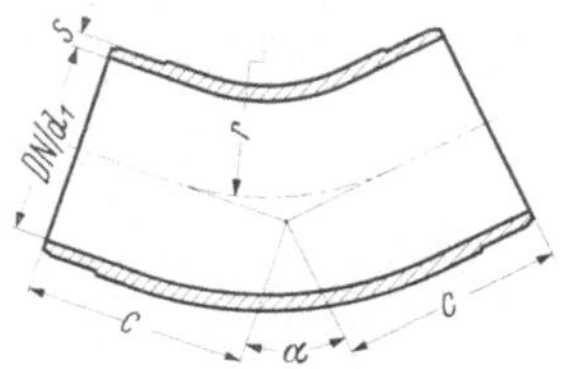

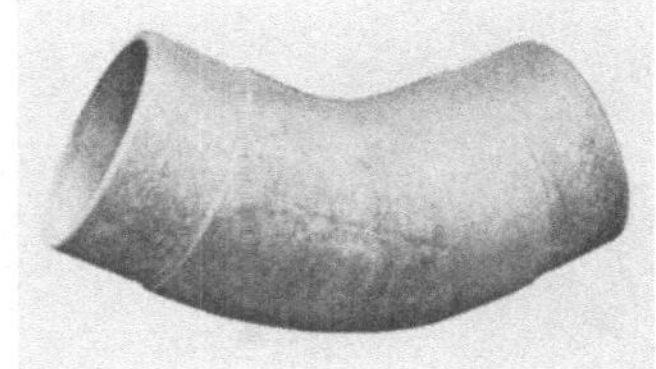

Bogen EEK

Abb. 6/22. Gespritzte und geklebte Kanalrohrformstücke aus Asbestzement.

oder als Sattelstutzen unter 45° eingesetzt werden. Diese Einbindeart kann aufgrund der maßgerechten Bearbeitbarkeit von Asbestzement als zuverlässig angesehen werden. Sie vermeidet Paßschnitte, so daß die langen Rohrschüsse von 4 bzw. 5 m in ihrem Legungsvorteil zur Geltung kommen. Der früher viel diskutierte senkrechte Anschluß im Scheitelbereich wird heute bei größeren Nennweiten ab ca. DN 500 weder aus der Sicht des Kanalbetriebs, noch der Hydraulik in Frage gestellt.

6.4 Armaturen

Armaturen im Druckleitungsbau werden im allgemeinen mit Flanschen angeschlossen. Bei Einbau in Asbestzement-Rohrleitungen geschieht dies

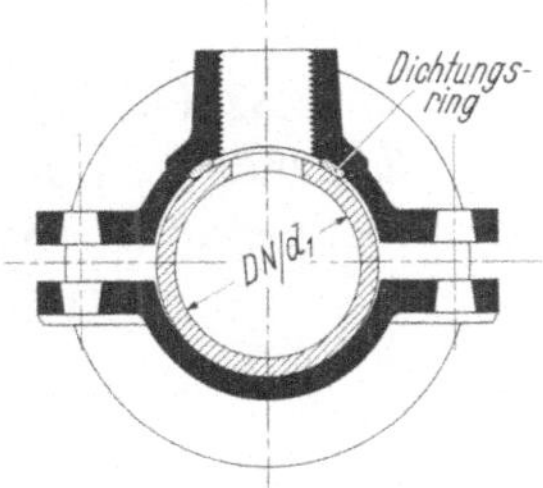

Anbohrbrücke mit Gewindeabgang ABG

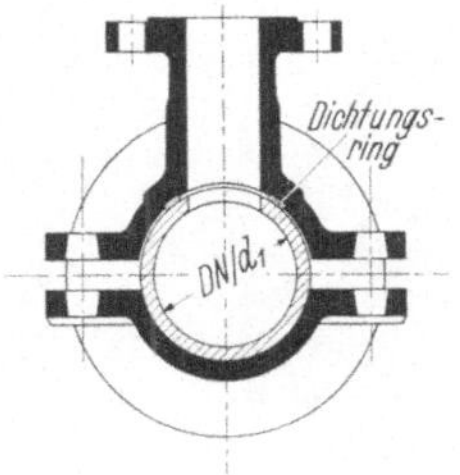

Anbohrbrücke mit Flanschabgang ABF

Abb. 6/23. (Fortsetzung S. 138.)

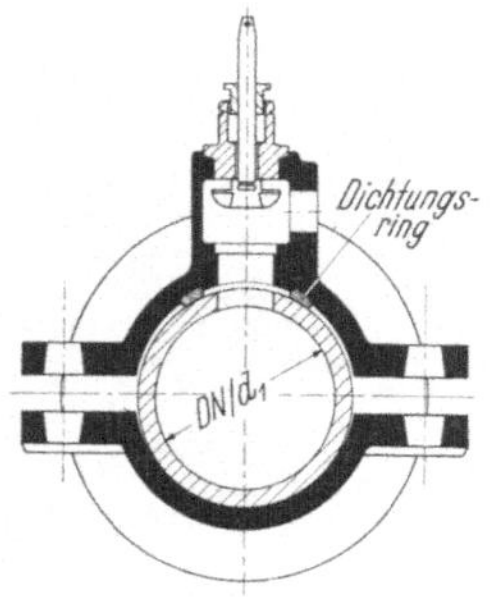

Ventil-Anbohrbrücke VAB

Abb. 6/23. Anbohrbrücken.

über Einflanschstücke (GAZ-F) oder bei kleinen Nennweiten auch über Flanschkupplungen (FK).

Da sowohl in Strecken als auch in Netzleitungen das Absperrorgan als Armatur im Vordergrund steht, wurden auch für Asbestzement-Rohrleitungen spezielle Ausführungen entwickelt.

1. Anbohrbrücken (-schellen) und Ventilanbohrbrücken dienen zum direkten Einbinden von Hausanschlüssen, Durchmesser 1″ bis 2″. Sie eignen sich besonders für den nachträglichen Einbau. Der Schellendurchmesser und die Breite sind dem Durchmesser der Asbestzementrohre angepaßt.

2. Schaftendenschieber können mit REKA-Kupplungen in AZ-Leitungen direkt eingebaut werden. Wegen der elastischen Einbindungen muß jedoch der Schaftendenschieber in einem Betonsockel verankert werden.

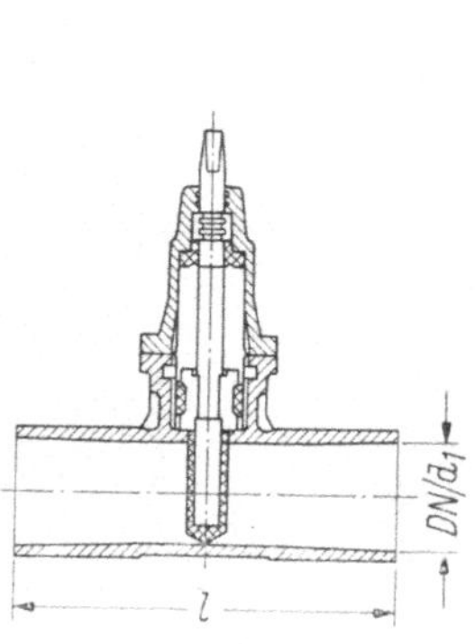
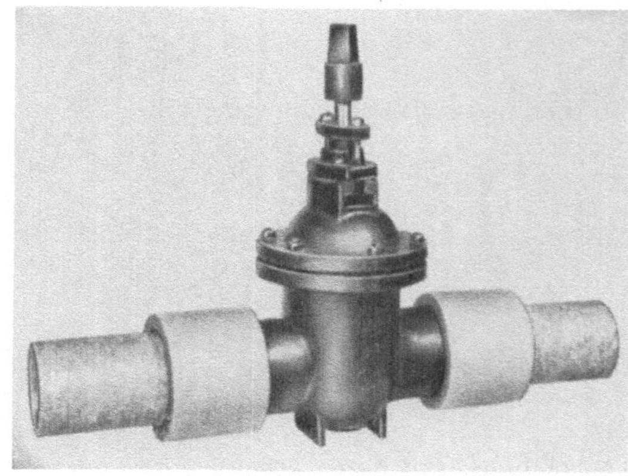

Abb. 6/24. Schaftendenschieber mit REKA-Kupplung.

7 Rohrschutz

Wenn das Wasser oder der umgebende Boden für Asbestzementrohre aggressive Bestandteile in schädlichem Umfang enthält (vgl. Abschn. 4.5), so sind besondere Schutzmaßnahmen erforderlich. Derartige Maßnahmen sind in verschiedener Weise möglich:

Die Aggressivität des angreifenden Mediums zu beseitigen oder stark zu schwächen, ist im allgemeinen nur für das zu fördernde Wasser möglich. Weiterhin kann durch das Aufbringen einer Schutzschicht auf die Rohroberfläche der direkte Kontakt zwischen angreifendem Medium und reaktionsfähiger Rohrwand verhindert werden.

Durch geeignete Maßnahmen wird das Rohrmaterial selbst widerstandsfähig gemacht.

Beseitigung der Aggressivität. Diese Maßnahmen haben den Zweck, die aggressiven Bestandteile des Wassers im Rohr oder im Boden zu neutralisieren und unschädlich zu machen. Bei Trink- und Betriebswässern wird dies im allgemeinen durch entsprechende Wasserbehandlung erreicht, und zwar kommt bei Asbestzementrohren nur die Verhinderung der Korrosion in Frage, da Inkrustationen erfahrungsgemäß in diesen Rohren nicht auftreten und Wassertrübungen infolge Reaktionen mit der Rohrwand unbekannt sind. Da Kohlensäure in allen natürlichen Wässern vorhanden ist, stellt die Entfernung (durch Belüften) oder Neutralisation (durch Zugabe neutralisierender Stoffe bzw. durch Filterung über entsprechende Materialien) der aggressiven Kohlensäure die häufigste und einfachste Art der Wasserbehandlung dar. Bei Legung von Asbestzementrohren in saure Böden kann die Einlagerung alkalischer Stoffe (z. B. Kalk) zeitweise wirksam sein. Alle derartigen Maßnahmen für den Außenschutz haben aber nur vorübergehenden Charakter und dienen dem Anfangsschutz.

Aufbringen von Schutzschichten. Die Schutzschicht hat die Aufgabe, die aggressiven Bestandteile des Wassers von der Rohrwand fernzuhalten. Die Schutzschicht kann entweder vor der Rohrlegung auf die Rohroberfläche aufgebracht werden oder sie kann sich durch Zugabe entsprechender Chemikalien (Inhibitoren) zum Wasser als unlösliche Schicht auf der Rohrwand bilden. Die Zugabe von Inhibitoren kommt nur für den Innenschutz in Betracht und erfordert eine besondere Abstimmung der Dosierung.

Für die werkseitig aufgebrachten Schutzschichten haben sich Steinkohlenteerpechlösungen und Bitumenlösungen bewährt. Außerdem stehen Epoxydharzanstriche zur Verfügung.

Das Rohrschutzmittel muß zahlreiche Forderungen erfüllen: Unlöslichkeit in Wasser, Säuren und Laugen, dichter und nicht klebender Film, gute Haftung auf der Rohroberfläche, Widerstandsfähigkeit gegen mechanische Einwirkungen. Außerdem muß bei Trinkwasserversorgungsleitungen der Innenschutz frei von löslichen, gesundheitsschädlichen Bestandteilen sein und darf keine geruchs- oder geschmacksbeeinträchtigenden Stoffe an das Wasser abgeben.

Das Aufbringen der Schutzschichten durch Tauchen ergibt nicht immer ausreichende Haftung auf der Rohroberfläche, da praktisch immer eine Staubschicht auf dem Rohr verbleibt und deshalb die zähflüssige Schutzmasse nicht genügend in die Unebenheiten und Poren der Rohroberfläche eindringt. Durch entsprechende Einstellung der Schutzmittel kann jedoch auch eine feste Verankerung mit der Rohrwand erreicht werden. Eine wesentlich größere Haftfestigkeit erhält man durch Aufstreichen des Schutzmittels, wobei ein sorgfältiges Einarbeiten in die Rohroberfläche wichtig ist. Zur Erhöhung der Streichfähigkeit wird das Schutzmittel mit einem Lösungsmittel versetzt. Qualität und Auftragstechnik sind für den Bestand und die Wirksamkeit des Anstrichs von besonderer Wichtigkeit.

Steinkohlenteerpechanstrich. Durch trockene Destillation der Steinkohle werden Steinkohlenteere gewonnen, aus denen man bei weiterer fraktionierter Destillation Pech als Rückstand erhält. Teer und Pech werden in geeigneter Mischung mit Lösungsmitteln versetzt und zu Anstrichmitteln verarbeitet. Steinkohlenteerpechanstriche haben bessere Haftfestigkeit und höhere Wasser- und Ölbeständigkeit als Bitumenlösungen. Wegen ihrer bakterizid und wachstumsverhindernd wirkenden wasserlöslichen Phenole sind sie jedoch nicht als Innenschutz für Trinkwasserleitungen verwendbar. Für diesen Verwendungszweck kommen nur Bitumenlösungen oder Kunststoffe in Betracht. Als Außenschutz dagegen sowie als Außen- und Innenschutz für Abwasserrohrleitungen haben sich phenolarme Teerpechlösungen bewährt.

Bitumenanstrich. Bitumen erhält man als Rückstand bei der Erdöldestillation, außerdem ist es im Naturasphalt enthalten. Durch Zusatz von Lösungsmitteln wird es zu streichfähigen Schutzanstrichen verarbeitet. Bitumenlösungen sind phenolfrei, zeigen aber eine gewisse Anfälligkeit gegenüber Ölen und Fetten. Die Haftung der Bitumenlösungen ist nicht ganz so gut wie die der Teerpechlösungen. Dies gilt besonders für geblasenes Bitumen, das durch die weitergehende Polymerisation der Kohlenwasserstoffe eine größermolekulare Struktur erhält. Man ist daher zunehmend dazu übergegangen, das mit einem höheren Feststoffgehalt versehene und wasserbeständigere dampfdestillierte Bitumen zu verwenden [75].

Durch Anstriche lassen sich Schutzschichten von einer Dicke zwischen 50 μm und 500 μm erreichen. Im allgemeinen werden höchstens drei Anstriche aufgebracht, die praktisch einen porenfreien Schutzfilm ergeben. Dauerversuche mit 10 bar Innendruck haben gezeigt, daß anfangs bis zum Zuquellen der Materialporen ein einlagiger Außenanstrich durchfeuchtet werden kann, bzw. daß sich unter mehrlagigen Außenanstrichen wassergefüllte Bläschen bilden können. Bei einem zusätzlichen Innenanstrich dagegen drang keinerlei Feuchtigkeit durch die Rohrwand [V47]. Es ist daher zweckmäßig, bei dünnwandigen Druckrohren mit mehrfachem Außenanstrich auch einen Innenanstrich aufzubringen.

Epoxydharzbeschichtung. Zum Schutz gegen besonders aggressive Flüssigkeiten oder bei außerordentlicher Abriebbeanspruchung steht Epoxydharz zur Verfügung. Die Aushärtung durch Vernetzung der Moleküle erfolgt bei Raumtemperatur. Die praktisch übliche Trockenschichtdicke beträgt etwa 300 bis 500 μm. Zum Erreichen dickerer Schichten können mit Quarzmehl gefüllte, mörtelähnliche Massen verwendet werden. Auch Kombinationen von Epoxydharzen mit Steinkohlenteerpech finden zur Auskleidung von Rohren vielfach Verwendung, jedoch nicht für trinkwasserberührte Flächen.

Prüfungen über ein Jahr, der Bundesanstalt für Materialprüfung [V12] von epoxydharzbeschichteten Asbestzementrohren auf Widerstandsfähigkeiten gegen Korrosion durch verschiedene aggressive Flüssigkeiten, bewiesen die weitgehende Beständigkeit derart geschützter Rohre.

Verwendung von Inhibitoren. Durch Zusatz bestimmter Chemikalien, der sogenannten Inhibitoren, zum Wasser, kann eine festhaftende Deckschicht auf der Rohroberfläche gebildet werden, die den Korrosionsangriff mindert.

Ursprünglich wurden Inhibitoren zum Schutz metallischer Werkstoffe eingesetzt [56]. Aber es lassen sich auch bei Asbestzementrohren unter Mitwirkung der Rohrwand unter gewissen Voraussetzungen Schutzwirkungen erzielen. Wie Durchflußversuche von HÖFER [V22] zeigten,

kann die Zugabe von Phosphaten beim Vorhandensein von Kalkhärte-
bildnern zur Bildung von Deckschichten aus unlöslichem Kalziumphosphat führen. Die Korrosion durch Berliner Trinkwasser, das auf
1,25 mmol/l aggressiver Kohlensäure angereichert war, konnte durch Zugabe von 2,5 mg/l Dinatriumphosphat bei nur 24 Wochen Versuchsdauer
auf die Hälfte vermindert werden. Versuche mit reiner Silikatzugabe
ergaben nur eine unwesentliche Verringerung der Korrosion. Doch ist eine
mögliche Verbesserung des Korrosionsschutzes, bei optimaler Dosierung
bzw. gleichzeitiger Phosphatzugabe, denkbar.

Verwendung von sulfatbeständigem Zement. Die Bildung der Kalzium-
aluminatsulfathydrate bei einem Sulfatangriff ist auf die Anwesenheit
der Zementkomponente Trikalziumaluminat (C_3A) zurückzuführen (vgl.
Abschn. 4.5.2). Es hat sich jedoch gezeigt, daß die Tonerde im Portlandzement fast vollständig durch andere Oxyde wie z.B. durch Eisenoxid
oder durch Mangan bzw. Chromoxid ersetzbar ist, und daß der so entstehende Zement einer Sulfatlösung unbegrenzt widersteht. Diese Er-
kenntnis führte zur Herstellung einer Reihe von Erzzementen und von
hochsulfatbeständigen Portland- und Hochofenzementen. Erreicht die
Sulfatkonzentration des Bodens den Grenzwert von 10,4 mmol SO_4^{--}/kg,
so können anstelle üblicher Asbestzementrohre mit einem Schutzanstrich, solche verwendet werden, bei deren Herstellung Erzzemente
oder Brownmillerit-Zement benutzt wurden. Dies sind die üblichsten
sulfatwasserbeständigen Zemente. Bei ihnen ist der C_3A-Gehalt durch
äquivalente Addition von Eisenoxid zum Zementrohmehl in C_4AF
(Brownmillerit) verwandelt. Die bekanntesten Handelsnamen für solche
Zemente sind z.B. Sulfadur, Sulfirm, Dur-Atherm usw.

8 Legung und Anwendung der Asbestzementrohre

8.1 Legung von Asbestzementrohren

Die Legung von Asbestzementrohren ist sehr einfach und geht verhältnismäßig schnell, so daß sich große Legungsleistungen erzielen lassen. Wenn es auch zweckmäßig ist, nur Fachfirmen mit der Rohrlegung zu beauftragen, so können notfalls selbst ungelernte Kräfte nach kurzer Anleitung die Rohrmontage vornehmen. Maßgebend für die Legung von Gas- und Wasserleitungen sind allgemein die DIN 19 630, gegebenenfalls die DIN 1988, für Abwasserleitungen DIN 4033 und DIN 1986. Für Druckprüfungen gilt DIN 4279, Teil 1 und 6.

Im folgenden soll keine allgemeine Beschreibung von Rohrlegungsarbeiten gegeben, sondern im wesentlichen nur auf die Besonderheiten bei der Legung von Asbestzementrohren hingewiesen werden.

8.1.1 Laden und Transport

Rohre sollten nach Möglichkeit mit Hilfe von Hebeeinrichtungen auf- bzw. abgeladen werden. Das relativ geringe Gewicht der Asbestzementrohre erlaubt es, hierfür auch kleinere Bagger einzusetzen, die meistens auf den Leitungsbaustellen anzutreffen sind. Das zu hebende Rohr kann hierbei mit zwei Seilschlingen (Hanfseil), mit gummierten Gurten oder mit einer Hakentraverse gefaßt werden. Die Haken sind besonders für das Auf-, Ab- und Umladen zu empfehlen, da sie ein schnelles und äußerst bequemes Greifen ermöglichen. Sie sollen möglichst kantig und rechtwinklig abgebogen sowie mit einer Gummipolsterung versehen sein, die eine Beschädigung der Rohrkanten und des Innenschutzes verhindert. Haben die Rohre einen Außenanstrich, so muß besonders bei der Verwendung von Tragseilen dafür gesorgt werden, daß der Anstrich nicht beschädigt wird oder er muß ausgebessert werden. Die Verwendung von Ketten empfiehlt sich nicht. Bis DN 150 können die Rohre auch von Hand abgeladen werden. Stehen für größere Nennweiten keine Hebegeräte auf der Baustelle zur Verfügung, so müssen die Rohre durch Abrollen über Rampenhölzer abgeladen werden, wobei besondere Sorgfalt erforderlich ist und die Rohre durch Seile gehalten werden müssen.

Die Kupplungshülsen und die Formstücke sind ebenfalls sorgfältig abzuladen und dürfen keinesfalls von der Ladefläche heruntergeworfen werden, da hierbei die Gefahr von Beschädigungen besteht, die sich oft erst bei der Druckprüfung zeigen. Es ist daher besser, vor allem Kupplungshülsen großer Nennweite über eine Balkenschräge abrutschen zu lassen.

Sollten einzelne Rohre Transportschäden aufweisen, so kann das beschädigte Teil abgeschnitten und der Rest verwendet werden, wenn sich die Ausdehnung des Schadens einwandfrei abgrenzen läßt.

Neben dem geringen Eigengewicht vereinfacht auch die handliche Rohrlänge von 4,0 m bis 5,0 m das Auf- und Abladen der Rohre. Der Außenanstrich ist robust und kann erforderlichenfalls schnell und einfach ausgebessert werden. Für das Stapeln der Rohre sind die auch sonst üblichen und bekannten Sicherheitsvorkehrungen zu treffen.

8.1.2 Herstellung des Rohrgrabens

Für die Herstellung des Rohrgrabens gelten DIN 19 630, DIN 4033, DIN 4124, DIN 18 300 sowie die Unfallverhütungsvorschriften.

Die Grabensohle muß so ausgebildet sein, daß die Rohre in ihrer ganzen Länge aufliegen. Befindet sich an der Grabensohle an einzelnen Stellen aufgefüllter Boden, so ist dieser vor dem Legen der Rohre zu verdichten, um eine gleichmäßige Lagerungsdichte der Grabensohle zu erreichen. In felsigem und steinigem Untergrund ist ein Auflagerbett aus Sand, Feinkies oder entsprechendem Boden einzubringen. Die Dicke des Auflagerbettes ist in DIN 4033 festgelegt. Für die Kupplungen sind Kopflöcher vorzusehen, die nur so weit auszuheben sind, daß die Rohre nicht auf den Kupplungen aufsitzen.

8.1.3 Leitungslegung

Die Legung von Asbestzementrohren ist sehr einfach, und die gummigedichtete Steckmuffenverbindung erlaubt eine sehr schnelle Rohrmontage. Zum Einbringen der Rohre in den Graben ist für große Nennweiten ein Bagger oder Autokran zweckmäßig, an dem das Rohr während des Einschiebens in die Kupplungshülse des vorher gelegten Rohres frei hängt. Das Einschieben des Rohres muß genau axial erfolgen, ein eventuelles Abwinkeln in der Kupplung darf erst nach Montage der

Rohrverbindung erfolgen. Die günstige Rohrlänge erleichtert das bei
verbauten Rohrgräben zum Einbringen der Rohre erforderliche Um-
steifen. In schwierigen Fällen kann die Verwendung von Kurzlängen

Abb. 8/1. Im Bogen gelegte
Asbestzement-Druckrohr-
leitung mit REKA-Kupp-
lungen.

trotz der höheren Zahl der Rohrverbindungen zweckmäßig sein. Bei Verwendung von Distanzringen aus Gummi, wie z.B. bei der REKA-Kupplung, wird das Rohr bis zum Anschlag eingeschoben. Anderenfalls muß
ein Luftspalt von mindestens 5 mm bestehen bleiben, der durch nach-
trägliches Ziehen des Rohres, durch Verwendung von Anschlag-
schellen, Einlegen eines anschließend zu entfernenden Holzkeils oder
ähnlichem gewährleistet wird (vgl. auch Abschn. 6.2).

Das montierte Rohr wird in seiner Richtung und Höhenlage überprüft,
wobei für die zuverlässige Einhaltung des Gefälles, wie es z.B. bei Kanalleitungen notwendig ist, zweckmäßige Hilfsmittel einzusetzen sind. Hierbei haben sich in neuerer Zeit Geräte bewährt, die mit dem Laserstrahl
arbeiten. Nach dem Ausrichten wird durch Bodenanfüllung und Verdichtung das Rohr seitlich festgelegt und erforderlichenfalls gegen Auftrieb gesichert, z.B. durch Überschütten mit Boden, wobei zumindest
die Rohrverbindungen bis nach der ausgeführten Innendruckprüfung

frei bleiben sollen. Auch die Verfüllung des Rohrgrabens soll erst nach der Druckprüfung erfolgen, um evtl. undichte Stellen an der Leitung erkennen zu können. Der zulässige Auslenkwinkel der Rohre in der Muffe zur Legung von Bögen wird mit wachsender Nennweite kleiner. Für die REKA-Kupplung wird bei kleinen Nennweiten ein maximaler Winkel bis zu 6°, bei großen Nennweiten (ab DN 450) ein Winkel von maximal 3° bis 1° empfohlen. Bei Einhaltung dieser Maße besteht nicht die Gefahr der Überbeanspruchung der Kupplungen durch Auswinkelungskräfte infolge Innendruck (vgl. auch Abschn. 6.2.3.1). Abb. 8/1 zeigt eine im Bogen gelegte ETERNIT-Druckrohrleitung großer Nennweite.

8.1.4 Bearbeitung der Rohre auf der Baustelle

Infolge der guten Bearbeitbarkeit von Asbestzementrohren, die sich sägen und bohren lassen, ist auch die Herstellung von erforderlichen Paßlängen auf der Baustelle einfach durchzuführen. Die Rohre können mit Spezial-

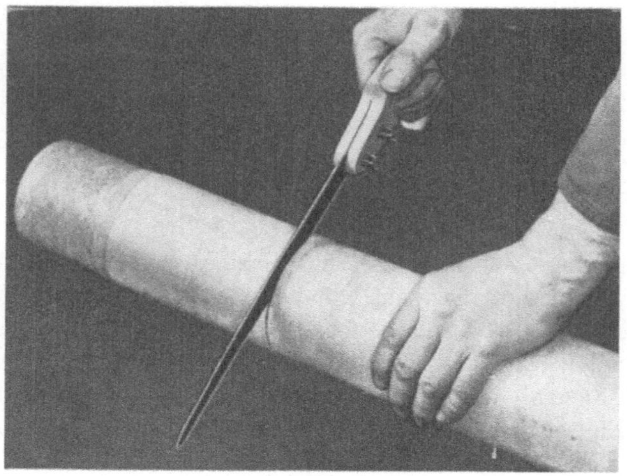

Abb. 8/2. Ablängen eines Asbestzementrohres mit einer Handsäge.

handsägen abgelängt werden, besser jedoch unter Verwendung eines Spezialsägeblattes (Abb. 8/2). Gebräuchlicher ist die Verwendung besonderer Schneidapparate. Auch das Herstellen von Anbohrungen ist möglich. Der in Abb. 8/3 gezeigte Schneidapparat besteht aus einem Zentrierkranz und einem auf diesem geführten Laufkranz mit der Messerspindel. Der

Rohrschnitt erfolgt durch Drehen des Laufkranzes, wobei der Schneidstahl selbsttätig vorgeschoben wird. Der gezeigte Schneidapparat wird in verschiedenen Größen für die Nennweiten DN 80 bis DN 1000 geliefert. Die Rohrenden müssen auf den nach DIN 19 800 bzw. DIN 19 850 festgelegten Außendurchmesser abgedreht werden (außer bei der RKG-Kupplung, s. Abschn. 6.2.4). Dazu dient ein Abdrehgerät (Abb. 8/4), das durch eine mehrteilige, stählerne Abstützvorrichtung gegen die Rohrinnenwand verspannt wird (Abb. 8/5).

Nach genauer Einstellung des Drehstahls wird das Rohr vom Ende her durch Drehen der Handkurbel abgedreht, wobei der Vorschub selbsttätig erfolgt. Die Spanstärke soll hierbei nicht größer als 2 mm gewählt werden. Die Abdrehgeräte werden für Rohre bis DN 1600 von den Rohrherstellern geliefert.

Für größere Nennweiten werden die Abdrehgeräte zu unhandlich, es werden deshalb dafür zur Anfertigung von Paßlängen ganz überdrehte Rohre geliefert. Diese haben auf der ganzen Länge den genauen Außendurchmesser und brauchen auf der Baustelle mit einem Trennschleifer[1] nur noch auf die benötigte Länge zugeschnitten zu werden.

Abb. 8/3. Ablängen eines Asbestzementrohres mit Hilfe des Schneidapparates der ETERNIT AG.

Abb. 8/4. Abdrehen eines Rohrendes mit dem Abdrehgerät der ETERNIT AG.

[1] Siehe Fußnote 1 auf S. 155.

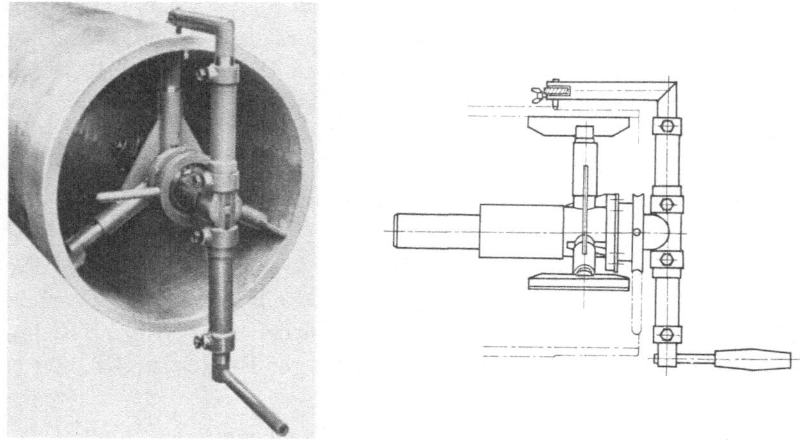

Abb. 8/5. Abdrehgerät mit Spannholmen.

Abb. 8/6. Herstellen der Fase mit einer Raspel.

Um die Kupplung aufschieben zu können und die Dichtungslippen der Gummiringe nicht zu beschädigen, ist es erforderlich, die Außenkanten der Rohrenden mit einer Raspel zu brechen (Abb. 8/6).

8.1.5 Widerlager

Die Längsbeweglichkeit der Rohrverbindung bei Asbestzement-Druck-rohrleitungen zwingt, wie bei allen Druckrohrleitungen mit längsbeweglichen Verbindungen, zu einem besonders sorgfältigen Verbau der Bogen und Endverschlüsse bzw. Absperrorgane. Nur die Unverschieblichkeit dieser Leitungsteile garantiert die Dichtheit der unter Innendruck stehenden Leitung. Die einfachste und zweckmäßigste Festlegung von Bogen stellt das Betonwiderlager dar. Hierbei ist darauf zu achten, daß die Druckfläche des Widerlagers gegen den gewachsenen Boden betoniert wird. Nur in diesem Falle darf der Erdwiderstand in Rechnung gestellt werden, was zu einer wesentlichen Verringerung des erforderlichen Betonvolumens führt. Ist in Sonderfällen eine Hinterfüllung des Widerlagers unvermeidlich, so muß sie besonders sorgfältig verdichtet werden. In nicht oder nur teilweise standfestem Boden ist das Bogenwiderlager als Schwergewichtsfundament auszuführen, wobei der Boden in der Lage sein muß, das Gewicht des Fundamentes aufzunehmen. Derartige Fundamente kommen auch für Leitungen in Dämmen in Frage. Bei sehr schwierigen Bodenverhältnissen oder beengten Platzverhältnissen kann das Rammen von Pfählen oder Spundwandbohlen erforderlich werden. Durch ein eingerütteltes Steinskelett läßt sich die Standfestigkeit des Widerlagers erhöhen.

Die Endverschluß- bzw. Schieberkraft F beträgt

$$F = \frac{\pi \cdot D^2}{4} \cdot p_i \qquad (8.1/1)$$

mit

F = Schieberkraft in N,
D = Rohraußendurchmesser in mm,
p_i = Innendruck in N/mm².

Hier muß für D der Außendurchmesser des Rohrendes eingesetzt werden, da die Überschiebverbindung den Innendruck auch auf die Rohrstirnwand wirken läßt. Ferner ist für den Innendruck der maximal mögliche Druck einzusetzen, der z. B. auch Druckstöße bzw. den Prüfdruck berücksichtigen muß. Abb. 8/7 zeigt die Endverschlußkräfte in Abhängigkeit vom Außendurchmesser für verschiedene Innendrücke.

Die Bogenkraft N beträgt

$$N = 2 \cdot F \cdot \sin \frac{\alpha}{2} = \frac{\pi \cdot D^2}{4} \cdot p_i \cdot 2 \cdot \sin \frac{\alpha}{2} \text{ in N} \qquad (8.1/2)$$

mit α = Zentriwinkel des Bogens.

Die Bogenkraft N läßt sich ebenfalls mit Hilfe von Abb. 8/7 ermitteln, wenn die Endverschlußkraft F mit dem Beiwert $2 \cdot \sin \alpha/2$ multipliziert wird (Tab. 8/1).

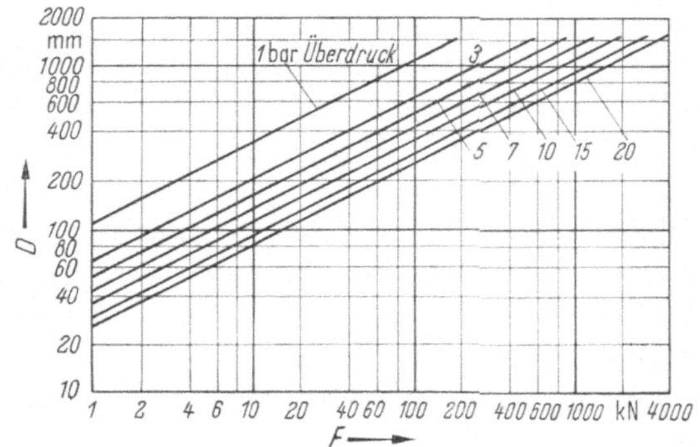

Abb. 8/7. Endverschlußkräfte F in Abhängigkeit vom Außendurchmesser D.

Die Aufnahme der Kräfte gemäß Gl. (8.1/1) und (8.1/2) kann meist durch den gewachsenen Boden erfolgen, wobei die Kräfte durch das Betonwiderlager verteilt werden. Im ungünstigsten Fall muß die Kraft allein durch die Sohlreibung des Widerlagers aufgenommen werden. Für diesen Fall errechnet sich das erforderliche Betongewicht G zu

$$G \geq \frac{1}{\mu} \cdot N \qquad (8.1/3)$$

mit

$G =$ Gewicht des Betonwiderlagers in kN,
$N =$ Bogenkraft in kN,
$\mu =$ Reibungsbeiwert Beton — Erdboden,
$\mu = 0{,}65$ bei festem Boden,
$\mu = 0{,}45$ bei mittlerem Boden (Sand),
$\mu = 0{,}30$ bis $0{,}35$ bei fetten und feuchten Böden (Ton, Klei usw.)
$(\gamma_B =$ spez. Gewicht des Betons $= 220$ kN/m³).

Im Grundwasser ist die Verminderung des Raumgewichtes durch den Auftrieb zu beachten. Bei der Bemessung des Fundaments darf die zulässige Bodenpressung $\bar{\sigma}_{zul}$ nicht überschritten werden, wofür Anhaltswerte gemäß DVGW Arbeitsblatt GW 310/2, Bild 5, angenommen werden können. In setzungsgefährdeten Böden empfiehlt es sich, den Rohrbogen nicht fest mit dem Fundament zu verbinden, damit keine zusätzliche Belastung der Rohrleitung erfolgt. Es ergibt sich z. B. für einen 30°-Bogen DN 400 mit $D = 480$ mm Außendurchmesser bei $p_i = 1{,}25$ N/mm² und $\mu = 0{,}45$ aus Gl. (8.1/2) eine Bogenkraft $N = 117$ kN

Tabelle 8/1. Beiwerte zur Bestimmung der Bogenkraft N aus der Endverschlußkraft F

Zentriwinkel	Beiwert $= 2 \cdot \sin \dfrac{\alpha}{2}$
$11^{1}/_{4}{}^{\circ}$	0,20
$22^{1}/_{2}{}^{\circ}$	0,39
30°	0,52
45°	0,77
60°	1,00
90°	1,41

und aus Gl. (8.1/3) ein erforderliches Betongewicht von $G = 260$ kN. Das Widerlager mit diesem Gewicht ist so auszubilden, daß die Randspannungen der Bodenpressung die zulässigen Werte nicht überschreiten.

Die Ableitung der Bogenkraft über die Sohlreibung ist meist sehr unwirtschaftlich und nur im Sonderfall anzuwenden.

In der Regel wird die Bogenkraft horizontal auf den gewachsenen Boden übertragen werden können, wodurch sich kleinere Widerlager ergeben. Für die Berechnung genügt in der Praxis die klassische Erddrucktheorie nach COULOMB, bei der der Bruchzustand in der Gleitfuge eines Erdkeils als ebenes Problem betrachtet wird. Aus dem Ansatz des Gleichgewichts aller Kräfte in der Gleitfuge folgt für den Erddruck

$$E_a = \frac{\gamma \cdot h^2}{2} \cdot \lambda_a = \frac{\gamma \cdot h^2}{2} \cdot \tan^2 \left(45^{\circ} - \frac{\varrho}{2}\right) \text{ in kN/m} \qquad (8.1/4)$$

und für den Erdwiderstand

$$E_p = \frac{\gamma \cdot h^2}{2} \cdot \lambda_p = \frac{\gamma \cdot h^2}{2} \cdot \tan^2 \left(45^{\circ} + \frac{\varrho}{2}\right) \text{ in kN/m} \qquad (8.1/5)$$

mit

$\gamma =$ Raumgewicht des Bodens in kN/m³,
$h =$ Höhe des Erdkeils in m,
$\varrho =$ Reibungswinkel des Bodens.

Der nach Gl. (8.1/4) zu errechnende aktive Erddruck ist nicht sehr groß und erfordert immer verhältnismäßig langgezogene Widerlager. Dagegen ergibt die Ausnutzung des Erdwiderstandes E_p nach Gl. (8.1/5) wesentlich günstigere Werte.

So erhält man z. B. für Sandboden mit $\gamma = 20\ \mathrm{kN/m^3}$ und $\varrho = 30°$ bei einer Grabentiefe $h = 1,50\ \mathrm{m}$

$$E_a = 7,5\ \mathrm{kN/m}, \quad E_p = 67,5\ \mathrm{kN/m}.$$

Zur Aufnahme der soeben im Beispiel errechneten Bogenkraft $N = 117\ \mathrm{kN}$ wäre somit bei Ansatz des Erdwiderstandes eine Breite des Widerlagers an der Grabenwand von 1,75 m ausreichend. Dagegen sollte die Höhe des Widerlagers die Ausbreitung der Bogenkraft im Winkel von 45° nach oben und nach unten berücksichtigen (Abb. 8/8). Die Pressung zwischen Grabenwand und Beton sollte jedoch etwa 0,1 N/mm² nicht überschreiten und das Fundament sollte nicht zu nahe an die obere Grabenkante hochgezogen werden.

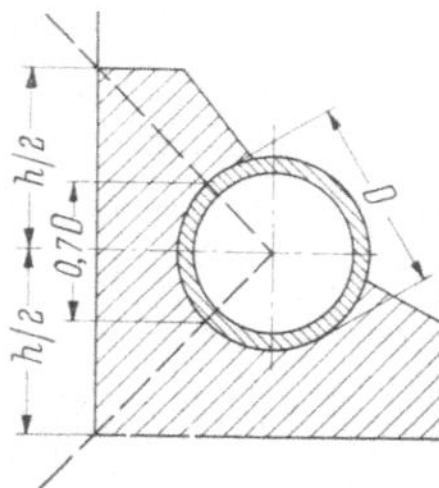

Abb. 8/8. Ermittlung der Widerlagerhöhe.

Zur vollen Aktivierung des Erdwiderstandes ist eine geringe Verschiebung des Fundaments erforderlich mit einem Verschiebungsweg nach FRANZIUS von angenähert

$$s = 3 \cdot h^{1,5}\ \mathrm{cm}, \quad h \text{ in m eingesetzt}.$$

Um den erforderlichen Verschiebungsweg kleiner zu halten, empfiehlt es sich daher, das Fundament etwas über die theoretische Breite hinaus zu verlängern. Grundbedingung ist in jedem Fall, daß das Widerlager satt gegen den gewachsenen Boden betoniert wird.

Die Bemessung von Betonwiderlagern an Bogen und Abzweigen mit nicht längskraftschlüssigen Verbindungen wird ausführlich im DVGW-Merkblatt GW 310 dargestellt [22]. Widerlagerabmessungen und Kräfte an Bogen und Abzweigen DN 80 bis 1000 sind dort tabellarisch aufgeführt.

Das DVGW-Merkblatt GW 368 ,,Hinweise für Herstellung und Einbau von zugfesten Verbindungsteilen zur Sicherung nicht längskraftschlüssiger Rohrverbindungen" beschreibt die Aufnahme der Bogenkräfte durch das Herstellen der Längskraftschlüssigkeit mehrerer Muffen (Muffensicherung) mit gleichzeitiger Übertragung dieser Kräfte auf den umgebenden Boden [23].

Es wird davon ausgegangen, daß eine entsprechend lange, zugfest verbundene Rohrstrecke die Bogenkraft aufnehmen kann, wobei der Verschiebung die Reibungskräfte und der Erdwiderstand entgegenwirken. Bei Asbestzementrohrleitungen ist diese Ausführung anwendbar wenn auf einer Teilstrecke z.B. die zugfeste Z-O-K-Kupplung der ETERNIT AG (s. Abschn. 6.2.3.3) eingesetzt wird. Bei dieser Methode sind sowohl besondere Gesichtspunkte hinsichtlich der zu wählenden Rohrwanddicke als auch besondere Legehinweise zu beachten; hierzu müssen die Angaben der jeweiligen Legeanleitung des Rohrherstellers beachtet werden.

8.1.6 Herstellung von Rohrabzweigen und Hausanschlüssen

Die Herstellung von Leitungsabzweigen in einer Asbestzement-Druckrohrleitung geschieht in ähnlicher Weise wie auch bei anderen Rohrmaterialien durch Verwendung entsprechender Formstücke nach DIN 19 802 bis 19 808 aus Gußeisen. Alle diese Formstücke und Armaturen für Rohrleitungen werden in der Regel bis DN 600 mit verstärkten Schaftenden (PN 10 und PN 16) geliefert und mit Kupplungen angeschlossen. Wegen des längsbeweglichen Anschlusses muß gegebenenfalls eine Verankerung durch ein Widerlager vorgenommen werden.

Bei Abzweigungen kleinen Durchmessers, wie z.B. bei Hausanschlüssen, können REKA-Anbohrkupplungen verwendet werden. Die etwas längere Muffe ist werkseitig mit einem Anschlußstutzen aus Messing in den Abmessungen $^3/_4''$ bis $2''$ versehen (Abb. 6/16).

Im Bedarfsfall können für größere Nennweiten auch Anbohrkupplungen mit größeren Abgängen hergestellt werden.

Zur nachträglichen Herstellung von Hausanschlüssen wird die Rohrleitung angebohrt. Neben den Anbohrbrücken mit Gewindeabgang (Abb. 6/23) oder mit Flanschenabgang für drucklose Anbohrungen gibt es Ventilanbohrbrücken (Abb. 6/23) für Anbohrungen unter Betriebsdruck. Anbohrbrücken werden im allgemeinen bis DN 400 mit Abgängen von $^3/_4''$ bis $2''$ geliefert.

In den USA wird vielfach zur Herstellung eines Hausanschlusses ein Loch mit Innengewinde in das Asbestzementrohr geschnitten und ein Gewindestutzen bis 1″ Durchmesser eingeschraubt, an den eine flexible Leitung angeschlossen wird. Für größere Hausanschlüsse werden mehrere Anbohrstutzen angebracht und die abgehenden flexiblen Leitungen zu einer Leitung vereinigt. Das Schneiden der Gewinde muß mit scharfen Gewindebohrern erfolgen, die die Asbestfasern glatt durchschneiden. Ein derartiges sauber geschnittenes Gewinde im Asbestzement kann erstaunlich große Zugkräfte aufnehmen [44].

Hauptsächlich für den nachträglichen Anschluß von Kanalleitungen ist es notwendig, in die Hauptleitung Öffnungen einzuschneiden, um Stutzen einzusetzen. Dies ist speziell für das Einbinden von Grundstücks- und Straßenentwässerungskanälen im Nennweitenbereich 150 und 200 mm erforderlich. Für diese Abmessung gibt es Bohrkronen, die einen Antrieb mit handelsüblichen Benzin-, Druckluft- oder Elektro-Motoren haben. Die Bohrkrone hat eine Hartmetallbestückung und wird durch einen Zentrumsbohrer geführt. Die Geräte sind kompakt, wartungsarm und im Betrieb elastisch und stufenlos steuerbar.

Für den Anschluß größerer Durchmesser — wie sie bei Asbestzement- schächten im Kanalbau oft vorkommen — sind von den Rohrherstellern speziell entwickelte Anbohrgeräte einzusetzen. Schneidbohrgeräte werden manuell oder maschinell betrieben und dienen zur Herstellung von Öff- nungen zwischen 170 und 600 mm Durchmesser (Abb. 8/10).

Abb. 8/9. Herstellung einer Rohranbohrung mit Hilfe einer Bohrkrone und Staub- bindung durch Wasserspülung.

Für die Bearbeitung von Asbestzement sind die UVV Staub und die TA Luft zu beachten[1].

Abb. 8/10. Schneidbohrgerät.

8.1.7 Eisenbahn- und Straßenkreuzungen

Bei der Kreuzung von Rohrleitungen mit Eisenbahngleisen oder stark belasteten Verkehrsstraßen werden vielfach Schutzrohre vorgeschrieben. Asbestzementrohre können sowohl für die Schutzrohre als auch für die Transportrohre innerhalb des Schutzrohres verwendet werden. Für den Einbau der Schutzrohre findet meist das hydraulische Preßverfahren Anwendung, wofür besondere Rohrverbindungen entwickelt wurden (s. Abschn. 8.3.1). Die Transportrohre müssen im Schutzrohr einwandfrei aufgelagert sein, wobei die Auflagerabstände so zu wählen sind, daß die zulässigen Biegespannungen nicht überschritten werden. Zum Einziehen des Transportrohres in das Schutzrohr ist die Verwendung zugfester Rohrverbindungen erforderlich, wofür sich die Z-O-K-Kupplung (Abb. 6/16) besonders eignet.

Ein anschauliches Beispiel für die Eignung von Asbestzementrohren unter extremer Verkehrsbelastung wird im Abschn. 5.1 beschrieben.

---

[1] Weitere Hinweise vermitteln die Broschüren „Asbestzement — ein Baustoff" und „Hinweise für die Bearbeitung von Asbestzement-Produkten", herausgegeben vom Wirtschaftsverband Asbestzement.

8.1.8 Erdung bei Asbestzementrohren

Solange für Wasserrohrleitungen fast ausschließlich metallische Werkstoffe Verwendung fanden, wurden von den Elektrizitätsversorgungsunternehmen für die erforderliche Erdung der elektrischen Anlagen meistens die vorhandenen Wasserversorgungsnetze benutzt. Wegen der damit verbundenen Nachteile und Erschwernisse für die Wasserversorgungsunternehmen waren jedoch seit langem Bestrebungen im Gange, die Verwendung des Wasserrohrnetzes für Erdungszwecke einzuschränken oder zu unterbinden.

Während bereits durch die Einführung gummigedichteter Rohrverbindungen die Eignung des Wasserrohrnetzes für Erdungszwecke herabgesetzt wurde, gilt dies in verstärktem Maße seit der Verwendung von Rohrmaterialien, die keine oder nur geringe elektrische Leitfähigkeit besitzen. Dazu gehören auch Asbestzementrohre (vgl. Abschn. 4.3.7), die in steigendem Maße Anwendung finden. Da den Wasserversorgungsunternehmen nicht zugemutet werden kann, zugunsten der elektrischen Leitfähigkeit des Rohrnetzes auf die technischen und wirtschaftlichen Vorteile der Verwendung nichtleitender Rohrmaterialien zu verzichten, aber andererseits die Sicherheit der Stromverbraucher gewährleistet sein muß, darf die Mitbenutzung der Wasserrohrnetze als Erder oder Schutzleiter generell nicht mehr zugelassen werden.

Gemäß VDE 0190/10.70 (DVGW-Arbeitsblatt GW 0190) gilt dies für neu zu errichtende elektrische Verteilungsnetze und Verbraucheranlagen oder Erweiterungen von elektrischen Verteilungsnetzen und Verbraucheranlagen. Bestehende elektrische Netze sind innerhalb einer Frist, die zwischen dem EVU und dem WVU zu vereinbaren ist, entsprechend umzustellen. Ausnahmen sind nur in Sonderfällen zulässig.

8.1.9 Druckprüfung im Anschluß an die Leitungslegung

Nach Beendigung der Rohrlegung muß die Leitung auf ihre Dichtheit überprüft werden. Dazu wird die Leitung unter Innendruck gesetzt. Beim Vorhandensein von Undichtigkeiten tritt ein Druckabfall auf, wobei der Einfluß von Temperaturunterschieden entsprechend zu berücksichtigen ist. Zur Prüfung von Wasserleitungen wird ausschließlich Wasser verwendet. Nur unter besonderen Umständen erfolgt eine Vorprüfung mit Luft. Hierbei werden die Verbindungsstellen mit Seifenwasser abgepinselt und aus der Bildung von Blasen auf undichte Stellen geschlossen. Für die Druckprüfung von Asbestzement-Druckrohrleitungen gilt DIN 4279,

Teil 1 und 6 (s. Anhang). Die Unterteilung der Prüfung in Vor- und Hauptprüfung ist notwendig, um der anfänglichen Wasseraufnahme des Rohrmaterials Rechnung tragen zu können.

Bevor eine Druckprüfung angesetzt werden kann, müssen alle Richtungsänderungen der Rohrtrasse entsprechend festgelegt und verbaut sein, d. h. die Bogenwiderlager müssen stehen. Mit besonderer Sorgfalt sind sodann die Endverschlüsse der zu prüfenden Leitung herzustellen und einzubauen. Am einfachsten läßt sich der Endverbau gegen den gewachsenen Boden herstellen, wobei für ausreichende Verteilung der Druckkraft zu sorgen ist. Alle Rohre müssen so weit mit Boden abgedeckt sein, daß ein Anheben der Leitung verhindert wird. Die Rohrkupplungen sind jedoch nach Möglichkeit freizulassen. Wird die Rohrleitung in einzelnen Teilstrecken geprüft, so ist am Schluß eine Gesamtprüfung zur Überprüfung der Teilstreckenverbindungen erforderlich.

Das Füllen der zu prüfenden Leitung sollte vom tiefsten Punkt der Leitung ausgehen. Damit wird sichergestellt, daß die Luft zum höchsten Punkt hin entweichen kann. Sofern innerhalb der Prüfstrecke mehrere Hochpunkte liegen, müssen diese natürlich laufend entlüftet werden. Zurückbleibende Luftpolster können eine Leitung zerstören und verfälschen überdies die Prüfergebnisse.

Für das Füllen der Rohrleitungen werden die Erfahrungswerte der Tab. 8/2 empfohlen.

Tabelle 8/2. Füllzufluß für Asbestzement-Druckrohrleitungen (Erfahrungswerte)

DN	Zufluß l/s	DN	Zufluß l/s
65	0,1	300	3
80	0,2	400	6
100	0,3	500	9
125	0,5	600	14
150	0,7	700	19
200	1,5	800	25
250	2,0	900	32

Zur Prüfung von Trinkwasserleitungen ist die Verwendung hygienisch einwandfreien Wassers erforderlich, das notfalls an Ort und Stelle als Grundwasser erbohrt werden muß.

Ist die Leitung gefüllt und nochmals entlüftet, wird gemäß DIN 4279, Teil 1 und 6, zunächst die Vorprüfung angesetzt. Sie beginnt mit Erreichen des Nenndruckes und dauert mindestens 24 Stunden. Innerhalb der Dauer der Vorprüfung soll der Druck bis zum Prüfdruck gesteigert werden. In dieser Zeit soll sich die Leitung weitgehend mit Wasser sättigen und etwaige Luftreste in der Leitung absorbiert werden. Außerdem können unter Umständen bereits bei dieser Vorprüfung eventuelle Schäden aufgezeigt werden; ist sie ordnungsgemäß beendet, erfolgt im unmittelbaren Anschluß daran die Hauptprüfung. Nach DIN 4279, Teil 6, muß der Prüfdruck dabei folgende Werte annehmen, in Abhängigkeit von der Nenndruckstufe:

$$PN\ 2{,}5: 4\ bar \quad PN\ 10: \quad 15\ bar$$
$$PN\ 6: \quad 9\ bar \quad PN\ 12{,}5: 17{,}5\ bar$$
$$PN\ 16: \quad 21\ bar.$$

Für Druckstufen ab PN 10 ist der Prüfdruck gleich dem Nenndruck $+ 5$ bar. Die zur Druckerzeugung nötigen Wassermengen sind am Behälter der Preßpumpe zu ermitteln.

Als Druckmeßgerät dient ein Manometer mit 0,1 bar Einteilung. Zweckmäßig wird außerdem ein Druckschreiber angeschlossen.

Durch die anfängliche Wasseraufnahme der Asbestzementrohre ergibt sich in der ersten Zeit der Druckprüfung ein stetiger Druckabfall, der allmählich ausklingt. Für diese Wasseraufnahme durch das Rohrmaterial enthält Tab. 3 bzw. Tab. 4 der DIN 4279, Teil 6 (s. Anhang) die höchstzulässigen Werte. Wird bei der Hauptprüfung zur Herstellung des ursprünglichen Prüfdrucks die zugefüllte Wassermenge größer als in DIN 4279 zugelassen ist, dann kann mit Sicherheit auf eine Undichtigkeit geschlossen werden. Für die Dichtheitsprüfung von Kanalrohren gilt DIN 4033.

8.1.10 Verfüllung des Rohrgrabens

Die Verfüllung des Rohrgrabens gestaltet sich auch bei Asbestzementrohren nicht anders als bei der Verwendung anderer Rohrmaterialien. Mit dem seitlichen Anstampfen und Festlegen des eben gelegten Rohres wird das Zufüllen des Grabens eingeleitet. Gerade diese Arbeit trägt sehr viel zu der Standsicherheit der Rohrleitung bei und muß sehr sorgfältig durchgeführt werden. Je besser das Rohr unterstampft wird, um so besser ist seine Auflagerung und damit seine Tragfähigkeit hinsichtlich einer äußeren Beanspruchung. Das „Merkblatt über das Zufüllen von Leitungsgräben", das von der *Forschungsgesellschaft für das Straßenwesen*, Köln, herausgegeben wird, empfiehlt für das Unterstampfen der Rohre die Verwendung eines hölzernen Flachstampfers, dessen gekrümmter Stiel eine bessere Verdichtung unter den Rohrkämpfern ermöglicht (Abb. 8/11), allerdings darf beim Stampfen die Isolierung der Rohre nicht beschädigt werden.

Abb. 8/11. Anstampfen der Rohrkämpfer mit gekrümmtem Handstampfer.

Der mit der Rohrleitung in Berührung kommende Boden muß steinfrei sein (Größtkorn 20 mm). Bei Verwendung eines Baggers darf das Füllgut nicht aus großer Höhe auf das Rohr fallen. Oberhalb des Kämpfers können je nach Nennweite und Wanddicke des Rohres auch maschinelle Verdichtungsgeräte verwendet werden, wenn die Grabenbreite genügend Platz bietet und dafür gesorgt wird, daß das Rohr nicht beschädigt werden kann. Der Stampfvorgang sollte immer von der Grabenwand zur Grabenmitte hin erfolgen.

Rollige Böden können auch durch Rüttelgeräte verdichtet werden. Die Schüttlagen sollten bei bindigem Boden höchstens 15 cm, bei Sanden und Kiesen nicht mehr als 20 bis 50 cm dick sein. Nicht ausreichend verdichtungsfähiger Boden ist gegen anderen Boden auszutauschen oder gegebenenfalls durch Zusatz von körnigem Material zu verbessern. Unter Verkehrswegen muß der Boden besonders sorgfältig verdichtet werden. Die erreichte Lagerungsdichte kann durch geeignete Verfahren überprüft werden. Bei landwirtschaftlich genutzten Flächen bleibt der obere Teil der Grabenverfüllung unverdichtet, insbesondere der Mutterboden. Bei ungenügender Verdichtung kann unter Umständen mit schwerem Gerät nachverdichtet werden, wenn der Rohrgraben genügend breit und die Rohrdeckung ausreichend ist. Beim Einsatz derartiger Geräte ist jedoch allgemein Vorsicht geboten, da insbesondere bei schweren Verdichtungsgeräten die Beanspruchung der Rohrleitung auch bei größeren Überdeckungshöhen noch relativ groß ist (vgl. auch Abschn. 4.4.14).

Auch beim Verfüllen und Verdichten sind die Unfallverhütungsvorschriften zu beachten. Bei verbauten Rohrgräben ist der Verbau mit fortschreitendem Verfüllen sorgfältig von unten her zu entfernen.

8.2 Die allgemeine Anwendung von Asbestzementrohren

Der Schwerpunkt des Anwendungsbereiches von Asbestzementrohren liegt beim Rohrleitungsbau sowohl für Trink- und Betriebswasser als auch für Abwasser.

8.2.1 Asbestzementrohre für die Wasserversorgung

Asbestzement-Druckrohre sind heute aus der Trinkwasserversorgung nicht mehr wegzudenken. Die Vielseitigkeit und die Beständigkeit gegen Korrosion sowie die Wirtschaftlichkeit des Materials sind Grundlage für die steigende Verwendung von Asbestzementrohren.

8.2.1.1 Versorgungs-, Haupt- und Fernleitungen

Für die Anwendung von Asbestzementrohren im kleinen Nennweitenbereich (DN 100 bis 300) für Versorgungsleitungen ist ein auf die Praxis abgestimmtes Programm von Rohren, Formstücken und Zubehör vorhanden, wobei insbesondere auch den Anschlüssen durch spezielle Verbindungen, Anbohrschellen oder auch durch die Möglichkeit des nachträglichen Einbaues eines Abzweigformstückes Rechnung getragen wird. In vielen Jahrzehnten der Anwendung hat sich gezeigt, daß z.B. die geringe Strömungsgeschwindigkeit des Wassers während der Nachtstunden oder ein Stagnieren in den Endsträngen nicht zur Beeinträchtigung der Wasserqualität in Asbestzementrohren führt.

Bei Hauptleitungen und Fernleitungen, d.h. für die Nennweiten $> 300\,\mathrm{mm}$ steht die Wirtschaftlichkeit, im Betrieb ausgedrückt durch die flache Rohrleitungskennlinie [62] infolge geringer Wandrauhigkeit (s. Abschn. 4.2.1) und die Sicherheit gegenüber Druckstößen im Vordergrund.

Beanspruchungen aus Druckstößen und Bodenbewegungen werden in den meisten Fällen durch die Gelenkigkeit und Elastizität der REKA-Kupplung aufgefangen bzw. ausgeglichen.

Abb. 8/12. Bau einer Fernleitung DN 1000, PN 6.

8.2.1.2 Unterwasserleitungen

Im Verlauf einer Leitungstrasse, so auch bei Trinkwasserrohrleitungen, sind immer wieder Gewässer zu kreuzen, was je nach Konstruktion, Durchmesser und Länge der Leitung zusätzliche Kosten und konstruktive Probleme mit sich bringt.

Eine kleine Abänderung der für den Brunnenbau entwickelten zugfesten Kupplung Z-O-K (s. Abschn. 6.2.3.3) hat Legungssysteme von Asbestzement-Unterwasserleitungen ermöglicht, die sich durch Einfachheit und Zuverlässigkeit auszeichnen. In Form einer Gliederkette, gelenkig und zugfest, können Asbestzementrohrleitungen in das Gewässer eingeschwommen und abgesenkt oder aber von vornherein über Grund eingezogen werden. Als Sonderverfahren wurde im Oslo-Fjord eine Druckrohrleitung zwischen zwei Arbeitsschiffen Rohr für Rohr montiert und über eine Pendelrutsche auf die bis zu 15 m tiefe Fjord-Sohle abgesenkt [76]. Durch die gelenkige Verbindung ist die Leitung weniger Zwängen und damit unberechenbaren Spannungen ausgesetzt; sie kann sich Unebenheiten anpassen und läßt sich sogar aufgrund der Z-O-K-Konstruktion wieder einfach demontieren (Abb. 8/13 und 8/14).

Abb. 8/13. Legung einer Unterwasserdruckrohrleitung DN 600 mit Z-O-K-Kupplungen in Harstadt.

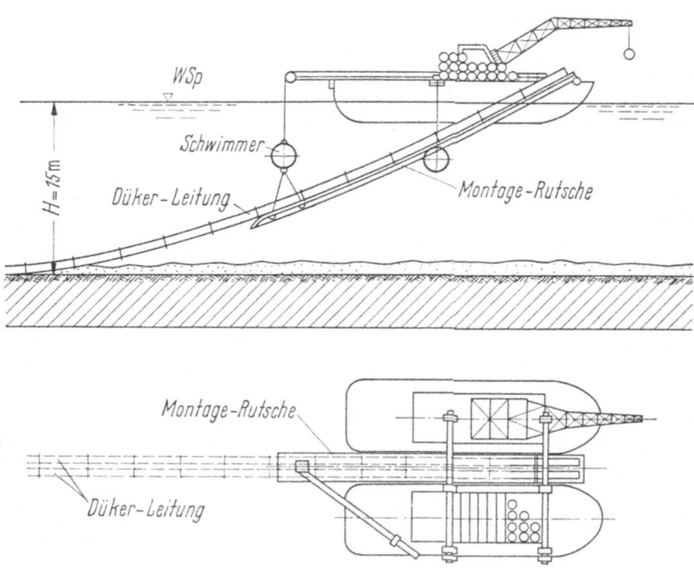

Abb. 8/14. Doppeldüker DN 600 am Oslo-Fjord. Schematische Darstellung des Einbauverfahrens.

8.2.1.3 Armaturenschächte

In der Entwicklung von Asbestzement-Armaturenschächten für Trinkwasserleitungen zeigt sich das Bestreben, die vorteilhaften Merkmale von
Asbestzement auf die übrigen Bauteile des Leitungssystems auszudehnen,
d.h. das Asbestzement-System zu vervollständigen. Die Armaturen-
schächte zeichnen sich u.a. durch Wasserdichtheit, geringes Gewicht und
werkseitige Vorfertigung aus.

Die zylindrischen Schachtwände bestehen aus Rohrabschnitten mit
Böden aus ebenen Asbestzement-Tafeln. Je nach Anwendungszweck als
Be- und Entlüftungsschacht, Entleerungs- oder Schieberschacht werden
nach Angabe werkseits Einbindekupplungen eingesetzt, die ein dichtes
und elastisches Einbinden der Versorgungsleitungen ermöglichen.

In liegender Anordnung haben sich Asbestzement-Abgabeschächte
bewährt. In überregionalen Verbundnetzen werden sie an der Abgabe-
stelle zur kommunalen Versorgung eingebaut und nehmen den Wasserzähler sowie die zugehörigen Armaturen und Leitungen auf (Abb. 8/15).

Abb. 8/15. Einbau eines Abgabeschachtes DN 2000 bei Nürnberg.

8.2.1.4 Wasserbehälter

Die gute Verträglichkeit zwischen Asbestzement und Wasser, auch im
ruhenden Betrieb, wurde für den Bau von Wasserbehältern genutzt, die
als Batteriebehälter für kleinere Gemeinden mit Inhalten bis 1000 m^3

hergestellt werden können. Die Batterieanordnung kreisförmiger Behälter unterstützt eine gleichmäßige Durchströmung und verhindert damit Toträume.

8.2.1.5 Brunnenbau

Der Abbau der Braunkohlevorkommen des Rheinischen Braunkohlereviers im Tagebau erfordert wegen der Tiefenlage eine sehr umfangreiche Grundwasserhaltung, mit der der Grundwasserspiegel bis auf etwa 300 m unter Geländeoberkante abgesenkt werden muß. Für die erforderlichen Tiefbrunnen werden Asbestzementrohre eingesetzt, da sich diese im Gegensatz zu den bisher üblichen Brunnenbaumaterialien mit zunehmendem Abbau des Abraumes von den Eimerketten- und Schaufelradbaggern einfach abschneiden lassen, so daß die Brunnen nicht gesondert abgebaut werden müssen [80].

Abb. 8/16. Mit dem Eimerkettenbagger sauber abgeschnittenes Brunnenaufsatzrohr
DN 600 aus Asbestzement.

a) Filter- und Aufsatzrohre. Die Brunnen werden mit Teufen über 500 m aus Asbestzementrohren DN 500, 600 und 800 hergestellt. Die Verbindung der Rohre erfolgt durch die zugfeste Z-O-K-Kupplung (Abb. 6/16), bei der die Längskraft durch Drahtseile als Scherelemente übertragen wird. Die Zugbruchlast der Verbindung DN 800 beträgt z.B. im Mittel 1,2 MN.

Auch für die Filterrohre werden die gleichen Asbestzementrohre benutzt. Sie erhalten Bohrungen, deren Zahl und Querschnitt auf die Festigkeit der Z-O-K-Kupplung abgestimmt ist und werden mit einem kunststoffgebundenen Quarzfilterbelag versehen. Bei Teufen über 400 m können die Vollwandrohre zur Vergrößerung des Auftriebs mit einer Schaumstoffumhüllung versehen werden.

Diese Brunnenbauart hat sich wegen der Materialeigenschaften der Rohre, der schnellen Montage, der Abräumbarkeit und nicht zuletzt wegen der Wirtschaftlichkeit sehr bewährt und wird in großem Umfang angewendet. Heute stehen Brunnenvollwandrohre und Filterrohre unter der Bezeichnung ETHA-Filterrohre in den Nennweiten 150 bis 800 mm in verschiedenen Baulängen zur Verfügung.

Abb. 8/17. Zugfester Anschluß eines ETHA-Filterrohres DN 800 mit Z-O-K-Kupplung und Z-O-K-Distanzkupplung.

b) Steigleitungen. Aus Tiefbrunnen erfolgt die Wasserförderung mittels Unterwasserpumpen über Steigleitungen. Diese Druckleitungen dienen außerdem zur Aufhängung der Unterwasser-Pumpe sowie zur

Führung des Stromkabels. Um die Pumpen periodisch warten zu können, ist eine leichte Demontierbarkeit der Steigleitungen erforderlich.

Diese Forderung wird durch die Asbestzement-Steigleitung mit Z-O-K Verbindung leicht erfüllt; außerdem sind diese Steigleitungen durch Streuströme, die bei metallischen Rohrleitungen zu Lochfraß führen können, nicht gefährdet [59].

Asbestzement-Steigleitungen wurden bisher bis zu 80 m Tiefe eingesetzt. Bei ihrer Dimensionierung ist, neben den Gewichten von Leitung und Pumpe, der Förderdruck zu berücksichtigen.

c) Sperrohre. Zum Schutz des Grundwassers ist es besonders bei durchlässigen Bodenschichten erforderlich, das Oberflächenwasser vom Grundwasserstockwerk fernzuhalten, d.h. das Bohrloch des Tiefbrunnens ist abzudichten. Dies geschieht entweder durch Sperrbeton, Ton oder Sperrohre.

Asbestzement-Sperrohre, mit Z-O-K-Kupplungen verbunden, werden gestängelos wie Brunnenrohre abgeteuft. Wegen ihrer Dichtigkeit sind keine weiteren Dichtvorkehrungen zu treffen. Durch die Korrosionssicherheit der Rohre ist die Abdichtung von Dauer. Bisher kamen Rohre bis DN 1600 zum Einsatz.

d) Brunnenschächte. Asbestzementrohre in den Durchmessern 1,8 m bis 2,5 m werden in jeweils gewünschter Bauhöhe (bis 5,0 m) vorgefertigt auf die Betonplatte, die den Brunnenkopf umschließt, aufgesetzt und über einen Betonkranz wasserdicht eingebunden. Die glatten Innen-

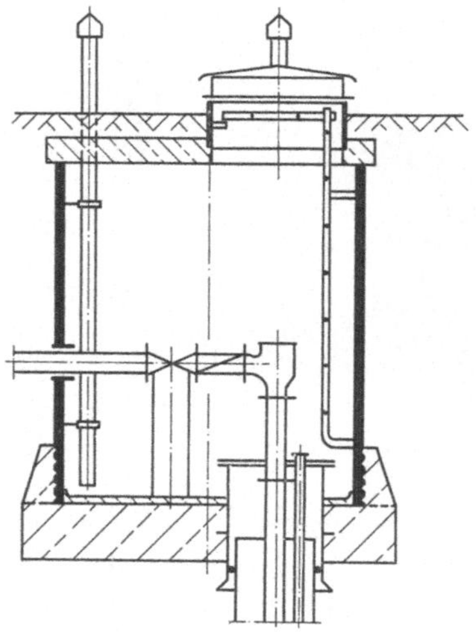

Abb. 8/18. Brunnenschacht
aus Asbestzementrohr.

flächen erfüllen die hygienischen Anforderungen der Trinkwasserversorgung; in maßhaltige Bohrungen können Kabeldurchführungen und Anschlußleitungen elastisch und dicht eingebunden werden. Das geringe Gewicht erlaubt ganzteilige Schachtkörper ohne leckanfällige Fugen.

8.2.2 Asbestzementrohre für die Entwässerung

Auch auf dem Gebiet der drucklosen Gefälleleitungen zum Abwassertransport haben sich die Asbestzementrohre durch ihre guten Materialeigenschaften und besondere, der Praxis gerecht werdende konstruktive Ausführungen, einen festen Platz in der Anwendung gesichert.

Eine Grundforderung, die an Kanäle zu stellen ist, ist die absolute Wasserdichtigkeit, um einerseits Gebäudeschäden und die Verseuchung von Boden und Grundwasser durch das Abwasser zu vermeiden und um auf der anderen Seite Pumpwerke und Kläranlagen nicht durch in die Leitung eintretendes Fremdwasser zusätzlich zu belasten. Aus diesem Grunde werden seit etwa 40 Jahren Asbestzementrohre mit ihren bewährten, gummigedichteten Verbindungen auch für Abwasserleitungen eingesetzt. In Deutschland dienen heute rd. 50% der hergestellten Asbestzementrohre diesem Verwendungszweck.

8.2.2.1 Abflußrohre und Grundleitungen

Auf dem Abflußsektor ermöglicht die gute Bearbeitbarkeit des Asbestzements eine weitgehende Anpassung an die vom Architekten gewünschte Leitungsführung. Die Abflußrohre werden in zunehmendem Maße in Fertigteile oder in Stahlbetonwände und -decken einbetoniert, wobei die große Affinität des zementgebundenen Asbestzementes zu Beton eine spannungsfreie Einbettung sicherstellt.

Abb. 8/19. Abflußrohre im U-Bahnhof Hauptwache in Frankfurt am Main.

Die gummigedichteten Verbindungen und das schichtenförmige Materialgefüge wirken dämmend auf Luft- und Körperschall. Das Material ist gemäß DIN 4102 nicht brennbar.

In Fortsetzung der Hausabflußrohre können Grundleitungen ebenfalls aus Asbestzement entweder mit Abflußrohren nach DIN 19 830 oder mit Kanalrohren nach DIN 19 850 ausgeführt werden, wobei letztere den Vorteil aufweisen, daß durch die nicht angeformte Muffe Paßlängen ohne Verschnitt hergestellt werden können. Eine Nachbearbeitung der Rohrenden-Außendurchmesser nach dem Trennschnitt ist in beiden Fällen nicht erforderlich.

8.2.2.2 Übergabeschächte und Benzinabscheider

Diese beiden Bauwerke der Grundstücksentwässerung vervollständigen das Asbestzement-System. Der Übergabeschacht markiert den Übergang von privater zu öffentlicher Leitung und dient sowohl der Kontrolle als auch der Reinigung von Grund- und Anschlußleitung.

Der Benzinabscheider ist gemäß DIN 1986 vorzuschalten, wenn mit dem Abfluß von giftigen, explosionsgefährlichen oder toxischen Wässern

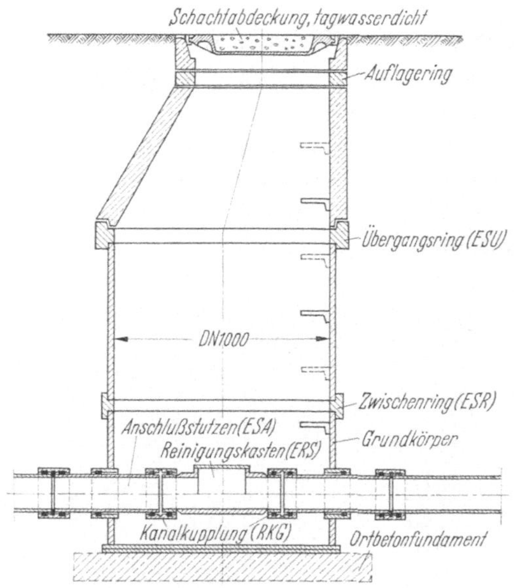

Abb. 8/20. Asbestzement-Übergabeschacht.

zu rechnen ist. Diese Bestandteile, insbesondere Leichtflüssigkeiten (Benzin, Benzol, Schmierstoffe, Öle etc.) müssen im Benzinabscheider zurückgehalten und abgetrennt werden.

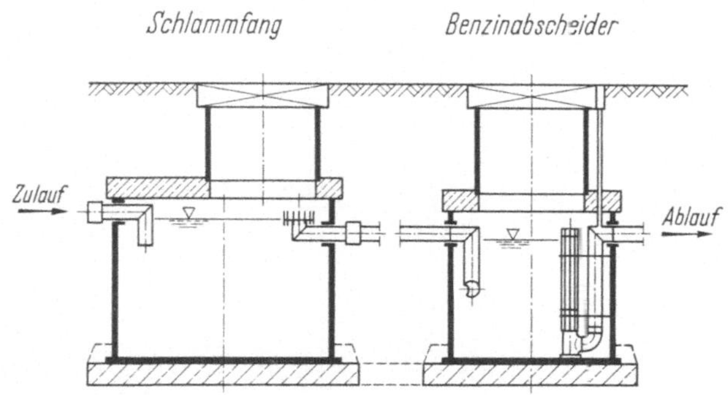

Abb. 8/21. Asbestzement-Benzinabscheider.

8.2.2.3 Straßenkanäle und Revisionsschächte

Die Kanäle einschließlich der zugehörigen Revisionsschächte machen das Schwergewicht der Ortsentwässerung aus, ihre zunehmende Ausführung aus Asbestzementrohren und -schächten ist durch die gleichen Vorteile bedingt, die dem Asbestzementrohr im Druckrohrleitungsbau zum Durchbruch verhalfen. Hinzu kommen das geringe Rohrgewicht und die großen Rohrlängen bzw. die geringe Anzahl von Rohrverbindungen auf der zu berohrenden Strecke sowie die leichte Bearbeitbarkeit des Materials. Kanalrohre werden im Nennweitenbereich von DN 100 bis DN 2500 hergestellt und eingebaut. Bei den Formstücken überwiegen Spezialkupplungen zum Anschluß von Fremdmaterial sowie der Abzweig, der auch als Stutzen nachträglich unter Ausnutzung der großen Baulängen und unter Vermeidung von Trennschnitten, kostengünstig eingebaut werden kann. Um die Wasserdichtheit der Asbestzementkanäle auch für die Einsteigeschächte zu gewährleisten, werden diese ebenfalls vorzugsweise aus Asbestzement-Rohrmaterial gebaut. Sie sind beständig dicht und gewähren über die REKA-Einbindekupplung auch den dichten Anschluß an die Kanäle.

Zwischengesetzte Anschlußstutzen bieten Doppelgelenkigkeit und damit den Vorteil des spannungslosen Ausgleiches unterschiedlicher Setzungen zwischen Schacht und Kanal sowie die Möglichkeit, Schächte in bereits gelegte Rohrstrecken einzubinden.

Bei hohem Grundwasserstand führt der vorstehende Rand des Schachtbodens zu einer auftriebssicheren Verankerung im Ortbetonfundament.

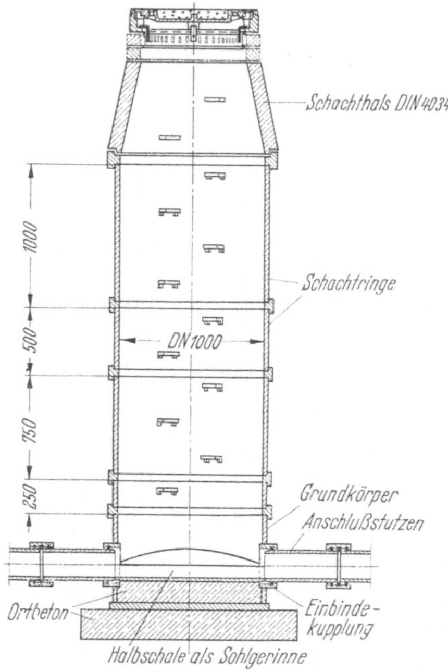

Abb. 8/22. Asbestzement-Standardschacht DN 1000.

Die Vorfertigung und das niedrige Gewicht ermöglichen schnellen und einfachen Einbau der Schächte. Hieraus ergeben sich Einsparungen von Lohnkosten und Vorhaltekosten für Maschinen und Material. Bei den Schächten DN 1000, 1200 und 1500 wird der obere Abschluß, wie üblich, mit einem Betonkonus nach DIN 4034 ausgeführt, bei allen anderen Durchmessern oder auch bei hohem Grundwasserstand wird, aus Gründen der Dichtheit, der Schacht mit einer Stahlbetonplatte abgedeckt. Durch die Verwendung einer rückstausicheren Schachtabdeckung können die wasserdichten Asbestzement-Einsteigeschächte auch gegen Rückstau und gegen Überflutung abgedichtet werden. Um kurzfristige Lieferungen auch vom Lager zu ermöglichen, werden Einsteigschächte DN 1000 aus vorgefertigten Einzelteilen hergestellt.

Im Baukastenprinzip können, durch verschiedene Kombinationen von 3 Grundkörpertypen und 6 Ringelementen, alle gewünschte Schachttiefen erzielt und Kanalrohre der Nennweiten 100 bis 600 mm angeschlossen werden.

Abb. 8/23. Asbestzement-Kanalrohre mit aufgesetzten Abzweigstutzen und Schachtgrundkörpern.

8.2.2.4 Vorfluter und Aufsatzschächte

Vorflutkanäle großer Durchmesser unterliegen oft besonderen Legungs- und Entwässerungsbedingungen, d.h. sie werden oft in wenig tragfähigen Boden, bei gleichzeitig geringem Gefälle, gelegt. Asbestzementrohre treten in ihrer Anwendung als großkalibrige Vorflutkanäle immer mehr in den Vordergrund, unterstützt durch die wirtschaftliche Ausführung von sogenannten Aufsatzschächten [89]. Diese zentrisch oder exzentrisch aufgesetzten Schachtstutzen DN 1000 vermeiden teuere Schachtbauwerke; Richtungsänderungen werden, da die großkalibrigen Kanäle begehbar sind, mit Großrohrbogen ausgeführt.

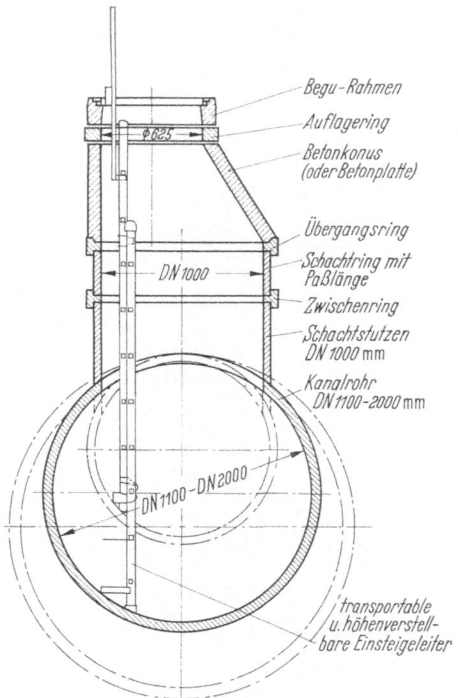

Abb. 8/24. Asbestzement-Aufsatzschacht.

8.2.2.5 Düker und Seeleitungen

Ähnlich wie in der Wasserversorgung so sind auch beim Abwassertransport Gewässer zu kreuzen oder Abwässer in Seen einzuleiten. Während Kreuzungen als Düker in der beschriebenen Form als vollständig vormontierte Stränge eingezogen (Abb. 8/25) oder eingeschwommen (Abb. 8/26) werden, werden Seeleitungen, meist als großkalibrige Auslaufleitungen von Kläranlagen, Rohr für Rohr landseits aneinander gekoppelt und im gleichen Takt schwimmend auf den See hinausgeschoben oder hinausgezogen. Das Absenken erfolgt durch kontrolliertes und stetiges Fluten der an den Stirnseiten abgeschotteten Leitung [36].

Wie bei den Unterwasserdruckleitungen wird mittels Z-O-K-Kupplungen eine zugfeste, bewegliche Leitung hergestellt. Auch nachträgliche Unterwassermontagen, z.B. zur Verlängerung einer Seeleitung, können ohne Schwierigkeiten ausgeführt werden.

Abb. 8/25. Asbestzementrohre DN 500 für einen Abwasserdüker durch die Saar (Einziehmethode).

Abb. 8/26. Asbestzementrohre DN 1200 für eine Abwasserseeleitung bei Unteruhldingen/Bodensee (Einschwimm-Methode).

8.2.2.6 Regenstaukanäle

Die Gewässerschutzbestimmungen stellen verschärfte Anforderungen an den Reinigungsgrad nicht nur des Schmutzwassers, sondern auch des Regenwassers.

Je nach Regelung der einzelnen Bundesländer muß daher ein gewisser Anteil des Regenwassers im Trennsystem bzw. ein gewisser Anteil Mischwasser, der den Trockenwetterabfluß übersteigt, im Mischsystem zurückgehalten und erst allmählich einer Kläranlage zugeführt werden.

Für diese geschlossenen Retentionsräume können neben herkömmlichen Ortbetonbecken auch Asbestzement-Staukanäle verwendet werden, deren Legung sich nicht von einer normalen Rohrlegung unterscheidet. Die langgestreckte Form der Staukanäle bietet den Vorteil, keine zusätzlichen Seitenräume über die normale Kanaltrasse hinaus zu benötigen, so daß sie auch nachträglich als Sanierung in den Kanal eingebunden werden können. Der kreisförmige Querschnitt sichert eine weitgehende Selbstreinigung. Der Einstieg erfolgt über Aufsatzschächte; die Stirnenden der Staukanäle sind mit elastisch gedichteten und aufgeschraubten Asbestzementplatten verschlossen [74].

Abb. 8/27. Regenstaukanal DN 2000 für den Anschluß eines Bildungszentrums an die Kanalisation.

8.2.2.7 Pumpenschächte

Zur Vermeidung von Übertiefen bei geringem Gefälle oder zum Anschluß tiefliegender Speicherbecken (Regenstaukanäle) muß das Abwasser gehoben werden. Soweit dies mit Pumpen geschieht, werden Pumpenschächte erforderlich. Auch die sogenannte Druckentwässerung, ein von der Gravitation unabhängig arbeitendes Entwässerungssystem, benötigt Pumpen und damit Pumpenschächte zur Abwassereinspeisung in die Druckleitungen.

Abb. 8/28. Modell eines
Asbestzement-Pumpen-
schachtes.

8.2.2.8 Kläranlagen

In Kläranlagen findet man die unterschiedlichsten Führungen, Beanspruchungen und Verwendungen von Rohrleitungssystemen.

Asbestzement in seiner Vielseitigkeit macht einheitlich Asbestzement-Rohrleitungssysteme in Form von Freispiegel- oder Druckrohrleitungen für Abwasser, Klarwasser, Schlamm sowie Druckluft für Belebungsanlagen möglich. Sie lassen sich den Anforderungen gut anpassen.

Kläreinrichtungen selbst können mit großkalibrigen Asbestzement-Behältern von 2,0 bis 2,5 m Durchmesser gebaut werden. Als sogenanntes Zellenklärwerk aus Asbestzementbehältern wurde ein Kläranlagentyp

Abb. 8/29. Vorgefertigte Zellenkläranlage aus Asbestzement-Großrohren DN 2000.

für ca. 500 bis 3000 EGW entwickelt; aufgrund der gruppenförmigen Anordnung der Klärbehälter für die biologische Reinigung und die Nachklärung zeichnet sich diese Konstruktion u.a. dadurch aus, daß sie bei Zunahme der Abwassermenge durch Anschluß neuer Zellen leicht und schnell vergrößert werden kann. Bei Saisonbetrieb lassen sich zeitweise einzelne Gruppen stillegen.

8.2.2.9 Dränage

Dränrohre aus Asbestzement werden hergestellt durch Schlitzen der Mantelfläche über einen bestimmten Umfangswinkel quer zur Achse. Die Schlitze berücksichtigen in ihren Abmessungen die Zuordnung des Rohrquerschnittes und des Filteraufbaues zur Eintrittsleistung [8].

Solche kombinierten Dränsysteme werden überall dort erforderlich, wo Straßen, Autobahnen, Bahndämme, Sportanlagen, Flugplätze usw. an ihrer Oberfläche und im Untergrund zu entwässern sind und das gesammelte Oberflächen- bzw. Grundwasser über längere Strecken abgeleitet werden muß.

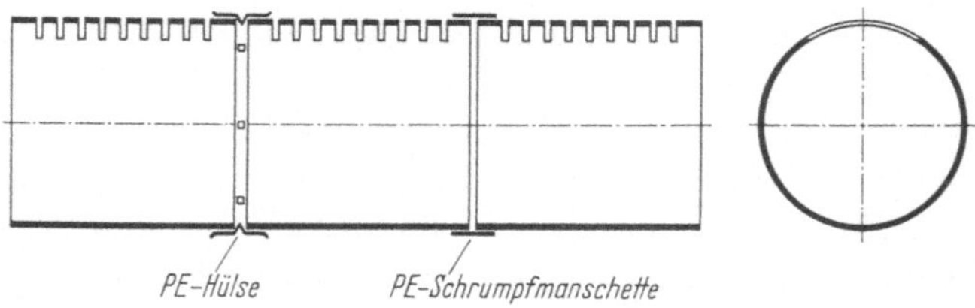

Abb. 8/30. Asbestzement-Combidrain (ETERNIT AG).

8.3 Sonderanwendungen von Asbestzementrohren

8.3.1 Vortriebsrohre

Rohrleitungen werden im allgemeinen am wirtschaftlichsten in offener Baugrube verlegt. Wenn jedoch die Legungstiefen zu groß sind oder Gebäude und andere Hindernisse bzw. stark befahrene Verkehrswege gekreuzt werden müssen, wird der geschlossene Einbau in vielen Fällen kostengünstiger oder unvermeidbar.

In den Querschnitten von ca. DN 800 bis ca. DN 2500 hat sich der Rohrvortrieb hierfür technologisch durchgesetzt. Kleinere Nennweiten ab ca. DN 150 werden nach dem Preßbohrverfahren eingebaut.

Asbestzementrohre eignen sich für beide Einbaumethoden, da sie neben einer hohen Längsdruckfestigkeit von mindestens 65 N/mm² eine sehr glatte Außenfläche aufweisen, die Ursache für sehr geringe Mantelreibungskräfte zwischen 5 und 15 kN/m² ist. Werden thixotrope Flüssigkeiten als Schmiermittel eingepreßt, können diese Werte noch unterschritten werden. Die bearbeiteten Stirnflächen der Rohre tragen

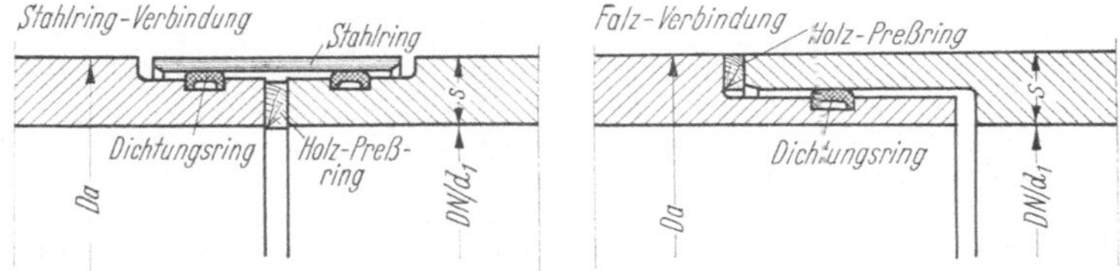

Abb. 8/31. a) Stahlringverbindung bei Vortriebsrohren;
b) Falzverbindung bei Vortriebsrohren.

Abb. 8/32. Rohrvortrieb unter einer Autobahn mit Asbestzementrohren DN 1600.

durch eine gleichmäßige Lastverteilung erheblich zur Vortriebsgenauig-
keit bei.

Aus der Technik des Rohrvortriebs ergibt sich, daß der Außenmantel
die Rohrstrecke glattschäftig durchlaufen muß. Statt der REKA-Kupplungen werden bündig eingelassene und gummigedichtete Stahlringe als
Verbindung verwendet, die aufgrund ihrer zuverlässigen Dichtigkeit die
Anwendung der Asbestzementrohre als Schutzrohre wie auch als Medium-
rohre für Freispiegelkanäle gestatten. Besonders bei der Verwendung als
Schutzrohr für metallische Druckleitungen kann zur Sicherung des ka-
thodischen Schutzes auch eine metallfreie Falzverbindung eingesetzt
werden.

8.3.2 Versorgungstunnel

Der begehbare Versorgungstunnel zur konzentrierten Trassenführung von
Ver- und Entsorgungsleitungen ermöglicht bei größter Raumausnutzung
im Untergrund die Revision und Auswechslung von Leitungen und bietet
zusätzliche Reserveräume. Er kann damit auch Sekundärkosten bei
Leitungsarbeiten infolge Anliegerschäden, Verkehrsstörungen etc. vermindern. In besonderen Fällen, wie z.B. bei der Kreuzung verkehrs-
reicher Plätze oder Bahnanlagen oder im Bereich von Industrieflächen,
kann diese Art der Leitungsführung von Bedeutung sein [34]. Seitliche
Abzweige für Kabel und Rohrkanäle oder Kriechtunnel können objektbezogen, paßgenau und dicht ausgeführt werden.

Abb. 8/33. Versorgungstunnel DN 1800 im Gelände der MOBIL OIL AG bei Hamburg.

Zur Nutzung des Querschnittes wurde ein Tragsystem geschaffen, bestehend aus Ringspangen als Grundtragelement, in dem objektbezogen die vorgerichteten Stützkonstruktionen eingehängt und befestigt werden.

Die Ringspangen aus gebogenen Ankerschienen lassen sich in Direktmontage durch Einschießen von Stahlbolzen im Tunnelrohr arretieren.

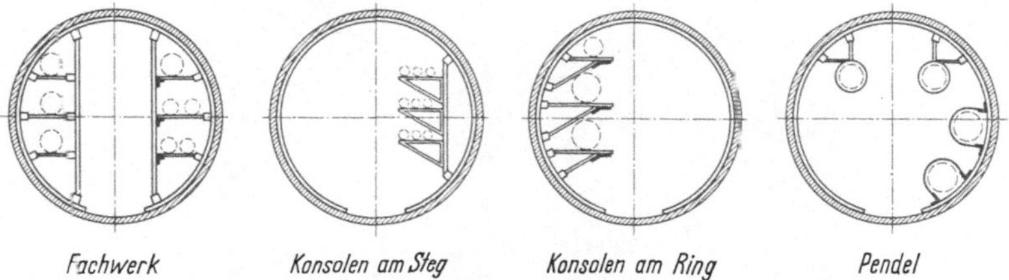

Abb. 8/34. Lagerungsarten von Rohrleitungen im Versorgungstunnel.

8.3.3 Großrohrpost und Rohrbahnen

Bei einer in Hamburg 1962 erstellten Großrohrpostanlage mit rd. 2000 m Leitungslänge wurden Asbestzementrohre DN 450 als Fahrrohre verwendet. Bisher kamen für diese Zwecke ausschließlich Präzisionsstahlrohre in Betracht. Neben der Wirtschaftlichkeit des neuen Materials liegen die technischen Vorteile vor allem in der Maßhaltigkeit, der Korrosionsfestigkeit, der Isolierwirkung und der Glätte der Innenfläche. Die Fahrrohre wurden mit normalen REKA-Kupplungen verbunden, in die Zentrier- und Distanzringe eingebaut sind. Zur Klärung der Frage, wie sich die innere Rohroberfläche und die Stoßkanten gegenüber der Rollbewegung des Postbehälters von ca. 45 kg Gewicht verhalten, wurden Versuche mit einem Kippgerät durchgeführt. Nach einem Jahr Versuchsdauer zeigte sich die innere Rollfläche ideal geglättet. Inzwischen wurden schwerere Postbehälter mit einem Eigengewicht von rd. 120 kg eingesetzt. Trotz der damit verbundenen erhöhten Beanspruchung — auch bei Überfahren der Rohrstöße — sind die gesammelten Erfahrungen in jeder Hinsicht ausgezeichnet [31].

Die Fahrrohre mußten eine Maßtoleranz von ± 2 mm einhalten, was vor allem bei der Herstellung der Bogen mit Radien von $20 \times$ DN und $10 \times$ DN erhebliche Schwierigkeiten bereitete, die aber überwunden werden konnten. Für den ruhigen Lauf der Postbehälter waren die Kupplungsfugen genau zu zentrieren. Die Großrohrpostbüchsen liefen auf gummibereiften, sternförmig angeordneten Rollen mit einer Geschwindigkeit von 36 km/h. Dem Abbremsen der Postbehälter diente ein automatisch arbeitendes Bremsluftsystem.

Die Entwicklung von Fahrrohren DN 700 für Großrohrpostanlagen wurde inzwischen abgeschlossen. Es ist heute durchaus denkbar, daß in Zukunft Rohrbahnen elektrifiziert als innerstädtische Verkehrsmittel für den Massentransport von Schütt- und Stückgütern eingesetzt werden.

Abb. 8/35. Asbestzement-Bögen der Großrohrpost-Anlage in Hamburg.

8.3.4 Luftleitungen

Großkalibrige Luftleitungen für Primärnetze von Großklimaanlagen sowie Sammler von Entlüftungsanlagen in Industriebetrieben, Wohnkomplexen und Krankenhäusern, werden aus wirtschaftlichen Erwägungen immer mehr aus den Unter- und Installationsgeschossen heraus und in die Erde gelegt. Asbestzementrohre haben für dieses neue Anwendungsgebiet allgemeine Verbreitung gefunden. Bogen und Reduzierungen,

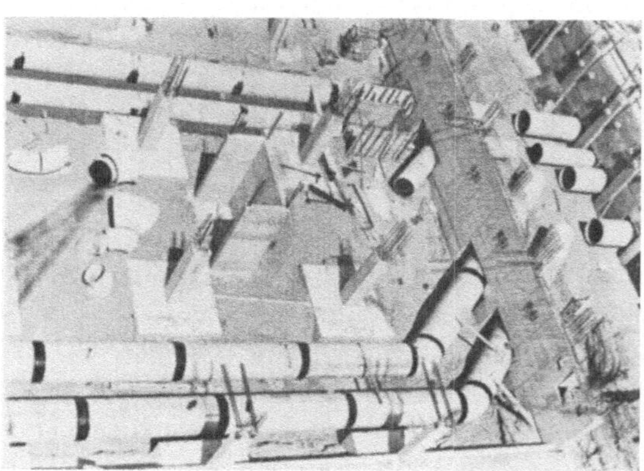

Abb. 8/36. Asbestzement-Lüftungsrohre DN 800 für das Kreiskrankenhaus Erding.

die häufig vorkommen, können bis DN 2500 hergestellt werden. Eine besonders große Anlage dieser Art wurde in München, im Olympischen Dorf der Männer, mit einem Anteil von insgesamt 13 km Asbestzementrohren unter Verkehrsflächen gelegt [57].

8.3.5 Fernheizleitungen

Bei zunehmender Ausnutzung der Kernenergie stellt sich das Problem, das Abfallprodukt Wärme ohne Ökologiegefährdung möglichst produktiv nutzbar zu machen. Hieraus resultiert die Entwicklung des Heizkraftwerkes, von dem aus großflächige Fernheizsysteme mit Wärme versorgt werden.

Als Leitungssystem haben Haubenkanäle große Verbreitung gefunden. Sie werden vielfach mittels Asbestzement-Halbschalen abgedeckt (s. Abb. 8/37). Daneben aber treten die Mantelrohre immer mehr in den Vordergrund, da sie als vorgefertigtes Serienprodukt eine problemlose Legung zulassen.

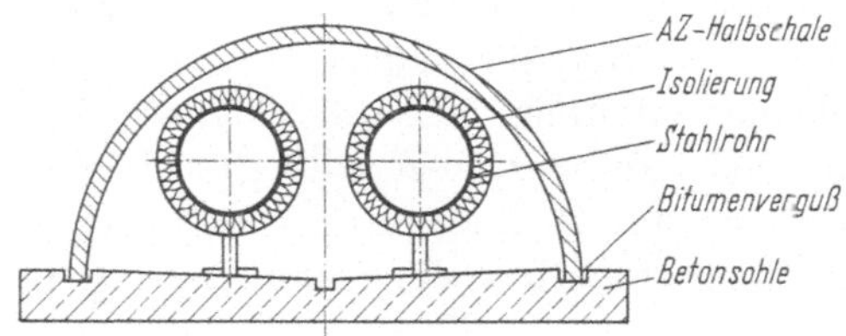

Abb. 8/37. Haubenkanal mit Asbestzement-Halbschalen-Abdeckung.

Der Temperaturbeanspruchung wird durch Verwendung von Spezialgummi für die Dichtelemente Rechnung getragen. Bei der einfachen Form der Asbestzement-Mantelrohre einschließlich Kupplungen und Formstücken wird das Dämmaterial gemeinsam mit dem Stahlrohr eingebracht (s. Abb. 8/38). Diese Konstruktion erlaubt durch spezielle Wahl

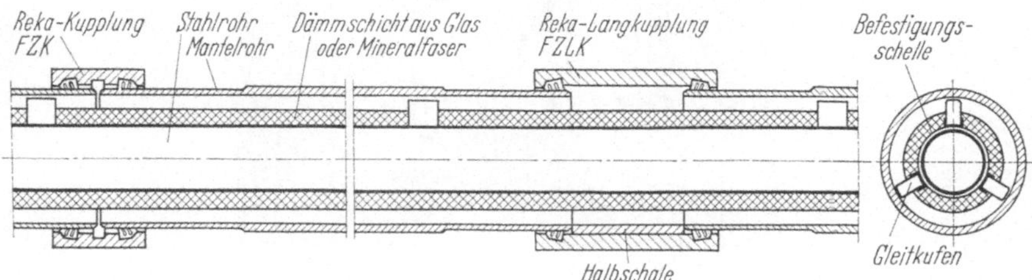

Abb. 8/38. Asbestzement-Mantelrohre.

des Dämmaterials jede beliebige Betriebsform, d.h. auch höchste Temperaturen. Die Weiterentwicklung zum Verbundmantelrohr mit einem Asbestzement-Mantelrohr und einem Asbestzement-Kernrohr mit werkseitig ausgeschäumtem Zwischenraum vereinfacht die Fertigstellung des Leitungssystems; Betriebstemperaturen müssen sich jedoch nach der Belastbarkeit des PU-Schaumes richten (s. Abb. 8/39).

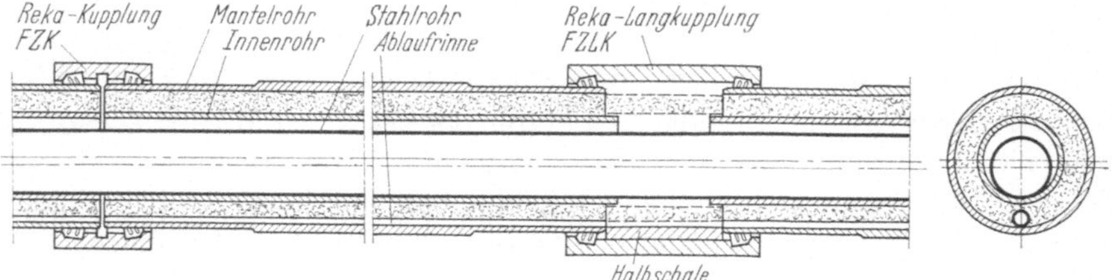

Abb. 8/39. Asbestzement-Verbundmantelrohre mit PU-Schaumisolierung.

Sowohl für Mantelrohre als auch Verbundmantelrohre kommen 2 Legungsmethoden in Frage. Beim Einziehverfahren werden die Mantelrohre bzw. Verbundmantelrohre in Teilstrecken bis zu 100 m Länge vorausgelegt, wobei jede Teilstrecke geradlinig verlaufen muß. In diese Teilstrecken wird der mit Gleitlagern und Isolierung versehene Stahlrohrstrang in das Mantelrohr, bzw. der Stahlrohrstrang auf dem Kernrohr

Abb. 8/40. Asbestzement-Fernheizungsmantelrohre DN 450, Legung nach der Fertigteilmethode.

gleitend beim Verbundmantelrohr, abschnittsweise eingezogen. Die einzelnen Teilstrecken werden, nach dem Verschweißen der Stahlrohre und der Nachisolierung der Verbindungsstellen, durch Langkupplungen miteinander verbunden.

Bei der Fertigteilmethode werden komplette Leitungsabschnitte in 5, 10 oder auch 15 m Länge vorgefertigt und gelegt. Die Verbindung der Abschnitte erfolgt wie beschrieben. Meistens ergänzen sich beide Verfahren, je nach Trassenführung und örtlichen Baustellenbedingungen.

8.3.6 Kabelschutzrohre und Kühlleitungen für Höchstspannungskabel

a) Kabelschutzrohre. Für die Verwendung von Asbestzementrohren als Kabelschutzrohre sind die geringe elektrische Leitfähigkeit und der hohe Durchschlagswiderstand des Materials ausschlaggebend. Als Verbindungselemente genügen für den normalen Einbau Hülsmuffen aus Asbestzement oder Kunststoff.

Zum Schutz für bereits gelegte Kabel dienen Asbestzement-Halbschalen, die mit versetztem Stoß durch Stahlschellen verbunden werden.

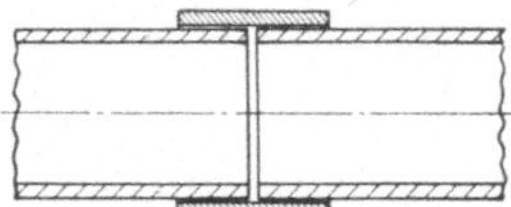

Abb. 8/41. Hülsmuffe für Asbestzement-Kabelschutzrohre.

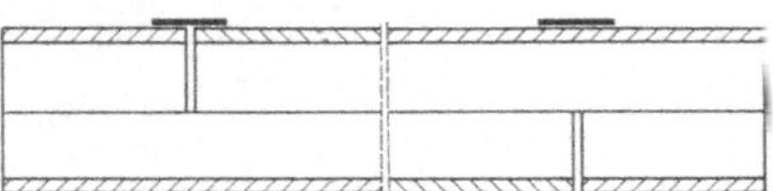

Abb. 8/42. Verzinkte Eisenschelle zur Verbindung von Asbestzement-Rohrschalen.

b) Kühlleitungen für Höchstspannungskabel. Bei im Boden gelegten Höchstspannungskabeln bis 380 kV muß die bei Betrieb des Kabels entstehende Wärme durch eine Zwangskühlung abgeführt werden. Zu diesem Zweck kann das Kabel in eine Asbestzement-Druckrohrleitung eingezogen werden und Kühlwasser unter Druck im Zwischenraum zwischen Kabel und Asbestzementrohr hindurchfließen.

Erstmalig wurden 1975 Einleiter-Ölkabel für die Spannung von 380 kV und eine maximale Übertragungsleitung von 1120 MVA quer durch die Innenstadt Berlins gelegt. Die ca. 8 km lange Gesamtstrecke besteht aus 2 × 3 Phasen, also ca. 48 km Einzelleitungen. Zur Abführung der Wärme wurde das Kabel in ein Asbestzementrohr DN 250 PN 10 eingezogen

(Legungsschema s. Abb. 8/43). Aus bautechnischen Gründen, ca. alle 380 m, sind Muffenbunker eingeschaltet. Die Trassenführung ist durch die schwierigen innerstädtischen Untergrundverhältnisse und Gewässerkreuzungen mit entsprechend unterschiedlichen Leitungsführungen durch Bogen mit Radien von 4 bzw. 5 m gekennzeichnet. Maßgebend für die Wahl von Asbestzement als Rohrwerkstoff waren u.a. die elektrischen Eigenschaften und die gleichbleibenden Materialkennwerte bei erhöhter Temperatur.

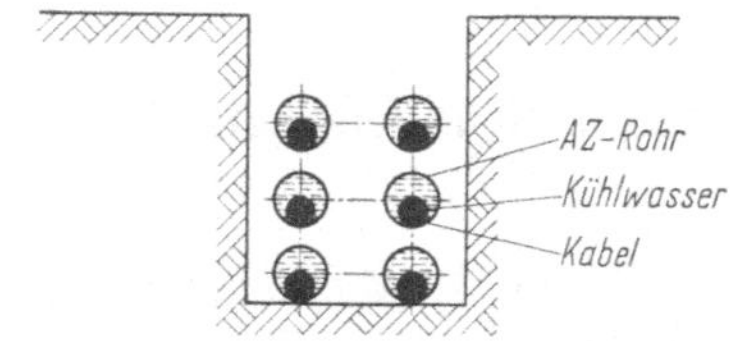

Abb. 8/43. Legungsschema für Einleiterkabel mit Wasserkühlung.

Abb. 8/44. AZ-Kühlleitungen DN 250 PN 10.
Einfahrt des Rohrbündels in den Spreetunnel.

8.3.7 Thermal- und Soleleitungen

Seit über 50 Jahren werden Thermalwässer und Sole in Asbestzement-Druckrohren transportiert. Bei allen salzhaltigen Wässern stehen Fragen der Inkrustation und Korrosion im Vordergrund, wobei erhöhte Temperaturen diese Einflüsse unterstützen können und gleichzeitig Isolationsfragen aufwerfen.

Die Salzkorrosion wird wegen der hohen Alkalibeständigkeit von Asbestzement unterbunden. Dem Angriff stark sulfathaltiger Wässer wird durch Verwendung spezieller sulfatbeständiger Zemente bei der Rohrherstellung begegnet. Die Gefahr physikalischer Schäden infolge Kristallisationsdruck wird abgemindert, da die dichte Materialstruktur das Eindringen von Sole in die tieferen Schichten verhindert. Durch einen Rohrinnenschutz kann das Eindringen vollständig unterbunden werden.

8.3.8 Müllabwurfschächte

Asbestzementrohre haben sich als Müllabwurfschächte in Material und Konstruktion bewährt. In der Montage zeigen sie sich anpassungsfähig an unterschiedliche Geschoßhöhen und Deckenkonstruktionen. Das geringe Gewicht vereinfacht die Halterung. Die Mülleinwurfstutzen, vorzugsweise aus rostfreiem Stahl, werden komplett vorgefertigt und bauseits in den Asbestzement-Abwurfschacht eingesetzt.

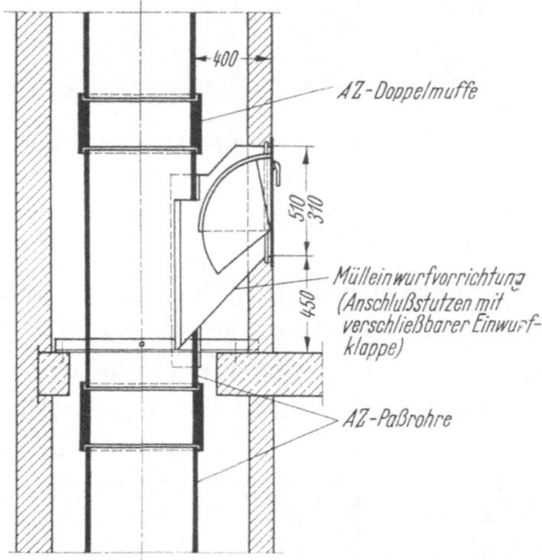

Abb. 8/45. Asbestzement-System für Müllabwurfschächte.

8.3.9 Behälter

Asbestzement-Großrohre kommen auch als unterirdische Behälter zur Aufnahme flüssiger Brennstoffe, zur Deponie von umweltschädlichen Abfallprodukten und als Vorratsbehälter für Trinkwasser und andere Lebensmittel zur Anwendung. Die Witterungsbeständigkeit macht Asbestzement-Großrohre auch als oberirdische Behälter und Silos geeignet.

Besondere Verbreitung haben Asbestzement-Behälter bisher als Heizöltanks gefunden mit Inhalten zwischen 5 000 und 20 000 l. Der tragende Asbestzement-Außenbehälter wird zusätzlich durch Asbestzement-Stirnplatten ausgesteift. Die Kunststoffinnenschale ist hochgradig chemikalienbeständig. Dazwischen befindet sich ein evakuierter Hohlraum, der eine Leckkontrolle ohne Begehung zuläßt.

Abb. 8/46. Einbau eines Asbestzement-Öltanks.

8.3.10 Säulenschalung

Asbestzementrohre lassen sich im modernen Hoch- und Industriebau als Konstruktions- und Stilelemente einsetzen, z.B. als Säulenverkleidung [92]. Die Rohre werden — bei geringer Wanddicke leicht aufgestellt und verankert — als verlorene Schalung für Stahlbetonsäulen verwendet.

Abb. 8/47. Säulenschalung und Zulaufleitung in einem Wasserhochbehälter.

Man erhält mit diesem Verfahren vollkommen glatte Säulenoberflächen mit überall ausreichender korrosionssicherer Überdeckung der Bewehrung. Je nach den Erfordernissen der architektonischen Gestaltung können die Rohre roh oder überdreht eingesetzt werden. Die glatte, dichte Säulenoberfläche entspricht z.B. den hygienischen Vorschriften für den Betrieb großer Wasserhälter.

9 Berechnung von Asbestzement-Rohrleitungen

Beim Transport von Flüssigkeiten in Rohrleitungen treten stets Reibungsverluste auf, die unter anderem von der Fließgeschwindigkeit abhängen und zu einer Druckabnahme längs des Fließweges führen. Zum Erreichen einer gewünschten Enddruckhöhe sind somit vom Durchfluß und vom Druckverlust abhängige Pumpkosten aufzuwenden, die, zusammen mit den Baukosten, die Wirtschaftlichkeit der Rohrleitung bestimmen.

In den folgenden Abschnitten soll die Bestimmung der Reibungsverluste strömender Flüssigkeiten behandelt werden, wobei auch das Problem der hydraulischen Druckstöße angeschnitten wird.

In einem weiteren Abschnitt wird auf die Statik erdverlegter Asbestzementrohre eingegangen.

9.1 Reibungsverluste in einer Druckrohrleitung für Flüssigkeiten

Der Druckverlust in einer Rohrleitung berechnet sich ganz allgemein aus

$$\frac{\Delta p}{\gamma_{Fl}} = h_v = \lambda \cdot \frac{L}{d} \cdot \frac{v^2}{2g}. \tag{9.1/1}$$

Hierin bedeuten:

$$
\begin{aligned}
\Delta p &= \text{Druckverlust,}\\
\gamma_{Fl} &= \text{Spezifisches Gewicht der Flüssigkeit,}\\
h_v &= \text{Verlusthöhe,}\\
\lambda &= \text{Widerstandszahl, Reibungsziffer,}\\
L &= \text{Länge der Rohrleitung,}\\
d &= \text{Rohrdurchmesser,}\\
v &= \text{Strömungsgeschwindigkeit,}\\
g &= \text{Erdbeschleunigung.}
\end{aligned}
$$

In dieser Form hat DARCY 1858 als erster die Rohrreibung angegeben.

Die Schwierigkeit bestand jedoch in der richtigen Bestimmung der Widerstandszahl λ. Da die theoretischen Grundlagen noch fehlten, mußte man sich auf die verschiedensten empirisch gefundenen Beziehungen zur Bestimmung der Reibungsverluste beschränken. Zunächst sei daher auf die wichtigsten der älteren Berechnungsverfahren eingegangen.

9.1.1 Formeln zur Berechnung von Druckverlusten in Rohrleitungen

Ausgangspunkt aller Berechnungen war ursprünglich die Gleichung von DE CHEZY:

$$v = C \cdot \sqrt{R \cdot J} \ \text{in m/s} \tag{9.1/2}$$

mit

v = Fließgeschwindigkeit,

R = hydraulischer Radius = $\dfrac{\text{Durchflußquerschnitt}}{\text{benetzter Umfang}}$ in m,

J = Reibungs- bzw. Druckgefälle,

C = Geschwindigkeitsbeiwert in $\sqrt{\text{m}}/s$.

Der dimensionsbehaftete und von zahlreichen Umständen abhängige Geschwindigkeitsbeiwert C mußte experimentell bestimmt werden.

Früher wurde vielfach, insbesondere für Abwasserkanäle, C nach der sogenannten kleinen KUTTER-Formel berechnet:

$$C = \frac{100 \cdot \sqrt{R}}{\text{m} + \sqrt{R}} . \tag{9.1/3}$$

Die Berechnung des dimensionsunreinen C-Wertes war jedoch umständlich und ihre Verläßlichkeit meist zweifelhaft. Neben der KUTTER-Formel wurden noch zahlreiche andere Fließformeln verwendet, auf die hier nicht näher eingegangen werden kann, s. [43].

Im Gegensatz zu den früher verwendeten Fließformeln stellt die PRANDTL-COLEBROOKsche Gleichung eine theoretisch begründete und experimentell überprüfte allgemeingültige Beziehung für die turbulente Rohrströmung dar. Sie wird den tatsächlichen Strömungsverhältnissen am ehesten gerecht. Auf dem 2. Internationalen Wasserversorgungskongreß in Paris im Jahre 1952 wurde daher beschlossen, anstelle der älteren empirischen Beziehung zukünftig nur noch die PRANDTL-COLEBROOKsche Gleichung zu verwenden. Zum Verständnis dieser Gleichung sind Kenntnisse über die turbulenten Fließvorgänge erforderlich, die jedoch im Rahmen dieses Handbuches nicht vermittelt werden können. Dazu sei auf die einschlägige Literatur verwiesen, z.B. [16, 49, 81, 82], während hier nur einige Grundzüge angedeutet sein sollen.

9.1.2 Grundlagen der Prandtl-Colebrookschen Gleichung (vgl. [43])

Bei der Rohrströmung ist zu unterscheiden zwischen der laminaren Strömung im wandnahen Bereich und der vollturbulenten Kernströmung. In der Kernströmung findet zwischen den axialsymmetrischen Flüssigkeitsschichten ein Impulsaustausch durch Querbewegung von Wirbelballen statt, der zu den „scheinbaren" Schubspannungen der Turbulenz führt. Diese Schubspannung ist dem Quadrat der Geschwindigkeitsänderung proportional. Ihr gegenüber wird die echte, zähigkeitsabhängige Schubspannung vernachlässigt. Die unmittelbar an der Rohrwand vorhandene Schubspannung ist die Wandreibung, die zum Druckverlust längs des Fließweges führt. Der Einfluß der Rohrwandbeschaffenheit äußert sich in unterschiedlichen Gleichungen für die Widerstandszahl λ.

Für rauhe Rohre:

$$\frac{1}{\sqrt{\lambda}} = 2 \lg \left(\frac{d}{k} \right) + 1{,}14 \text{ oder } \frac{1}{\sqrt{\lambda}} = 2 \lg \left(\frac{3{,}71}{k/d} \right). \qquad (9.1/4)$$

Hier ist

$$
\begin{aligned}
k \quad &= \text{absolute Wandrauhigkeit,} \\
d \quad &= \text{Rohrinnendurchmesser,} \\
k/d \quad &= \text{relative Wandrauhigkeit.}
\end{aligned}
$$

Im hydraulisch rauhen Bereich werden die Wandunebenheiten nicht von der laminaren Grenzschicht verdeckt, so daß die Widerstandszahl nur von der relativen Wandrauhigkeit abhängt. Der Reibungsverlust wird damit gemäß Gl. (9.1/1) proportional dem Quadrat der Fließgeschwindigkeit.

Für glatte Rohre:

$$\frac{1}{\sqrt{\lambda_0}} = 2 \cdot \lg (Re \cdot \sqrt{\lambda_0}) - 0{,}8 , \quad \frac{1}{\sqrt{\lambda_0}} = 2 \cdot \lg \frac{Re \cdot \sqrt{\lambda_0}}{2{,}51} . \qquad (9.1/5)$$

Hier sind die Rauhigkeitserhebungen kleiner als die Dicke der laminaren Grenzschicht. Die Widerstandszahl ist nur von der REYNOLDSschen Zahl Re abhängig,

mit

$$Re = \frac{v \cdot d}{\nu} , \qquad (9.1/6)$$

$$\nu = \text{kinematische Zähigkeit} \qquad \text{(s. Abb. 9/2).}$$

Die Werte von λ sind dem von Moody aufgestellten Diagramm $\lambda = f(Re, k/d)$ (Abb. 9/1) zu entnehmen. Im hydraulisch rauhen Bereich verlaufen die Kurven waagerecht, d.h. λ ist unabhängig von Re. Die Begrenzungslinie für den rauhen Bereich ist gegeben durch

$$Re \cdot \sqrt{\lambda} \cdot \frac{k}{d} = 200 \tag{9.1/7}$$

Zwischen der Kurve für den hydraulisch glatten Bereich und den Geraden für den hydraulisch rauhen Bereich befindet sich jedoch noch ein Übergangsbereich, in dem λ von Re und von k/d abhängt. In der Praxis liegen die Strömungen meistens in diesem Übergangsbereich. Hierfür führte Colebrook Versuche mit technischen Rohren aus und fand den in Abb. 9/1 dargestellten Kurvenverlauf. Auf Grund der Versuchsergebnisse stellten Colebrook und White [17] die Beziehung auf

$$\frac{1}{\sqrt{\lambda}} = -2 \lg \left[\frac{2{,}51}{Re \cdot \sqrt{\lambda}} + \frac{k}{3{,}71 \cdot d} \right] \tag{9.1/8}$$

Diese nach Prandtl-Colebrook benannte Gleichung gilt sowohl für den gesamten Übergangsbereich als auch für den hydraulisch rauhen und den hydraulisch glatten Bereich.

9.1.3 Anwendung der Prandtl-Colebrookschen Gleichung auf Asbestzement-Rohrleitungen

a) Reinwasser. Die Reibungs- oder Druckverluste J in geraden Asbestzement-Druckrohrleitungen errechnen sich aus der allgemeinen Beziehung

$$J = \frac{h_v}{L} = \lambda \cdot \frac{v^2}{2g} \cdot \frac{1}{d}.$$

Die Widerstandszahl λ ergibt sich aus der Gleichung nach Prandtl-Colebrook (9.1/8), wobei allgemein für den Rohrinnendurchmesser d bei Asbestzementrohren die Nennweite eingesetzt werden kann. Die absolute Wandrauhigkeit für gerade Asbestzementrohre ohne Formstücke und ohne eingebaute Armaturen beträgt

$$k = 0{,}025 \text{ mm} = 0{,}025 \cdot 10^{-3} \text{ m}. \tag{9.1/9}$$

Mit diesem Wert, der zum Teil ungünstiger liegt als der in den Fließuntersuchungen gefundene, folgen wir den Empfehlungen des 2. Internationalen Wasserkongresses in London, 1955, der für unisolierte Asbest-

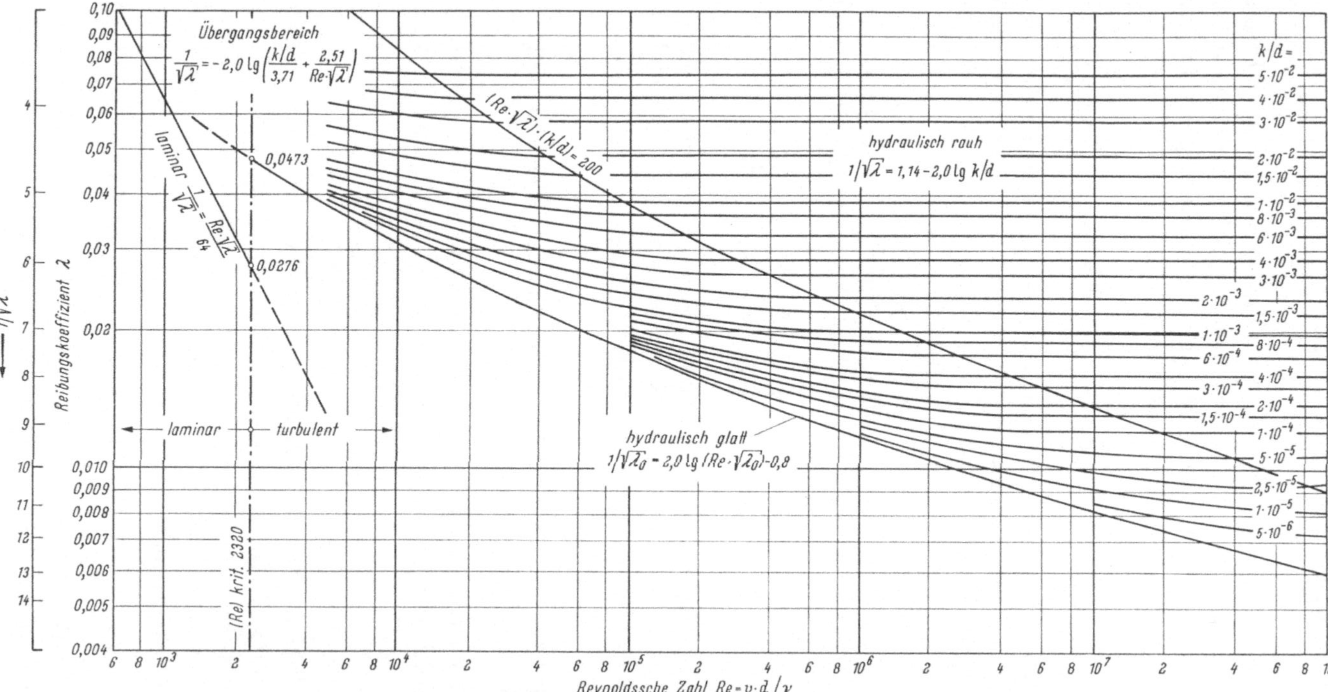

Abb. 9/1. Diagramm von MOODY.

zementrohre den Wert $k = 0,025$ mm vorschlägt, während isolierte Asbestzementrohre als hydraulisch glatt anzusehen sind.

Da der Widerstandsbeiwert λ in Gl. (9.1/8) in impliziter Form vorliegt, ergeben sich Schwierigkeiten für die praktische Berechnung. Zur Vereinfachung wurden daher Nomogramme für die λ-Werte sowie Zahlentafeln und Netzlinientafeln zur Ermittlung der zusammengehörigen Werte J, Q und v in Abhängigkeit von der Nennweite entwickelt. Diese Tafeln beziehen sich im allgemeinen auf Reinwasser von 12 °C Temperatur, sind jedoch auch für Temperaturen zwischen 10 und 15 °C anwendbar. Bei stärker abweichender Temperatur ist die Änderung der kinematischen Zähigkeit gemäß Abb. 9/2 zu berücksichtigen.

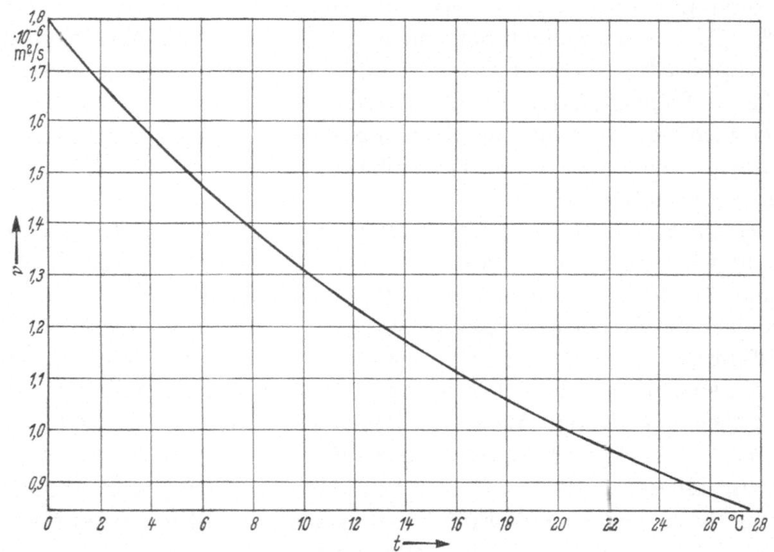

Abb. 9/2. Abhängigkeit der kinematischen Zähigkeit v für Reinwasser von der Temperatur (nach Richter [84]).

Für den planenden Ingenieur ist die Beantwortung der Frage wichtig, wie verhält sich die Wandrauhigkeit mit wachsender Betriebszeit? Lassen sich die Annahmen für k bei der Planung der Rohrleitung auch nach längerer Betriebszeit aufrechterhalten oder müssen von vornherein Zuschläge für die Erhöhung der Wandrauhigkeit infolge Inkrustationen und Ablagerungen berücksichtigt werden? Diese Fragen sind bedeutungsvoll und haben zu einer ganzen Reihe von Ansätzen geführt, ohne daß bisher ein zufriedenstellendes Ergebnis in dieser Hinsicht erzielt wurde. Es wird dies auch kaum in allgemein gültiger Form möglich sein, weil zu viele Faktoren eine Rolle dabei spielen, die ganz von Art und Umständen des jeweiligen Falls abhängen.

Bezüglich des Verhaltens der Wandrauhigkeit bei Asbestzement-rohren gehen die bisherigen Erfahrungen dahin, daß, von wenigen Aus-nahmen abgesehen, die Wand sich eher glättet, als daß sie im Laufe des Betriebs rauher wird. Große Ablagerungen oder gar Inkrustationen sind beim Asbestzementrohr nicht zu erwarten, während ein oft zu beob-achtender feiner Niederschlag, durch Ausfällen der feinen und feinsten Unebenheiten in Poren der Wand, glättend wirkt.

LUDIN [66] fand bei einer fünf Jahre in Betrieb stehenden Wasser-versorgungsleitung eine Verminderung des Reibungsverlustes um etwa 15%. Es ist daher nicht notwendig, bei Planung von Asbestzement-Druckrohrleitungen einen Zuschlag auf die Wandrauhigkeit einzukal-kulieren. Vielmehr kann mit gutem Gewissen der k-Wert des fabrikneuen Asbestzementrohres für alle Rechnungen herangezogen werden. Diese Tatsache bedeutet einen wirtschaftlichen Vorteil, den man nicht hoch genug einschätzen kann.

b) Abwasser. Auch zur Berechnung der Reibungsverluste von voll-gefüllten Abwasserleitungen kann die PRANDTL-COLEBROOKsche Glei-chung Anwendung finden. Bei Abwasserleitungen sind jedoch im all-gemeinen die Reibungseinflüsse infolge der Besonderheiten der baulichen Ausführung und des Durchflußstoffes größer als bei Reinwasserleitungen. So führen z. B. die zahlreichen Seiteneinläufe sowie die Kanalschächte zu zusätzlichen Verlusten. Außerdem können bei ungenügendem Durchfluß querschnittsverengende Ablagerungen auftreten, wenn auch Inkrustatio-nen an Asbestzementrohren nicht beobachtet werden. Zur Berücksich-tigung dieser und anderer Einflüsse ist gemäß den „Richtlinien für die hydraulische Berechnung von Abwasserkanälen" der Abwassertech-nischen Vereinigung e. V. (ATV) statt der im Labor ermittelten Rauhig-keit k mit einer Betriebsrauhigkeit k_b zu rechnen. Danach kann für As-bestzement-Druckrohre die betriebliche Rauhigkeit mit $k_b = 0{,}40$ mm für normale Abwasserkanäle und mit $k_b = 0{,}25$ mm für gerade Abwasser-kanäle ohne Einsteigschächte, seitliche Zuflüsse und Hausanschlüsse an-gesetzt werden, vgl. [53]. Auch für Abwasserleitungen gibt es Netzlinien-tafeln für betriebliche Rauhigkeiten, aus denen man den Durchfluß und das Reibungsgefälle für volle Füllung erhält. Bei den Abwasserkanälen handelt es sich jedoch überwiegend um teilgefüllte Rohrleitungen. Das Abflußvermögen bei Teilfüllung kann unter Verwendung einer Füllungskurve auf das Abflußvermögen bei Vollfüllung bezogen werden. Abb. 9/3 zeigt die Füllungskurve für kreisförmige Rohre entsprechend den ATV-Richtlinien für die hydraulische Bemessung von Abwasserkanälen.

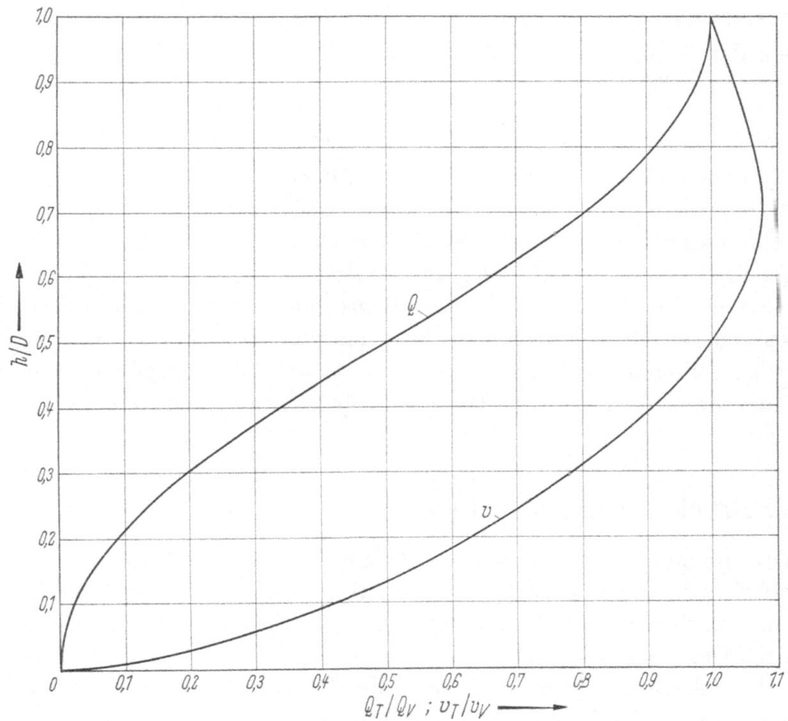

Abb. 9/3. Füllungskurve für Kreisquerschnitte.

Hat eine Rohrleitung mit dem Reibungsgefälle J bei Vollfüllung ein Abflußvermögen Q_V (Geschwindigkeit v_V), so erhält man bei Teilfüllung mit der Füllhöhe h aus Abb. 9/3 das Abflußvermögen Q_T (Geschwindigkeit v_T) bei gleichbleibendem Gefälle. Umgekehrt läßt sich bei gewünschtem Füllungsgrad h/D und gefordertem Abflußvermögen Q_T der zugehörige Wert Q_V für Vollfüllung aus Abb. 9/3 entnehmen, so daß mit Hilfe einer Netzlinientafel das für Q_V erforderliche Gefälle J ermittelt werden kann.

c) Sonstige Flüssigkeiten. Beim Transport anderer tropfbarer Flüssigkeiten als Wasser ändert sich an der Rechnung grundsätzlich nichts, es ist nur die veränderte kinematische Zähigkeit zu berücksichtigen. Durch eine einfache Umrechnung lassen sich aber auch hier die für Reinwasser bzw. Abwasser aufgestellten Zahlentafeln oder Netzlinientafeln verwenden, wenn anstelle des tatsächlichen Durchflusses Q der gedachte Durchfluß $Q_0 = Q \cdot (v_0/v)$ verwendet wird.

Dabei bedeutet der Index „0" die Zugehörigkeit zum Reinwasser. Aus dem damit ermittelten Reibungsgefälle J_0 erhält man das tatsächliche Reibungsgefälle

$$J = J_0 \cdot (v/v_0)^2 . \qquad (9.1/10)$$

d) Formstücke und Armaturen. Durch Bögen, Abzweige, Querschnittsveränderungen, Armaturen usw. ergeben sich gegenüber dem geraden Rohr zusätzliche Druckverluste, die je nach den örtlichen Gegebenheiten gesondert oder durch Zuschlag auf die Verluste der geraden Rohrleitung erfaßt werden können. In der Regel wird man die zusätzlichen Verluste pauschal durch entsprechende Vergrößerung der geraden Rohrlänge berücksichtigen. Ist in Sonderfällen der Ansatz von Einzelverlusten erforderlich, so können Anhaltswerte aus [43] entnommen werden.

9.2 Druckstoß in Rohrleitungen

Wird in einer durchflossenen Rohrleitung die Fließgeschwindigkeit verändert, z.B. durch Betätigung eines Absperrorgans, durch Ausfall von Pumpen, durch einen Rohrbruch oder ähnliches, so ergeben sich hierdurch Druckänderungen.

Die Gleichungen zur Berechnung des Druckstoßes leiten sich aus der Betrachtung des Kräftegleichgewichtes sowie aus der Kontinuitätsbedingung für ein aus der Rohrleitung herausgeschnittenes Teilstück der Länge Δx ab.

Aus dem Kräftegleichgewicht ergibt sich die partielle Differentialgleichung

$$\frac{\partial H}{\partial x} + \frac{1}{g} \cdot \frac{\partial v}{\partial t} = 0 . \qquad (9.2/1)$$

Bei der Betrachtung der Volumenkontinuität ist sowohl die Volumenverminderung der eingeschlossenen Wassersäule als auch die Aufweitung des Rohres unter dem Innendruck zu berücksichtigen. Der erstgenannte Anteil beträgt

$$\Delta V_1 = \frac{1}{E_{Fl}} \cdot \left(\frac{\partial p}{\partial t} \cdot \Delta t \cdot A \cdot \Delta x \right) . \qquad (9.2/2)$$

Hierin ist

$$E_{Fl} = E\text{-Modul der Flüssigkeit},$$
$$A \cdot \Delta x = \text{betrachtetes Volumenelement},$$
$$\frac{\partial p}{\partial t} \cdot \Delta t = \text{Druckänderung in der betrachteten Zeiteinheit } \Delta t.$$

Die elastische Dehnung des Rohrhalbmessers r beträgt für dünnwandige Rohre:

$$\varepsilon_r = \frac{\Delta r}{r} = \frac{\Delta\left(\dfrac{d}{2}\right)}{\dfrac{d}{2}} = \frac{p \cdot d}{2 \cdot s} \cdot \frac{1}{E_r} \tag{9.2/3}$$

$(E_r = E\text{-Modul des Rohres}),$

für dickwandige Rohre:

$$\varepsilon_r = \frac{\Delta r}{r} = \frac{\Delta\left(\dfrac{d}{2}\right)}{\dfrac{d}{2}} = \frac{1}{E_r} \cdot \frac{p}{2}\left(\frac{(d+s)^2 + s^2}{(d+s)\cdot s}\right). \tag{9.2/4}$$

Aus dieser Gleichung erhält man für die Volumenvergrößerung unter Berücksichtigung der Zeitabhängigkeit

$$\Delta V_2 = \frac{d}{E_r \cdot s} \cdot \frac{\partial p}{\partial t} \cdot \Delta t \cdot A \cdot \Delta x. \tag{9.2/5}$$

Die Kontinuitätsbedingung führt dann zu der partiellen Differentialgleichung

$$\frac{\partial v}{\partial x} + \frac{g}{a^2} \cdot \frac{\partial H}{\partial t} = 0. \tag{9.2/6}$$

Damit ergeben sich zwei Beziehungen für den Druckstoß

$$\frac{\partial v}{\partial x} + \frac{g}{a^2}\frac{\partial H}{\partial t} = 0, \tag{9.2/7}$$

$$\frac{\partial v}{\partial t} + g \cdot \frac{\partial H}{\partial x} = 0, \tag{9.2/8}$$

wobei der Ausdruck

$$a = \sqrt{\frac{\dfrac{g}{\gamma}}{\left(\dfrac{1}{E_{Fl}} + \dfrac{d}{s \cdot E_r}\right)}} \tag{9.2/9}$$

die Fortpflanzungsgeschwindigkeit der Druckwelle beschreibt. Gl. (9.2/9) wurde von ALLIEVI aufgestellt.

Für die Praxis kann in beiden Druckstoßgleichungen für H die Energiehöhe eingesetzt werden.

Die allgemeinen Lösungen der beiden simultanen Differentialgleichungen für den Druckstoß lauten:

$$H - H_0 = \Phi\left(t - \frac{x}{a}\right) + \varphi\left(t + \frac{x}{a}\right), \qquad (9.2/10)$$

$$v - v_0 = -\frac{g}{a}\left[\Phi\left(t - \frac{x}{a}\right) - \varphi\left(t + \frac{x}{a}\right)\right]. \qquad (9.2/11)$$

Hierin sind H_0 bzw. v_0 die Ausgangswerte der Energiehöhe bzw. Fließgeschwindigkeit, Φ stellt eine beliebige, mit der Geschwindigkeit a fortlaufende Druckwelle dar, φ ist die reflektierte Druckwelle. Φ kann z.B. durch Betätigung eines Schiebers erzeugt werden, ihre Form ist dann abhängig von dessen Schließkennlinie. φ kann z.B. durch Reflexion an einem Behälter entstehen, ihre Form ist sowohl von Φ als auch von den Reflexionsbedingungen, den Dämpfungen des Systems usw. abhängig.

Als Beispiel diene das einfache System nach Abb. 9/4.

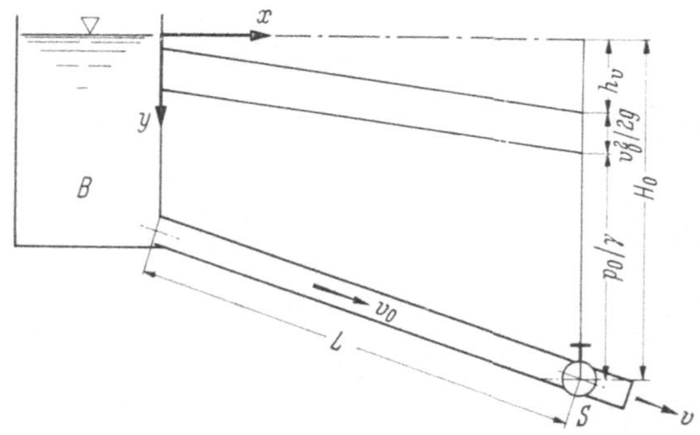

Abb. 9/4. Schematische Darstellung eines einfachen Leitungssystems.

Die Höhe des Behälterspiegels bleibe unverändert. Durch Schließen des Schiebers S entsteht durch die auflaufende Wassersäule eine Druckwelle, die hin und her läuft und jeweils am Behälter bzw. am Schieber reflektiert wird. Die Schwingungsamplitude wird infolge Dämpfung kleiner. Der Druckstoß wird am größten, wenn die Laufzeit der von S

ausgehenden Druckwelle bis zur Rückkehr größer ist als die Schließzeit T des Schiebers, also

$$T < \frac{2L}{a}\,.\tag{9.2/12}$$

Bis zur Rückkehr der Reflexionswelle am geschlossenen Schieber ist dann der zweite Anteil der Gl. (9.2/10) bzw. (9.2/11)

$$\varphi\left(t + \frac{x}{a}\right) = 0,$$

und man erhält mit

$$H - H_0 = \frac{\Delta p}{\gamma}$$

für den maximalen Druckstoß

$$\frac{\Delta p}{\gamma} = \frac{a}{g} \cdot v_0\,.\tag{9.2/13}$$

Die Höhe der Druckänderung Δp, die auch negative Werte annehmen kann (Unterdruck bei ablaufender Wassersäule), hängt also nur von der Ausgangsgeschwindigkeit v_0 ab und kann bei hohen Fließgeschwindigkeiten zu beträchtlichen Zusatzbelastungen für die Rohrleitung führen, wenn nicht besondere Abhilfemaßnahmen ergriffen werden.

Ist dagegen bei Rückkehr der Druckwelle der Schieber noch teilweise geöffnet, also

$$T > \frac{2L}{a}\,,\tag{9.2/14}$$

so wird der Druckstoß durch die abfließende Wassermenge vermindert und die Druckwellenamplitude wird weitgehend von dem Schließgesetz des Schiebers beeinflußt.

Für diesen Fall kann man den maximalen Druckstoß näherungsweise mit der folgenden Gleichung nach ALLIEVI berechnen:

$$\frac{\Delta p}{\gamma} = m - H_0 - \sqrt{m^2 - m'^2}\,.\tag{9.2/15}$$

Hierin ist

$$m = m' + m''\,,\tag{9.2/16}$$

$$m' = H_0 + \frac{a}{g} \cdot v_0\,,\tag{9.2/17}$$

$$m'' = \frac{v_0^2}{2H_0 \cdot g^2} \cdot \left(a - \frac{2L}{T}\right)^2\,.\tag{9.2/18}$$

Gleichung (9.2/15) gibt etwas zu kleine Werte, wenn $a \cdot v_0 > 3g \cdot H_0$ ist. Gemäß Abschn. 4.2.2.1 kann man für praktische Berechnungen mit genügender Genauigkeit für die Druckwellenfortpflanzungsgeschwindigkeit $a = 1000$ m/s einsetzen.

In der Praxis sind die Druckstoßverhältnisse durch Leitungsverzweigungen, Querschnittsveränderungen und dergleichen mit daraus resultierenden Sekundärwellen, die sich den Primärwellen verstärkend oder vermindernd überlagern sowie durch den Einfluß der Regelorgan-Kennlinien meist wesentlich komplizierter als in dem angeführten Beispiel. Zum weiteren Studium sei auf die einschlägige Fachliteratur verwiesen, z. B. [32, 90, 96, 45].

Für die praktische Berücksichtigung der Beanspruchung durch schwellenden Innendruck kann die Empfehlung des DVGW [V63] herangezogen werden. Danach sollte der Druckstoß aus wirtschaftlichen Gründen durch Maßnahmen zur Druckstoßminderung, etwa wie nachfolgend angegeben, begrenzt werden:

bei statischem Druck   (bar): 0 bis 6   6 bis 10   10 bis 20

Druckstoßzuschlag   (bar): 0 bis 3   3 bis 4   4 bis 5

9.3 Statische Berechnung erdverlegter Asbestzementrohre

Die Beanspruchung einer im Boden liegenden Rohrleitung durch Erd- und Verkehrslasten hängt von zahlreichen Faktoren ab, wie Breite und Tiefe des Rohrgrabens, Rohrabmessungen, Lagerungsbedingungen, Boden- und Grundwasserverhältnisse sowie ggf. Art der Straßendecke und des Straßenverkehrs. Aus der Kenntnis der Rohrbelastung ergibt sich die Dimensionierung der Rohre bzw. der zulässige Einsatzbereich bei gegebenen Rohrabmessungen.

Asbestzement-Druckrohre nach DIN 19 800 mit festgelegten Wanddicken bis DN 600 genügen allgemein den in der Praxis auftretenden Belastungen. Bei Rohren größerer Nennweite erfolgt die Dimensionierung nach den Anforderungen der DIN 19 800 durch den Rohrhersteller. Für Asbestzement-Kanalrohre mit festgelegten Wanddicken nach DIN 19 850 wird auf Anfrage vom Hersteller ein statischer Nachweis aufgrund der Belastungsangaben geliefert. Für Rohre bis DN 500 kann ein statischer Nachweis entfallen, wenn die im Prüfbescheid des Instituts für Bautechnik angegebenen Einsatzgrenzen eingehalten werden.

Die statische Berechnung für Kanal- und Druckrohre erfolgt im allgemeinen durch einen Spannungsnachweis, wobei der Sicherheitsfaktor sich aus dem Verhältnis von Bruchspannung und maximal auftretender Spannung ergibt. Drucklose Rohrleitungen können auch nach dem Auflastverfahren bemessen werden. Hierbei wird die Mindestscheitelbruchlast zu der äußeren Belastung ins Verhältnis gesetzt. Der Quotient aus der Scheitellasttragfähigkeit des Rohres und der vorhandenen Scheitellast ergibt den Sicherheitsfaktor.

Die Abwassertechnische Vereinigung ATV erarbeitet „Richtlinien für die statische Berechnung von Entwässerungskanälen und -leitungen". Diese bauen auf den hier dargelegten Verfahren auf und werden eine einheitliche Berechnung der Rohrmaterialien, insbesondere in Abhängigkeit von der Rohrsteifigkeit, erlauben.

9.3.1 Erdlasten

9.3.1.1 Grabenbedingung

Auf eine in einen Rohrgraben gelegte Rohrleitung ist in statischer Hinsicht die Grabenbedingung anzuwenden, wenn durch die beim Setzen der Verfüllung an den Grabenwänden oberhalb des Rohrscheitels auftretenden Reibungskräfte die Erdauflast vermindert wird. Die Grundlage zur Berechnung der verminderten Erdlast bildet die „Silotheorie" [46]. Die Breite für den parallelwandigen Graben ergibt sich aus DIN 4124. Bei schrägen Wänden ist als Grabenbreite die Breite in Höhe des Rohrscheitels anzusetzen, vgl. [100].

Mit den Bezeichnungen nach Abb. 9/5 ergibt sich für einen Erdstreifen der Länge $l = 1$ m das Kräftegleichgewicht in vertikaler Richtung

$$p_{E,V} \cdot B \cdot l - \left(p_{E,V} + \frac{\partial p_{E,V}}{\partial z} \cdot \mathrm{d}z\right) \cdot B \cdot l + \mathrm{d}G_E - 2 \cdot \mathrm{d}R = 0 \, . \qquad (9.3/1)$$

Das Eigengewicht des Erdstreifens ist

$$\mathrm{d}G_E = B \cdot \mathrm{d}z \cdot l \cdot \gamma_E, \qquad (9.3/2)$$

γ_E ist das Raumgewicht des Füllbodens. Der Index E steht für „Erdlast", die zweiten Indices V bzw. H bezeichnen die Kraftrichtung. Bei ausreichender Verdichtung des Füllbodens kann für γ_E das Raumgewicht des ungestörten Bodens eingesetzt werden. Liegt die Rohrleitung im Grundwasser, so wird die Verminderung des Raumgewichts durch den Auftrieb in der Regel vernachlässigt.

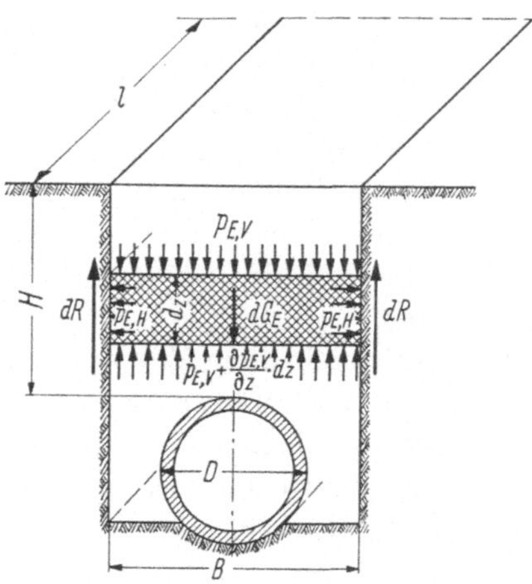

Abb. 9/5. Erdbelastung im Rohrgraben.

Die durch das Setzen der Verfüllung an den Grabenwänden auftretenden Reibungskräfte ergeben sich zu

$$\mathrm{d}R = p_{E,H} \cdot \mathrm{d}z \cdot \mu \cdot l \tag{9.3/3}$$

mit

$p_{E,H}$ = horizontaler Erddruck,
μ = Reibungsbeiwert = $\tan \varrho'$,
ϱ' = wirksamer Wandreibungswinkel.

Nach WETZORKE [100] kann zur Ermittlung des Horizontaldrucks
$p_{E,H}$ der Ruhedruck in Rechnung gestellt werden. Das Verhältnis des
horizontalen Erddrucks zum vertikalen Erddruck ist die Erddruckziffer λ:

$$\frac{p_{E,H}}{p_{E,V}} = \lambda . \tag{9.3/4}$$

WETZORKE schlägt vor, zur Vereinfachung für alle Bodenarten das
gleiche Verhältnis λ_0 einzuführen. Dagegen unterscheidet er zwischen
stark verdichteter und unverdichteter Verfüllung, empfiehlt allerdings
einschränkend, auf die Berücksichtigung der Verdichtung bei der Berechnung der entlastenden Reibungskräfte zu verzichten, da dies zu einer
höheren Sicherheit in den rechnerischen Annahmen führt.
Es wird daher angesetzt:

$\lambda_0 = 0{,}5$ für die verdichtete Grabenverfüllung,
$\lambda_0 = 0{,}7$ für die stark verdichtete Verfüllung,

wobei in der Regel mit dem ersteren Wert gerechnet wird, vgl. [1]. Wenn eine besonders sorgfältige Verdichtung durch die Bauausführung gewährleistet ist, mit Nachweis der Proctordichte, so kann auch $\lambda_0 = 0{,}7$ angesetzt werden.

Der wirksame Wandreibungswinkel ϱ' kann angenähert dem Winkel der inneren Reibung ϱ gleichgesetzt werden. Lediglich beim senkrechten Verbau ist

$$\varrho' = \frac{2}{3}\,\varrho$$

anzusetzen.

Aus Gl. (9.3/4) erhält man damit für den Horizontaldruck

$$p_{E,H} = p_{E,V} \cdot \lambda_0. \tag{9.3/5}$$

Aus Gl. (9.3/1) ergibt sich durch Integration mit der Randbedingung $p_{E,V} = 0$ für $H = 0$ die „Siloformel" für den gleichmäßig verteilten vertikalen Erddruck in Rohrscheitelebene

$$p_{E,V} = A \cdot \gamma_E \cdot H \text{ in kN/m}^2 \tag{9.3/6}$$

mit

$$A = \frac{1 - e^{-2(H/B)\tan\varrho'}}{2\,(H/B)\,\tan\varrho'}\,,$$

dem Abminderungsfaktor zur Berücksichtigung der entlastenden Reibungskräfte.

Die Werte A können Abb. 9/6 für $\lambda_0 = 0{,}5$ entnommen werden. Mit größer werdender Grabenbreite B nähert sich A stetig dem Wert 1. Im Sonderfall der Dammschüttung ist

$$p_{E,V} = \gamma_E \cdot H.$$

Für die Erdauflast über die gesamte Grabenbreite erhält man

$$P_{E,V} = p_{E,V} \cdot B, \tag{9.3/7}$$

bzw. nach Einführung des Abminderungsfaktors A zur Berücksichtigung der entlastenden Reibungskräfte

$$P_{E,V} = \gamma_E \cdot H \cdot B \cdot A \text{ in kN/m}. \tag{9.3/8}$$

Von der berechneten gesamten Vertikallast in Höhe des Rohrscheitels wird in der Regel nur ein Bruchteil auf das Rohr entfallen, dessen Größe von der Steifigkeit des Rohres im Verhältnis zu der des Bodens abhängt. Bei elastischen Rohren, deren vertikale Verformung gleich oder größer

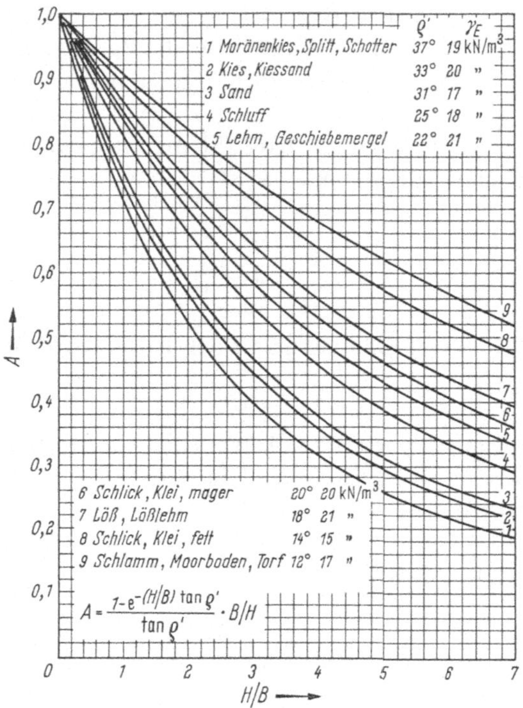

Abb. 9/6. Anteil der Reibung an den Grabenwänden für $\lambda_0 = 0{,}5$ nach WETZORKE [100].

ist als die Verformung des umgebenden Bodens bei gleicher Belastung, findet durch Druckumlagerung eine Entlastung statt. Als Steifigkeitskriterium kann nach VOELLMY

$$n = \frac{E_s}{E_R} \cdot \left(\frac{r}{s}\right)^3 \underset{>}{\overset{<}{=}} 1 \qquad (9.3/9)$$

bestimmt werden.

Hierin bedeutet

E_R = Elastizitätsmodul des Rohres,
E_S = Steifezahl des Bodens,
s = Rohrwanddicke,
r = mittlerer Rohrradius.

Danach ist für $n < 1$ das Rohr steifer als der umgebende Boden,
für $n > 1$ das Rohr elastischer als der umgebende Boden.

Für die Steifezahl E_s des Bodens kann etwa mit folgenden Werten gerechnet werden [1]:

Kiessand, dicht	100	bis	200 N/mm²
Sand, dicht	50	bis	80 N/mm²
Sand, locker	10	bis	20 N/mm²
Schluff	3	bis	10 N/mm²
Ton, halbfest	8	bis	15 N/mm²
Ton, steifplastisch	4	bis	8 N/mm²
Ton, weichplastisch	1,5	bis	4 N/mm²
Klei, Schlick	0,5	bis	3 N/mm²
Torf	0,1	bis	0,5 N/mm²

Nach dem durch Gl. (9.3/9) gegebenen Kriterium wird es sich bei Asbestzementrohren in den meisten Fällen um elastische Rohre handeln.

Nach [1] beträgt der Lastanteil des Rohres ohne Berücksichtigung des Einflusses der Grabenwände auf die Spannungsverteilung

$$P'_{E,V} = P_{E,V} \cdot \frac{D}{B} \cdot m \ \text{in kN/m}. \tag{9.3/10}$$

Hierin ist m der von VOELLMY angegebene Konzentrationsfaktor, der von der Rohrsteifigkeit abhängt

$$m = \frac{5 + 3n}{(1 + n)\,(3 + n)}. \tag{9.3/11}$$

Für den Fall, daß das Rohr ebenso elastisch ist wie der umgebende Boden in der Leitungszone ($n = 1$), wird insbesondere

$$P'_{E,V} = P_{E,V} \cdot \frac{D}{B} = A \cdot \gamma_E \cdot H \cdot D. \tag{9.3/12}$$

Die praktischen Grenzwerte des Konzentrationsfaktors liegen etwa bei $m = 1,5$ bei steifen Rohren und $m = 0,5$ bei stark verformbaren Rohren [1]. Aus Sicherheitsgründen wird empfohlen, Werte $m < 1$ nicht zu berücksichtigen, sondern als unteren Grenzwert für die Erdauflast den Wert nach Gl. (9.3/12) zu verwenden. Für $m > 1$ (steife Rohre) ist zu beachten, daß $P'_{E,V}$ gemäß Gl. (9.3/10) nicht größer werden darf als $P_{E,V}$ gemäß Gl. (9.3/8).

Bei der Berechnung des Lastanteils der Rohre nach Gl. (9.3/10) mit dem Größtwert $P_{E,V}$ für steife Rohre wurde der Einfluß der Grabenwände nicht berücksichtigt. Diese Annahme ist nach den Untersuchungen von WETZORKE [100] zu ungünstig. Danach kann für steife Rohre bei verdichteter Leitungszone der Lastanteil des Rohres auf

$$P'_{E,V} = P_{E,V} \cdot \frac{B + D}{2B} = A \cdot \gamma_E \cdot H \cdot \frac{B + D}{2} \ \text{in kN/m} \tag{9.3/13}$$

reduziert werden. Darüber hinaus findet eine weitere Entlastung in Vertikalrichtung durch die horizontale Belastung des Rohres statt, die aber im allgemeinen vernachlässigt wird und somit eine zusätzliche Sicherheit darstellt. Nur bei unverdichteter Leitungszone wird maximal die gesamte Erdlast $P_{E,V}$ gemäß Gl. (9.3/8) auf das steife Rohr übertragen.

9.3.1.2 Dammbedingung

Wird die Rohrleitung mit einem Damm überschüttet oder liegt sie in einem im Verhältnis zur Überdeckungshöhe breiten Graben, so können die Setzungen des Bodens beiderseits der Rohrleitung größer sein als die Formänderung der Rohre und das Setzen des Bodenprismas über dem Rohr. In diesem Fall wird die Rohrleitung zusätzlich belastet und man spricht von Dammbedingung.

Die auf das Rohr wirkende Erdlast $P_{E,V}$ wird hierfür nach MARSTON berechnet zu

$$P_{E,V} = \lambda_d \cdot \gamma_E \cdot H \cdot D \qquad (9.3/14)$$

mit den Bezeichnungen nach Abb. 9/5. λ_d ist der sogenannte Erdlastbeiwert für die Dammbedingung. Dieser Beiwert ist sowohl von der Art des Bodenmaterials als auch vor allem vom Ausladungswert a und der Setzungs-Durchbiegungszahl r_{sd} abhängig und ändert sich mit dem Verhältnis H/D [87]. Der Ausladungswert a kennzeichnet den Grad der Einbettung des Rohres in den gewachsenen Boden (s. Abb. 9/7). Bei einem Auflagerwinkel α (vgl. Abschn. 9.3.5.1) kann der Ausladungswert a errechnet werden zu

$$a = 1 - 0{,}5 \cdot \left(1 - \cos\frac{\alpha}{2}\right). \qquad (9.3/15)$$

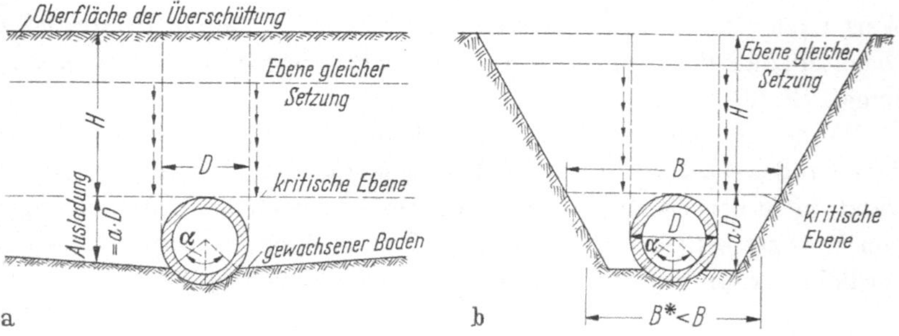

Abb. 9/7a. u. b. Rohrleitungen unter Dammbedingungen, entsprechend DIN 4033.

Der Wert λ_d und damit die Größe der vertikalen Erdauflast wird kleiner mit abnehmendem Ausladungswert, je weiter also die Rohrleitung in den gewachsenen Boden eingebettet wird. Der Ausladungswert a kann negative Werte annehmen, wenn die Rohre in einem Graben in der Damm-unterlage gelegt sind und der Rohrscheitel sich unterhalb der gewachsenen Geländeoberfläche befindet.

Die Setzungs-Durchbiegungszahl r_{sd} ist ein Maßstab für das Verhältnis der Setzungen der Bodenkörper seitlich der Rohrleitung und des Rohrscheitels. Setzt sich der Boden seitlich der Rohrleitung in Höhe des Rohrscheitels stärker als der Rohrscheitel selbst, so wirken auf das Bodenprisma oberhalb der Rohrleitung in vertikalen Gleitflächen zusätzliche, abwärts gerichtete Reibungskräfte und die Setzungs-Durchbiegungszahl ist positiv. Sie ist um so größer, je weniger sich der Rohrscheitel setzt, bzw. je steifer das Rohr ist. Sie wird kleiner, wenn die Rohrleitung durch Einsinken in die Bettung oder durch Verformung der Belastung auszuweichen sucht.

Aus der Definition der Setzungs-Durchbiegungszahl r_{sd} ergibt sich somit, daß sie mit dem bei der Grabenbedingung (Abschn. 9.3.1.1) verwendeten Steifigkeitskriterium n verglichen werden kann. Dem Wert $n = 1$, bei dem die Vertikalbewegungen des Rohrscheitels und der in gleicher Höhe befindlichen Bodenschicht neben dem Rohr gleich groß sind, entspricht der Wert $r_{sd} = 0$. Setzt sich der Rohrscheitel weniger stark als der umgebende Boden (steifes Rohr), so wird $r_{sd} > 0$.

Für steife Betonrohre werden in [87] folgende Zahlenwerte für r_{sd} angegeben:

Bettung auf Fels oder unnachgiebigem Boden	$r_{sd} = 1,0$
Bettung auf gewöhnlichem Boden	$r_{sd} = 0,5 \dots 0,8$
Bettung auf nachgiebigerer Unterlage als der anstehende natürliche Boden	$r_{sd} = 0,0 \dots 0,5.$

Im Unterschied zu Betonrohren zählen jedoch Asbestzementrohre vielfach zu den elastischen Rohren und suchen damit der vertikalen Zusatzbelastung durch die abwärts gerichteten Reibungskräfte auszuweichen. Es sind daher bei einwandfreier Verdichtung der Leitungszone die unteren Grenzwerte der angegebenen Bereiche für r_{sd} auf jeden Fall ausreichend.

Aus der Definition der Setzungsdurchbiegungszahl r_{sd} ergibt sich, daß sie mit dem Steifigkeitskriterium nach Voellmy

$$n = \frac{E_s}{E_R}\left(\frac{r}{s}\right)^3 \tag{9.3/16}$$

in Relation gesetzt werden kann.

Zwischen beiden gilt gemäß [68] die Beziehung

$$r_{sd} = 1 - \frac{E_s}{E_R} \cdot \left(\frac{r}{s}\right)^3 , \tag{9.3/17}$$

$$r_{sd} = 1 - n .$$

Wird zusätzlich der Ausladungszustand berücksichtigt, so gilt

$$a \cdot r_{sd} = a - n . \tag{9.3/18}$$

Setzt sich der Rohrscheitel stärker als der umgebende Boden, d.h. wird n nach Gl. (9.3/9) größer als 1, so entspricht dies einem Wert $r_{sd} < 0$. Das Rohr wird somit auch bei Dammleitungen durch die Reibungskräfte entlastet, es wird $\lambda_d < 1{,}0$. Aus Sicherheitsgründen sollte man jedoch hier die entlastende Wirkung nicht in Rechnung stellen, sondern als Kleinstwert $\lambda_d = 1{,}0$ ansetzen. Zur Ermittlung der Grenzgrabenbreite kann in diesem Fall $r_{sd} = 0$ gewählt werden.

Mit den bekannten Werten für die Bettungs- und Setzungsverhältnisse und die Überschüttungshöhe kann der Erdlastbeiwert λ_d für $\gamma_E \times \tan \varrho = 0{,}192$ (körniges, kohäsionsloses Material) aus Abb. 9/8 entnommen werden. Näherungsweise gelten diese Werte auch für andere Bodenarten.

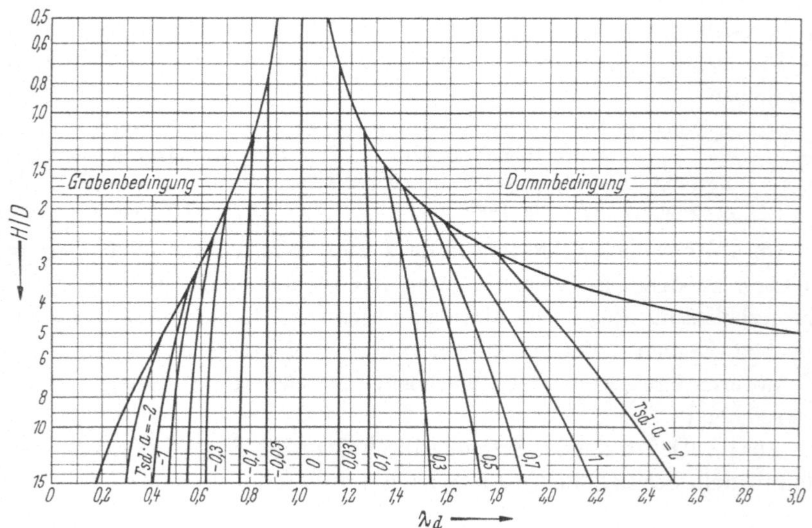

Abb. 9/8. Netzlinientafel für die Erdlastbeiwerte λ_d für Rohrleitungen unter Dammbedingung, nach ROSKE [87].

Neben den Vertikalbelastungen können bei Rohren unter Damm-bedingung auch die horizontalen Erdlasten in Rechnung gestellt werden. Die Belastung der seitlichen Verfüllung neben dem Rohr durch die darüberliegenden Erdprismen führt zu einem horizontal wirkenden Erddruck, der das Rohr entlastet. Seine Größe beträgt nach der Erddrucktheorie von RANKINE

$$p_{E,H} = \lambda_a \cdot \gamma_E \cdot H.$$
$$(9.3/19)$$

Die Erddruckziffer λ_a für den aktiven Erddruck ergibt sich nach KREY zu

$$\lambda_a = \tan^2\left(45° - \frac{\varrho}{2}\right)$$
$$(9.3/20)$$

mit ϱ = Winkel der inneren Reibung. Auch bei intensiver Verdichtung der Verfüllung sollte hier aus Sicherheitsgründen kein größerer Wert als der aktive Erddruck in Rechnung gestellt werden.

Eingangs wurde erwähnt, daß in erdstatischer Hinsicht die Damm-bedingung auch für Rohre gelten kann, die in einen im Verhältnis zur Überdeckungshöhe breiten Rohrgraben gelegt sind. Das Kriterium hierfür ist die sogenannte Grenzgrabenbreite B^*. Sie ergibt sich nach der Theorie von MARSTON aus der Bedingung, daß die Belastungen nach dem Graben- und dem Dammleitungszustand gleich sind. Ist die vorhandene Grabenbreite größer als die Grenzgrabenbreite, so ist mit Dammbedingung zu rechnen, anderenfalls mit Grabenbedingung. Nach WETZORKE soll allerdings auch noch bei Gräben, die breiter sind als die Grenzgrabenbreite, die Grabenbedingung zutreffen [1]. Aus Abb. 9/9 sind die Grenzgrabenbreiten in Abhängigkeit von der Überdeckung, Setzungs-Durchbiegungszahl und Ausladungsziffer für einen Boden mit den Kenngrößen $\lambda_a \cdot \tan \varrho = 0{,}165$ zu entnehmen.

Näherungsweise gelten diese Werte auch für andere Bodenarten.

9.3.2 Verkehrslasten

Die Verkehrslast setzt sich aus einem statischen und einem dynamischen Anteil zusammen. Die Belastung des Rohres durch die statische Verkehrslast wird nach der Theorie von BOUSSINESQ für den elastisch isotropen Halbraum ermittelt. Der dynamische Lastanteil, dessen Größe von der Erregerfrequenz sowie von der lastverteilenden Wirkung der Straßendecke abhängt, wird durch die Stoßziffer ψ berücksichtigt.

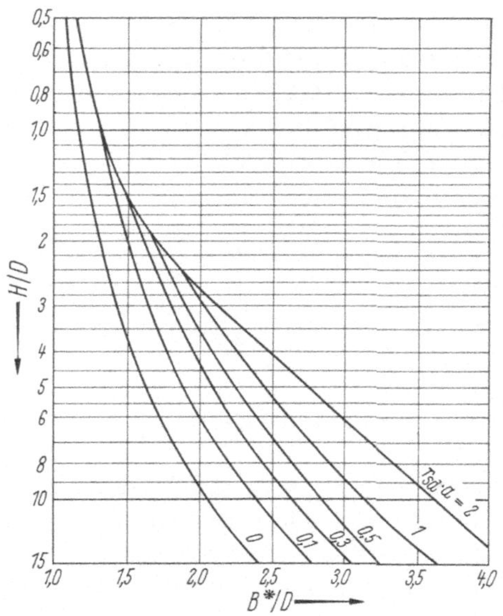

Abb. 9/9. Netzlinientafel für die Grenzgrabenbreite B^*, nach ROSKE [87].

Aus der statischen Einzelverkehrslast $F_{v,i}$ gemäß Abb. 9/10 ergibt sich die vertikale Belastungskomponente im Rohrscheitel zu

$$p_{v,v,i} = \frac{3F_{v,i}}{2\pi \cdot R_i^2} \cdot \cos^3 \beta_i \text{ in kN/m}^2. \qquad (9.3/21)$$

Hier steht der erste Index v für „Verkehrslast".

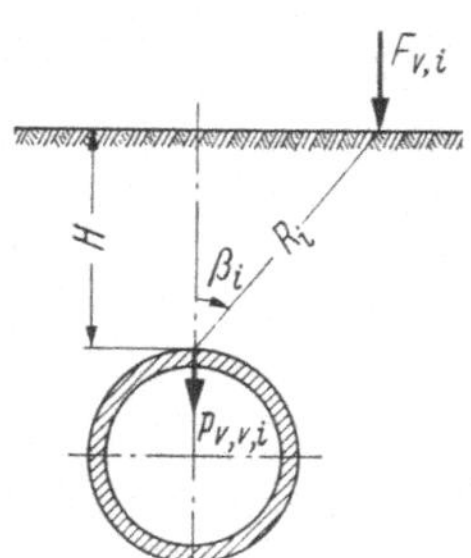

Abb. 9/10. Ermittlung der Rohrbeanspruchung infolge einer ruhenden Einzellast nach BOUSSINESQ.

Die statische Belastung infolge mehrerer Einzellasten (z.B. Radlasten) ergibt sich durch entsprechende Superposition

$$p_{v,v} = {}_i\Sigma\, p_{v,v,i} \text{ kN/m}^2 \qquad (9.3/22)$$

Die genaue Verteilung des Druckes auf den Rohrumfang wird vernachlässigt. Zur Ermittlung der Auflast für das Auflastverfahren kann gleichmäßige Spannungsverteilung über den Rohrdurchmesser angenommen werden:

$$F_{v,v} = p_{v,v} \cdot D \qquad\qquad (9.3/23)$$

Aus Abb. 9/11 kann die statische Verkehrsbelastung für die Straßenregelfahrzeuge nach DIN 1072 in Abhängigkeit von der Überdeckungshöhe entnommen werden.

Das Verfahren von WETZORKE eignet sich nicht für großkalibrige Rohre mit geringer Scheitelüberdeckung. Bei Überdeckungen $H < 1,4$ m ist eine strenge Berechnung der Verkehrslasten durch Abstimmung der

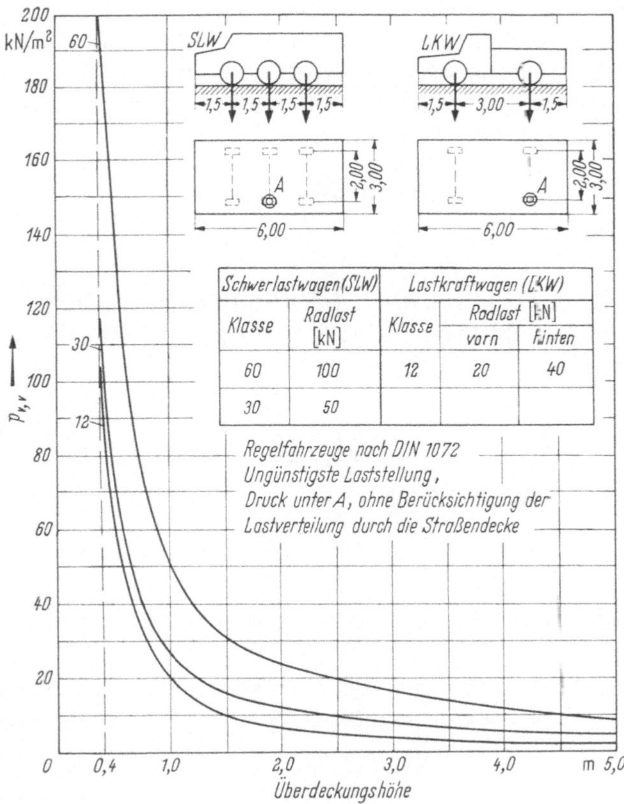

Abb. 9/11. Rohrbelastung unter Verkehrslasten nach WETZORKE [101].

räumlich integrierten BOUSSINESQ-Formel nach HOLL und NEWMARK auf die Verkehrslastenanordnung nach DIN 1072 empfehlenswert. Die Rohrbelastung unter Verkehrslast beträgt

$$p_{v,v} = p_{m,\text{ges}} \cdot F$$

mit

$$p_{m,\text{ges}} = \text{flächenbezogener Druckanteil nach Abb. 9/12,}$$
$$F \qquad = \text{Einzelradlast nach Abb. 9/11.}$$

Wird anstelle der Radlasten des Regelfahrzeugs eine Ersatzflächenlast angesetzt (s. DIN 1072), so ist besonders darauf zu achten, daß diese nicht in die Erdauflast einbezogen und nicht mit dem Abminderungsfaktor A multipliziert wird. Für die Berechnung von Dammleitungen sollten nur die Einzellasten angesetzt werden.

Durch den Einfluß der dynamischen Erschütterungen beim Überfahren der Rohrleitung wird die Verkehrsbelastung größer als sich aus der rein statischen Last ergibt. Diese Vergrößerung wird durch den Stoßfaktor ψ berücksichtigt. Die Gesamtverkehrslast ist

$$p_{v,v,\text{ges}} = p_{V,V} \cdot \psi \text{ in kN/m}^2 \tag{9.3/24}$$

bzw.

$$F_{v,v,\text{ges}} = F_{V,V} \cdot \psi = p_{V,V} \cdot D \cdot \psi \text{ in kN/m} \tag{9.3/25}$$

Die Größe von ψ ist von der Art der Straßenbefestigung und von der Überdeckunghöhe abhängig. Es genügt jedoch, den Stoßfaktor nach DIN 4033 anzusetzen:

$$\psi = 1 + \frac{0,3}{H} \tag{9.3/26}$$

für Straßen-Verkehrslasten und

$$\psi = 1 + \frac{0,6}{H} \tag{9.3/27}$$

für Eisenbahn- und Flugzeug-Verkehrslasten mit $H = $ Überdeckungshöhe in m.

In neueren Empfehlungen der Abwassertechnischen Vereinigung (ATV) wird der Stoßfaktor unabhängig von H wie folgt angesetzt:

$$\text{SLW 60:} \ \psi = 1{,}2,$$
$$\text{SLW 30:} \ \psi = 1{,}4,$$
$$\text{LKW 12:} \ \psi = 1{,}5.$$

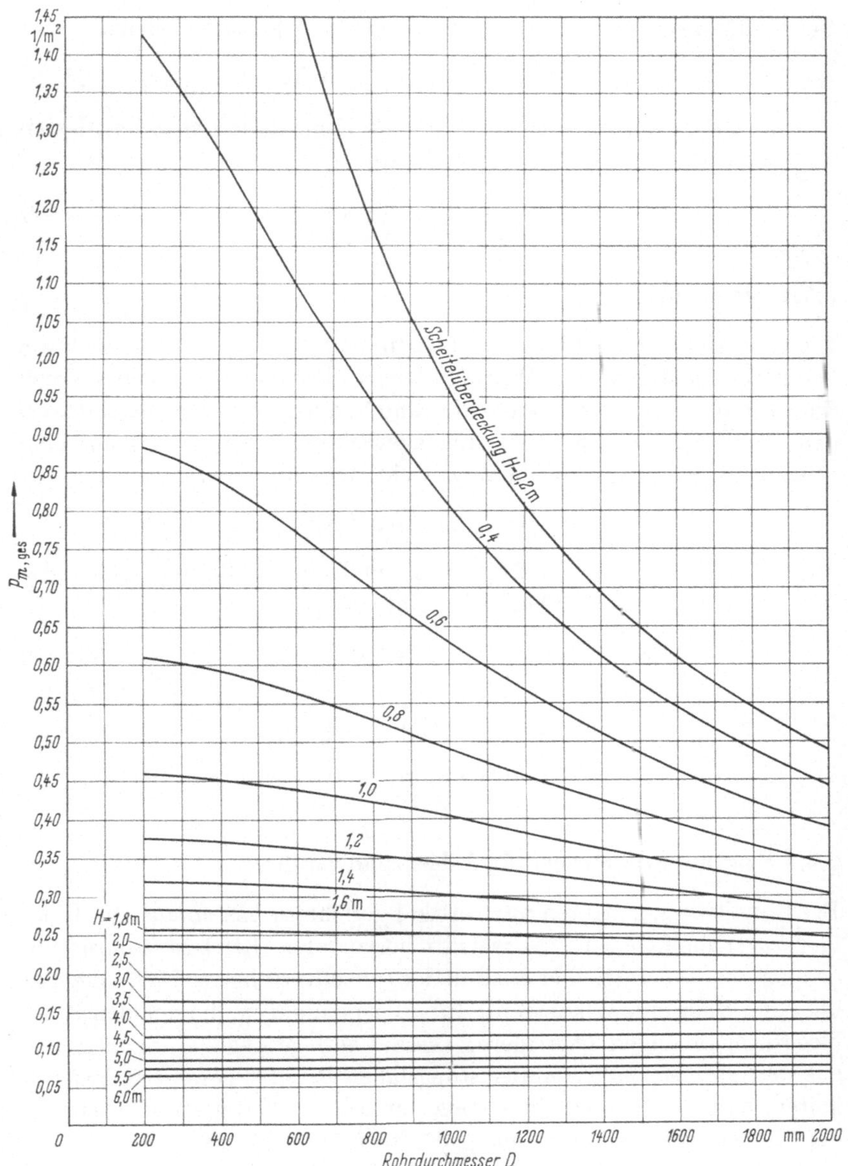

Abb. 9/12. Flächenbezogener Druckanteil $p_{m,\mathrm{ges}}$ infolge Einheitslasten nach SLW-Schema auf Rohrabschnitt von der Länge $L = 1{,}0$ m.

9.3.3 Wasserfüllung

Bei Vollfüllung des Rohres beträgt das Gewicht je Einheitslänge

$$G_W = A \cdot \gamma_W = r^2 \cdot \pi \cdot \gamma_W \text{ in kN/m}. \tag{9.3/28}$$

Bei Ansatz der Flächenbelastung zur Ermittlung der Schnittlasten wird die maßgebende Belastungsordinate

$$g_W = r \cdot \gamma_W \text{ in kN/m}^2. \tag{9.3/29}$$

9.3.4 Eigengewicht des Rohres

Die Einbeziehung des Eigengewichtes in die Rechnung kann ähnlich wie bei Berücksichtigung der Wasserfüllung in bestimmten Fällen sinnvoll sein. Im allgemeinen können beide Einflüsse jedoch vernachlässigt werden. Der Belastungsanteil des Eigengewichtes berechnet sich aus dem Gesamtgewicht. Es ist das Metergewicht eines Rohres

$$G_R = A_{\text{Rohr}} \cdot \gamma_{AZ} \text{ in kN/m}.$$

Mit $\quad A_R = \pi \cdot (r_a^2 - r_i^2) = 2 \cdot r \cdot \pi \cdot s \quad$ und $\quad \gamma_{AZ} = $ Raumgewicht des Asbestzementrohres ≈ 20 kN/m³ ergibt sich

$$G_R = 2 \cdot r \cdot \pi \cdot s \cdot 20 = 2r \cdot \pi \cdot g_R, \tag{9.3/30}$$

$$g_R = 20 \cdot s \text{ in kN/m}^2, \tag{9.3/31}$$

$$g_R = \text{Umfangsgewicht in kN/m}^2,$$

$$s \quad = \text{Wanddicke in m}.$$

9.3.5 Spannungsnachweis für Asbestzementrohre

Bei Kanalleitungen treten nur vertikal gerichtete Lasten auf, die Ringbiegezugspannungen im Querschnitt hervorrufen. Bei Druckrohrleitungen kommt als zusätzlicher Lastfall der Innendruck hinzu. Dieser erzeugt über den Rohrumfang konstante Ringzugspannungen, die sich den Ringbiegezugspannungen überlagern. Diese Überlagerung der Spannungen aus den unterschiedlichen Belastungsfällen bereitet gewisse Schwierigkeiten, weil das HOOKEsche Gesetz nur bedingt gültig ist. Hinsichtlich der Reihenfolge der Verformung dürfte für die Praxis meist der Fall zutreffen, daß die Scheitelbelastung aus Erd- und Verkehrslasten zuerst auftritt und anschließend das bereits ovalisierte Rohr durch Innendruck wieder gerundet wird.

Versuche mit Asbestzement-Druckrohren unter gleichzeitiger Einwirkung von Scheitellast und Innendruck haben gezeigt, daß für den Zusammenhang zwischen Ringbiegezugfestigkeit und Ringzugfestigkeit bei kombinierter Belastung ein parabelförmiger Verlauf angenommen werden kann (s. Abschn. 4.4.3). Auf diesen Zusammenhang kann beim Spannungsnachweis zurückgegriffen werden (s. Abschn. 9.3.5.4).

9.3.5.1 Einfluß der Rohrlagerung

Durch die Flächenlagerung des Rohres wird die Tragfähigkeit gegenüber der Linienlagerung im Scheiteldruckversuch erhöht. Nach dem von MARQUARDT [70] festgestellten Verlauf der Auflagerkräfte, können für die verschiedenen Auflagerarten entsprechende Funktionen angesetzt werden. Bei losem Auflagermaterial kann für den Verlauf der radial gerichteten Auflagerkräfte eine Cosinusfunktion angesetzt werden, entsprechend Abb. 9/13.

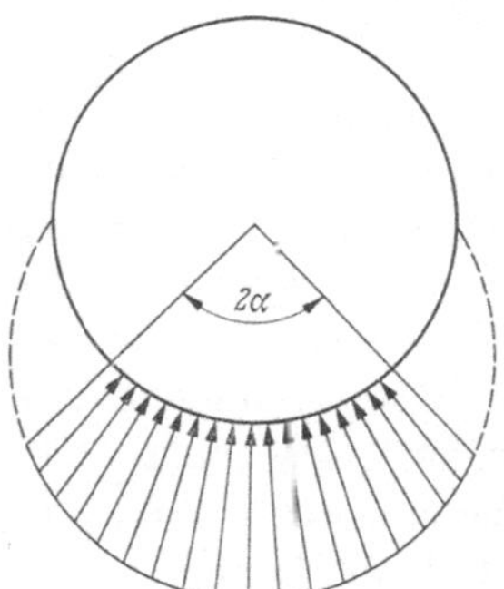

Abb. 9/13. Rohrauflagerung.

9.3.5.2 Schnittlasten und Belastungswerte

In statischer Hinsicht handelt es sich bei Rohren um ein Schalenproblem. Da die Berechnung nach der Schalentheorie sehr aufwendig und unwirtschaftlich ist, berechnet man das Rohr vereinfacht als Ringträger. Dieser Träger ist dreifach statisch unbestimmt und auch seine Berechnung ist noch sehr umfangreich. Im folgenden werden nur die Einflußzahlen für die Schnittlasten im Rohrscheitel, am Rohrkämpfer und an der Rohrsohle angegeben, da die für die Bemessung eines erdverlegten Rohres maßgebenden Zonen maximaler Beanspruchung in der Regel an der Rohrsohle und am Rohrscheitel liegen. Für die genaue Verteilung der Schnittlasten muß auf die einschlägige Literatur verwiesen werden.

In Tab. 9/1 sind die Biegemomente und Normalkräfte für die verschiedenen Lastfälle angegeben. Alle Werte sind auf den mittleren Rohrradius r bezogen und unter der Voraussetzung einer zum Vertikaldurchmesser symmetrischen Belastung berechnet worden.

Es werden folgende Lastfälle unterschieden, deren getrennt zu berechnende Einflüsse auf das Rohr sinngemäß überlagert werden:

Lastfall 1: Vertikale Flächenbelastung durch Auflast (Erd- und Verkehrslast).

Lastfall 2: Horizontale beidseitige Flächenbelastung durch Erddruck.

Lastfall 3: Belastung durch die drucklose Wasserfüllung.

Lastfall 4: Belastung durch das Rohreigengewicht.

Die Einflußzahlen η sind für die Auflagerwinkel 30°, 60°, 90°, 120° und 180° Tab. 9/1 zu entnehmen. Die Berechnung der Schnittlasten M und N erfolgt mit den zugehörigen Belastungswerten nach der Beziehung

$$M = r_m^2 \left\{ \eta_1\, p_v + \eta_2\, p_H + \eta_3\, g_w + \eta_4\, g_R \right\}, \tag{9.3/32}$$

$$N = r_m \left\{ \eta_5\, p_v + \eta_6\, p_H + \eta_7\, g_w + \eta_8\, g_R \right\}. \tag{9.3/33}$$

Vertikale Erdlast: Bei der Berechnung der vertikalen Erdlast anhand der Silotheorie wird eine über die gesamte Grabenbreite konstant bleibende Belastungsordinate angenommen.

Horizontale Erdlasten: Bei Rohrleitungen kann die entlastende Wirkung des horizontalen Erddruckes oberhalb des Auflagers berücksichtigt werden. Zur Berechnung der Schnittlasten kann Lastfall 2 angesetzt werden.

Verkehrslast: Die maßgebende Scheitelordinate der Verkehrslast unter Einbeziehung des Stoßfaktors ψ ist durch die Gl. (9.3/24) gegeben. Diese Ordinate kann zusammen mit der Ordinate der Erdlast zur Berechnung der Schnittlasten nach Lastfall 1 angewendet werden.

Wasserfüllung: Die Schnittlasten ergeben sich nach Lastfall 3 mit dem Belastungswert g_w nach Gl. (9.3/29).

Rohreigengewicht: Die Schnittlasten ergeben sich nach Lastfall 4 mit dem Belastungswert g_R nach Gl. (9.3/31).

Innendruck: Der Lastfall Innendruck kann nicht mit den Belastungen aus vertikaler und horizontaler Auflast zusammengefaßt werden. Da der Innendruck in radialer Richtung auf die Rohroberfläche wirkt und der Kreis die Stützlinie für Radiallasten darstellt, können nur Normalkräfte aber keine Biegemomente in der Rohrwand auftreten. Die über dem Rohrumfang konstante Normalkraft infolge Innendruck p_i ist

$$N = \frac{p_i \cdot d}{2}. \tag{9.3/34}$$

Tabelle 9/1. Einflußzahlen für Rohrstatik nach MARQUARDT

Auflagerwinkel Scheitelwerte, Kämpferwerte Sohlwerte	Erd- und Verkehrslast		waagr. Erddruck		Wasserfüllung		Eigengewicht	
	$M =$ $\eta_1\, p_V\, r_m^2$	$N =$ $\eta_5\, p_V\, r_m$	$M =$ $\eta_2\, p_H\, r_m^2$	$N =$ $\eta_6\, p_H\, r_m$	$M =$ $\eta_3\, \gamma_w\, r_m^3$	$N =$ $\eta_7\, \gamma_w\, r_m^2$	$M =$ $\eta_4\, g_R\, r_m^2$	$N =$ $\eta_8\, g_R\, r_m^2$
1	2	3	4	5	6	7	8	9
30° Scheitel	$+0,2954$	$+0,0986$	$-0,2500$	$-1,0000$	$+0,2439$	$+0,7383$	$+0,4877$	$+0,4767$
Kämpfer	$-0,3032$	$-1,0000$	$+0,2500$	0	$-0,2799$	$+0,2146$	$-0,5598$	$-1,5708$
Sohle	$+0,4681$	$-0,2287$	$-0,2500$	$-1,0000$	$+0,5628$	$+1,0573$	$+1,1256$	$-0,8855$
60° Scheitel	$+0,2851$	$-0,0774$	$-0,2500$	$-1,0000$	$+0,2277$	$+0,7050$	$+0,4553$	$+0,4100$
Kämpfer	$-0,2925$	$-1,0000$	$+0,2500$	0	$-0,2631$	$+0,2146$	$-0,5261$	$-1,5708$
Sohle	$+0,3690$	$-0,3387$	$-0,2500$	$-1,0000$	$+0,4071$	$+0,8845$	$+0,8143$	$-1,2311$
90° Scheitel	$+0,2693$	$+0,0441$	$-0,2500$	$-1,000$	$+0,2028$	$+0,6527$	$+0,4057$	$+0,3055$
Kämpfer	$-0,2748$	$-1,0000$	$+0,2500$	0	$-0,2353$	$+0,2146$	$-0,4706$	$-1,5708$
Sohle	$+0,2921$	$-0,4331$	$-0,2500$	$-1,000$	$+0,2864$	$+0,7363$	$+0,5727$	$-1,5257$
120° Scheitel	$+0,2507$	$+0,0032$	$-0,2500$	$-1,000$	$+0,1736$	$+0,5885$	$+0,3472$	$+0,1770$
Kämpfer	$-0,2525$	$-1,0000$	$+0,2500$	0	$-0,2003$	$+0,2146$	$-0,4006$	$-1,5708$
Sohle	$+0,2373$	$-0,5072$	$-0,2500$	$1,000$	$+0,2003$	$+0,6199$	$+0,4006$	$-1,7603$
180° Scheitel	$+0,2273$	$-0,0530$	$-0,2500$	$-1,0000$	$+0,1363$	$+0,5000$	$+0,2725$	$0,0$
Kämpfer	$-0,2197$	$-1,0000$	$+0,2500$	0	$0,1492$	$+0,2146$	$+0,2983$	$-1,5708$
Sohle	$+0,1967$	$-0,5836$	$-0,2500$	$-1,0000$	$+0,1363$	$+0,5000$	$+0,2725$	$-2,0000$

Hierin ist d der Rohrinnendurchmesser. Für äußeren Überdruck gilt dieselbe Gleichung mit umgekehrtem Vorzeichen.

9.3.5.3 Spannungsermittlung

Die aus den vertikalen und horizontalen Auflasten ermittelten Schnittlasten rufen im Rohrquerschnitt Ringbiegezugspannungen hervor.

Die maximale Ringbiegezugspannung beträgt

$$\sigma_{rbz} = \frac{N}{A} + \frac{M}{W}\,. \tag{9.3/35}$$

Die Normalkräfte N und Biegemomente M sind nach Gl. (9.3/32) und Gl. (9.3/33) zu berechnen.

Das Widerstandsmoment für den Rohrabschnitt der Länge $l = 1$ cm beträgt

$$W = \frac{s^2}{6}\,\text{cm}^3 \tag{9.3/36}$$

mit $s =$ Wanddicke in cm,

der Querschnitt ist $A = s$ in cm². $\tag{9.3/37}$

Für die Spannungsberechnung aus den Auflasten kann die tatsächlich vorhandene Rohrwanddicke zugrunde gelegt werden, die durch die produktionsbedingte Überwicklung um mindestens 1 bis 3 mm (abhängig von der Nennweite) größer ist als die Nennwanddicke.

Bei dickwandigen Rohren, deren Wanddicke im Verhältnis zum Rohrradius nicht mehr klein ist, gilt Gl. (9.3/35) nicht mehr mit genügender Genauigkeit, da hier das NAVIERsche Geradliniengesetz der Spannungsverteilung nicht mehr gültig ist. Beim dickwandigen Rohr mit kleinerem Wanddickenverhältnis $\delta = d/s$ ist die Spannungsverteilung hyperbolisch. Die Maximalspannung tritt an der Rohrinnenwand auf. Der Biegespannungsanteil M/W der Gl. (9.3/35) ist daher mit einem Korrekturfaktor zu multiplizieren. Abb. 9/14 enthält die Faktoren ψ_i für die innere und ψ_a für die äußere Rohrwand. Es wird damit

$$\sigma_d = \frac{N}{A} \pm \frac{6 \cdot M}{s^2} \cdot \psi_{i,a}\,. \tag{9.3/38}$$

Wie Abb. 9/14 zeigt, kann bei Rohren mit normaler Wanddicke in der Regel die Gl. (9.3/35) mit ausreichender Genauigkeit angewendet werden.

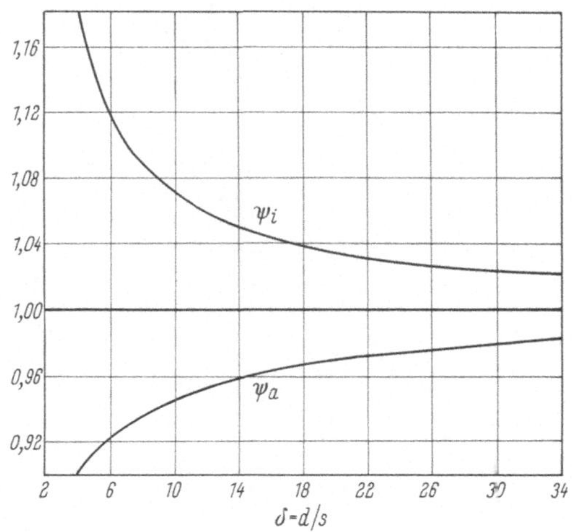

Abb. 9/14. Korrekturfaktoren $\psi_{i,a}$ für die Ringbiegezugspannung am gekrümmten Stab in Abhängigkeit von δ.

Die von der Normalkraft infolge Innendruck gemäß Gl. (9.3/34) erzeugte Spannung ist eine reine Ringzugspannung und beträgt

$$\sigma_{rz} = \frac{N}{A} = \frac{p_i \cdot d}{2s} \qquad (9.3/39)$$

mit p_i in N/cm², d und s in cm.

Diese Spannung stellt einen Mittelwert über den Rohrquerschnitt dar. Auch hier zeigt die Spannungsverteilung bei dickwandigen Rohren einen hyperbolischen Verlauf mit dem Größtwert an der Rohrinnenwand. Der genaue Spannungswert beträgt an der Innenwand

$$\sigma_{rz,i} = \sigma_{rz,\mathrm{max}} = p_i \frac{r_a^2 + r_i^2}{r_a^2 - r_i^2}, \qquad (9.3/40)$$

an der Außenwand

$$\sigma_{rz,a} = \sigma_{rz,\mathrm{min}} = p_i \frac{2 r_i^2}{r_a^2 - r_i^2}, \qquad (9.3/41)$$

r_i ist der innere, r_a der äußere Rohrradius.

Zur Vereinfachung der Berechnung sind für die Spannung $\sigma_{rz,\mathrm{max}}$ nach Gl. (9.3/40) und für die mittlere Spannung σ_{rz} nach Gl. (9.3/39) in Abb. 9/15 die Beiwerte ξ und η in Abhängigkeit von $\delta = d/s$ aufgetragen. Damit wird

$$\sigma_{rz,\mathrm{max}} = \xi \cdot p_i \quad \text{und} \quad \sigma_{rz} = \eta \cdot p_i.$$

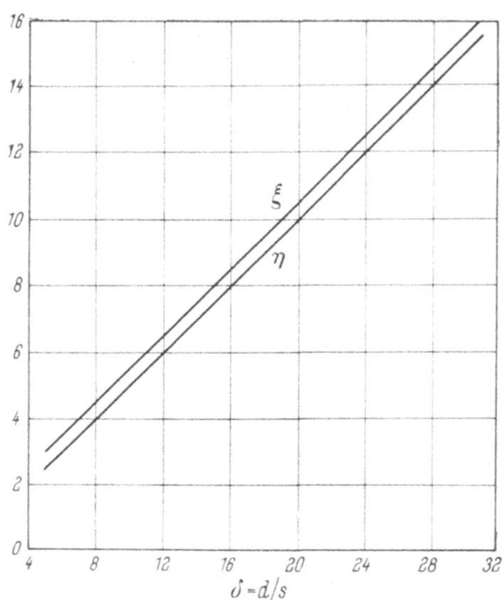

Abb. 9/15. Beiwerte ξ und η in Abhängigkeit von δ.

Aus dem Vergleich von ξ und η läßt sich der bei Anwendung der Gl. (9.3/39) gemachte Fehler abschätzen. Ähnlich wie bei der Ringbiegezugspannung genügt für die Praxis und bei normalen Verhältnissen in der Regel die Berechnung nach Gl. (9.3/39), da der hierbei gemachte Fehler im Rahmen der natürlichen Streuung der Festigkeitswerte liegt.

9.3.5.4 Tragfähigkeitsnachweis

Die Berechnung der Rohrleitungen ohne Innendruck kann auch nach dem Auflastverfahren erfolgen. Die von der Verteilung der Auflagerspannungen und damit von der Rohrbettung abhängige Tragfähigkeit der Rohre muß mit ausreichender Sicherheit über der Summe aller Auflasten liegen.

Die vertikale Belastung setzt sich aus folgenden Anteilen zusammen:

Erdlast für Rohre unter Grabenbedingung oder Dammbedingung,
Verkehrslast,
Gewicht der Wasserfüllung,
Eigengewicht des Rohres.

Die letzten beiden Anteile brauchen nur bei Rohrleitungen großer Nennweite berücksichtigt zu werden.

Durch Verteilung der Auflagerkraft auf die dem Auflagerwinkel α entsprechende Sohlfläche wird die Tragfähigkeit des Rohres größer als die beim Scheiteldruckversuch sich ergebende Scheiteldruckkraft.

Die Erhöhung der Tragfähigkeit wird für Grabenleitungen nach WETZORKE [100] durch die sogenannten Einbauziffern berücksichtigt, die im wesentlichen auch mit den von MARQUARDT angegebenen Einbauziffern übereinstimmen. Je nach Größe des Auflagerwinkels und Qualität der Bettung kann der Einfluß der Rohrbettung auf die Tragfähigkeit durch Einbauziffern E_z zwischen 1,5 und 2,0 berücksichtigt werden.

Bei Kanalisationsleitungen, die nach DIN 4033 ausgeführt werden, kann mit $E_z = 1,7$ gerechnet werden, wenn eine einwandfreie Verdichtung der Leitungszone gewährleistet ist. Die Einbauziffer $E_z = 1,0$ entspricht nach WETZORKE dem Scheiteldruckversuch.

Beim Scheiteldruckversuch mit Dreilinienlagerung ist wegen der günstigeren Beanspruchung die Bruchlast nach Versuchen etwa 6 bis 8% größer als bei Zweilinienlagerung.

Für Rohrleitungen unter Dammbedingung, die nach dem von ROSKE dargestellten Verfahren berechnet werden, wird der Einfluß des Auflagerwinkels über die sogenannte Tragfähigkeitsziffer T_r berücksichtigt (s. Tab. 9/2). Die Tragfähigkeitsziffer ist außer vom Auflagerwinkel auch von der Art des Bettungsmaterials (loses oder festes Material) sowie vom Rohrdurchmesser abhängig. Für die Auflagerung auf Sand oder Kies kommen die Werte für loses Material der Tab. 9/2 in Betracht. Durch die Abhängigkeit vom Rohrdurchmesser hat ROSKE auch den Einfluß vom Rohreigengewicht und Gewicht der Wasserfüllung überschläglich berücksichtigt, so daß diese Anteile bei den Auflasten nicht in Ansatz gebracht zu werden brauchen. Die Tragfähigkeitsziffern T_r berücksichtigen den Spannungsvergleich mit einer Beanspruchung durch den Scheiteldruckversuch bei Dreilinienlagerung.

Unter der Tragfähigkeit des Rohres versteht man die vertikale Auflast, die es unter den gegebenen Einbaubedingungen gerade noch tragen kann, ohne daß ein Bruch eintritt. Man geht dazu von der garantierten Mindest-Scheiteldruckkraft aus, die durch den Scheiteldruckversuch ermittelt wird.

Für Rohrleitungen unter Grabenbedingung ist dann die Tragfähigkeit

$$F_{Tr} = E_z \cdot F_{\min}, \qquad (9.3/42)$$

worin $F_{\min}$ die Mindest-Scheiteldruckkraft und E_z die Einbauziffer ist.

Für Rohrleitungen unter Dammbedingung wird die Erhöhung der Tragfähigkeit durch die Rohrauflagerung mit der Tragfähigkeit T_r und

Tabelle 9/2. Tragfähigkeitsziffern T_r für kreisförmige Rohre, nach ROSKE [87]

DN	Loses Material Auflagerwinkel α			Festes Material Auflagerwinkel α						DN
	30°	60°	90°	30°	60°	90°	120°	150°	180°	
1	2	3	4	5	6	7	8	9	10	11
100	1,27	1,52	1,82	1,35	1,75	2,27	2,51	2,81	2,91	100
125	1,27	1,52	1,82	1,35	1,75	2,27	2,51	2,81	2,91	125
150	1,26	1,52	1,82	1,35	1,74	2,26	2,51	2,81	2,91	150
200	1,26	1,51	1,81	1,34	1,74	2,26	2,50	2,81	2,91	200
250	1,25	1,50	1,80	1,33	1,73	2,26	2,50	2,81	2,91	250
300	1,24	1,50	1,80	1,32	1,72	2,25	2,50	2,80	2,91	300
(350)	1,23	1,49	1,79	1,31	1,71	2,25	2,50	2,80	2,90	(350)
400	1,22	1,48	1,78	1,30	1,71	2,24	2,49	2,80	2,90	400
(450)	1,21	1,47	1,77	1,29	1,70	2,24	2,49	2,80	2,90	(450)
500	1,19	1,46	1,76	1,28	1,69	2,23	2,49	2,80	2,90	500
600	1,17	1,44	1,74	1,26	1,67	2,22	2,48	2,79	2,90	600
700	1,15	1,42	1,72	1,24	1,65	2,21	2,47	2,79	2,89	700
800	1,11	1,39	1,70	1,20	1,63	2,19	2,47	2,79	2,89	800
900	1,08	1,36	1,68	1,17	1,60	2,18	2,46	2,78	2,89	900
1000	1,06	1,34	1,66	1,15	1,58	2,16	2,45	2,77	2,88	1000
(1100)	1,03	1,31	1,64	1,13	1,56	2,14	2,44	2,76	2,87	(1100)
1200	1,00	1,29	1,62	1,10	1,54	2,13	2,43	2,75	2,87	1200
(1300)	0,97	1,26	1,59	1,07	1,51	2,11	2,42	2,74	2,86	(1300)
1400	0,94	1,23	1,57	1,04	1,49	2,10	2,41	2,73	2,86	1400
(1500)	0,91	1,21	1,54	1,02	1,46	2,08	2,40	2,73	2,85	(1500)

Tabelle 9/3. Beiwerte T_d für die Tragfähigkeitsziffer bei Dammleitungen

Lagerart	Reibungswinkel des Bodens ϱ	Auflagerwinkel $\alpha =$					
		30°	60°	90°	120°	150°	180°
1	2	3	4	5	6	7	8
Ausladungsziffer a		0,98	0,93	0,85	0,75	0,63	0,50
Lagerung auf losem Material	20°	1,36	1,45	1,51			
	30°	1,27	1,27	1,30			
	40°	1,13	1,16	1,18			
Lagerung auf festem Material	20°	1,43	1,58	1,35	1,37	1,37	1,27
	30°	1,25	1,37	1,21	1,23	1,22	1,17
	40°	1,15	1,21	1,13	1,14	1,14	1,10

durch den entlastend wirkenden horizontalen Erddruck mit dem Faktor T_d (Tab. 9/3) nach ROSKE berücksichtigt.

Damit wird die Tragfähigkeit

$$F_{Tr} = F_{\min} \cdot T_r \cdot T_d. \qquad (9.3/43)$$

Hierin ist wieder $F_{\min}$ die Scheiteldruckkraft.

9.3.5.5 Sicherheiten

Bei Anwendung des Spannungsnachweis-Verfahrens errechnet sich für Asbestzement-Kanalrohre die Ringbiegezugfestigkeit aus den Scheiteldruckkräften nach DIN 19 850 zu

$$\sigma_{rbz} = 0{,}3\, F_{\min} \frac{3\,\mathrm{DN} + 5s}{s^2} \qquad (9.3/44)$$

mit

$$F_{\min} = \text{Scheiteldruckkraft in } \frac{\mathrm{N}}{\mathrm{mm}},$$

$$s = \text{Rohrwanddicke in mm}.$$

Damit beträgt die Sicherheit gegenüber der Ringbiegezugfestigkeit

$$\nu_{rbz} = \frac{\sigma_{rbz}}{\sigma_{rbz\,\text{vorh.}}}. \qquad (9.3/45)$$

Bei Anwendung des Auflastverfahrens ergibt sich der Sicherheitsfaktor aus dem Vergleich der Auflasten mit der Tragfähigkeit des Rohres.

WETZORKE [100] empfiehlt für die statische Erdlast und für die dynamische Verkehrslast unterschiedliche Sicherheitsfaktoren, die relativ hoch liegen (z.B. zwischen 1,5 und 1,8 für die statische Last je nach Baugrundbeschaffenheit).

ROSKE [87] dagegen hält Sicherheitszahlen ν zwischen 1,2 und 1,5 je nach Sorgfalt der Bauausführung für ausreichend. Für Asbestzementrohre kann auf Grund der in den Berechnungsansätzen für die Auflasten im Sinne der Sicherheit getroffenen Vereinfachungen sowie wegen der mit zunehmendem Rohralter wachsenden Festigkeit und wegen des günstigen elastischen Verhaltens dem Vorschlag von ROSKE gefolgt werden, wobei der Sicherheitsfaktor $\nu = 1{,}5$ als oberer Grenzwert zu betrachten ist. Für die statischen und die dynamischen Lasten kann derselbe Sicherheitsfaktor verwendet werden.

Für Druckrohre legt DIN 19 800 die Mindestringbiegezugfestigkeit zu $45 - 51$ N/mm² fest. Wegen der gleichzeitigen Wirkung des Innendruckes bei Druckrohrleitungen wird hier jedoch gegenüber äußeren Lasten ein höherer Sicherheitsfaktor als bei drucklosen Leitungen für erforderlich gehalten, und es wird $v_{rbz} \approx 2{,}0$ empfohlen.

Bei Innendruckbeanspruchung legt DIN 19 800 eine Mindest-Ring-zugspannung von $\sigma_{rz} = 22$ bis $25\,\mathrm{N/mm^2}$ fest. Die Sicherheiten gegen Innendruck betragen für Rohre bis Nennweite 600 mit festgelegten Wanddicken $v_{rz} = 3{,}0$, während bei Rohren ab DN 700, deren Wanddicken für den Anwendungsfall besonders bemessen werden, mindestens ein Wert von 2,5 gefordert wird. Dieser Wert wurde gewählt, da in diesem Nennweitenbereich die äußeren Lasten getrennt berücksichtigt werden.

Bei gleichzeitiger Belastung durch Auflasten und Innendruck ergibt sich ein praktisches Berechnungsverfahren, wenn die Mindestfestigkeiten in den gleichen Zusammenhang gebracht werden, der durch Versuche für die Bruchspannungen bei kombinierter Belastung ermittelt wurde (s. Abschn. 4.4.3). Die Kontrolle der Bemessung erfolgt über den Sicherheitsnachweis. Hierbei wird berücksichtigt, daß die ertragbare Grenzspannung des einen Lastfalls die vorerwähnte Absicherung besitzt, wenn gleichzeitig die bei der Bemessung zugrundegelegte Betriebsspannung infolge des anderen Lastfalls mitwirkt.

Die Ringbiegezugfestigkeit bei gleichzeitig vorhandener Ringzugspannung $\bar{\sigma}_{rz,\mathrm{vorh.}}$ des Betriebszustandes wird errechnet aus

$$\bar{\sigma}_{rbz} = \sigma_{rbz} \cdot \sqrt{\frac{\sigma_{rz} - \bar{\sigma}_{rz,\mathrm{vorh.}}}{\sigma_{rz}}} \ \text{in N/mm}^2 \,. \qquad (9.3/46)$$

Der Querstrich kennzeichnet die kombinierte Belastung. Die Werte mit dem Index „vorh." sind die auf Grund der Belastung berechneten Spannungen.

Die Ringzugfestigkeit bei gleichzeitig vorhandener Ringbiegezugspannung $\bar{\sigma}_{rbz,\mathrm{vorh.}}$ erhält man aus

$$\bar{\sigma}_{rz} = \sigma_{rz} \cdot \left[1 - \left(\frac{\bar{\sigma}_{rbz,\mathrm{vorh.}}}{\sigma_{rtz}}\right)^2\right] \text{in N/mm}^2 \,. \qquad (9.3/47)$$

Damit beträgt die Sicherheit gegenüber der Ringbiegezugfestigkeit

$$\bar{v}_{rbz} = \bar{\sigma}_{rbz}/\bar{\sigma}_{rbz,\mathrm{vorh.}} \qquad (9.3/48)$$

und gegenüber der Ringzugfestigkeit

$$\bar{v}_{rz} = \bar{\sigma}_{rz}/\bar{\sigma}_{rz,\mathrm{vorh.}} \,. \qquad (9.3/49)$$

Werden andere Einzelfestigkeiten als die Mindestwerte der DIN 19 800 nachgewiesen, dann sind diese in die beiden Gln. (9.3/44) und (9.3/45) einzusetzen. So ist es auf einfache Weise möglich, dieses Bemessungsverfahren auch für andere Materialqualitäten anzuwenden.

9.4   Anwendungsbeispiele

9.4.1 Hydraulische Berechnung

9.4.1.1 Berechnung einer Reinwasserleitung

Der Durchfluß für eine 3 km lange Asbestzement-Druckrohrleitung soll 30 l/s bei 12 °C Wassertemperatur betragen. Gesucht wird der Druckhöhenverlust, wenn die Wassertemperatur von 12 °C auf 8 °C abgesenkt wird.

Bei einer angenommenen Geschwindigkeit $v = 1{,}0$ m/s ergibt sich aus

$$F = \frac{\pi}{4} \cdot d^2 = \frac{Q}{v} = \frac{0{,}030}{1{,}0} = 0{,}030 \text{ m}^2$$

und $d = 200$ mm.

Die kinematische Zähigkeit des Reinwassers von 12 °C beträgt

$$v = 1{,}24 \cdot 10^{-6} \text{ m}^2/\text{s}.$$

Damit wird

$$Re = \frac{v \cdot d}{v} = \frac{1{,}0 \cdot 0{,}2}{1{,}24} \cdot 10^6 = 161\,000 > 2300.$$

Die Strömung ist turbulent.

Nach [53] ergibt sich für $k = 0{,}025$ mm ein Reibungsgefälle $J = 4{,}0^0/_{00}$. Damit wird der Reibungsverlust

$$h_v = 4{,}0 \cdot 3000 \cdot 10^{-3} = 12 \text{ m}.$$

Für $t = 8$ °C ergibt sich nach Abb. 9/2

$$v = 1{,}39 \cdot 10^{-6} \text{ m}^2/\text{s}.$$

Reduzierter Durchfluß

$$Q_0 = Q \cdot \left(\frac{v_0}{v} \right) = 30 \left(\frac{1{,}24}{1{,}39} \right) = 26{,}8 \text{ l/s}.$$

Das Reibungsgefälle wird dann nach [53] $J_0 = 3{,}6^0/_{00}$ und somit das Reibungsgefälle für $t = 8\ ^\circ\mathrm{C}$

$$J = J_0 \left(\frac{v}{v_0}\right)^2 = 3{,}6 \left(\frac{1{,}39}{1{,}24}\right)^2 = 4{,}52^0/_{00}.$$

Der Druckverlust bei einem angenommenen Durchfluß von 30 l/s und einer Reduzierung der Wassertemperatur von 12 °C auf 8 °C liegt somit rund 13% höher als bei einem Durchfluß von 30 l/s und einer Wassertemperatur von 12 °C.

Der maximal zu erwartende Druckstoß beim Abschluß eines Schiebers am Ende der Rohrleitung beträgt nach Gl. (9.2/13) mit $a \approx 1000$ m/s

$$\frac{\Delta p}{\gamma} = \frac{a}{g} \cdot v_0 = \frac{1000}{9{,}81} \cdot 1{,}0 = 102\ \mathrm{m}.$$

Diese Druckstoßhöhe tritt nur dann auf, wenn die Schieberschließzeit nach Gl. (9.2/12) kürzer wird als

$$\frac{2L}{a} = \frac{2 \cdot 3000}{1000} = 6\,\mathrm{s}.$$

In der Praxis treten so kurze Schließzeiten jedoch in der Regel nicht auf.

9.4.1.2 Berechnung einer teilgefüllten Abwasserleitung

Ein Hauptsammler DN 1200 für normales häusliches Abwasser liegt in einem Gefälle von 1 : 1400. Gesucht ist die Füllhöhe für einen gleichförmigen Abfluß von 800 l/s.

Da es sich um einen mit besonderer Sorgfalt gelegten geraden Hauptsammler ohne seitliche Zuflüsse und mit nur wenigen Einsteigschächten handelt, kann die betriebliche Rauhigkeit $k_b = 0{,}25$ mm angewendet werden. Für ein Gefälle $J = 0{,}71^0/_{00}$ ergibt sich für Vollfüllung aus [53] das Abflußvermögen $Q_V = 1206$ l/s bei einer Geschwindigkeit von $v_V = 1{,}07$ m/s.

Mit $Q_T = 800$ l/s wird $Q_T/Q_V = 800/1206 = 0{,}664$.

Aus der Füllungskurve Abb. 9/3 erhält man $h/D = 0{,}605$ und damit wird die Füllhöhe $h = 0{,}605 \cdot 1{,}20 = 0{,}73$ m.

Die Fließgeschwindigkeit beträgt $v_T = v_V \cdot 1{,}055 = 1{,}07 \cdot 1{,}055 = 1{,}13\,\mathrm{m/s}$.

9.4.2 Statische Berechnung von erdverlegten Asbestzement-Rohrleitungen

9.4.2.1 Drucklose Rohrleitung unter Grabenbedingung

Ein Hauptsammler DN 1000 soll unter eine Hauptverkehrsstraße mit 6,0 m Überdeckung gelegt werden. Die Grabenbreite soll 1,70 m betragen; für die Verkehrslast ist das Regelfahrzeug SLW 60 anzusetzen. Der Kiessandboden hat ein Raumgewicht $\gamma_E = 20$ kN/m³ und einen Reibungswinkel $\varrho = 33°$.

Die Wanddicke des Rohres DN 1000 der Standardklasse beträgt $s = 34$ mm (ohne Überwicklung). Die Wanddicke mit produktionsbedingter Überwicklung beträgt $s_m = 36,5$ mm. Damit wird $D = 1,073$ m, $r = 0,5$ m (lichter Rohrradius), $r_m = (DN + s_m)/2 = 0,51825$ m (mittlerer Rohrradius).

Zunächst wird geprüft, ob sich das Rohr im Vergleich zum umgebenden Boden elastisch verhält. Mit $E_R = 25000$ N/mm² und der Streifezahl des Bodens $E_S = 50$ N/mm² wird nach Gl. (9.3/9)

$$n = \frac{50}{25\,000} \left(\frac{518,25}{36,5} \right)^3 = 5,72 \,.$$

Das Rohr verhält sich somit elastisch. Weiterhin ist zu prüfen, ob die Rohrleitung unter Grabenbedingung oder unter Dammbedingung liegt. Zur Ermittlung der Grenzgrabenbreite wird für das elastische Rohr $r_{sd} = 0$ gesetzt.

$$\frac{H}{D} = \frac{6,0}{1,073} = 5,59$$

erhält man aus Abb. 9/9

$$\frac{B^*}{D} = 1,7 \text{ und } B^* = 1,7 \cdot 1,073 = 1,82 \text{ m} > 1,70 \text{ m} \,.$$

Es liegt also Grabenbedingung vor.

Mit $H/B = 6,0/1,70 = 3,53$ erhält man nach Abb. 9/6 mit Kurve *2* $A = 0,39$.

Der Konzentrationsfaktor m berechnet sich nach Gl. (9.3/11),

$$m = \frac{5 + 3 \cdot 5,72}{(1 + 5,72)\,(3 + 5,72)} = 0,38 < 1 \,.$$

Aus Sicherheitsgründen wird der Belastungsanteil des Rohres mit $m = 1$ berücksichtigt.

Die vertikale Erdlast ergibt sich unter Berücksichtigung der Gl. (9.3/8) und (9.3/10) zu

$$p_{E,V} = 0{,}39 \cdot 20{,}0 \cdot 6{,}0 \cdot 1{,}0 = 46{,}80 \text{ kN/m}^2.$$

Die Verkehrslast ergibt sich nach Abb. 9/11 und Abb. 9/12 zu

$$p_{V,V} = 0{,}639 \cdot 10{,}0 = 6{,}39 \text{ kN/m}^2.$$

Mit Gl. (9.3/26) wird

$$\psi = 1 + \frac{0{,}3}{6{,}0} = 1{,}05$$

und die Gesamtverkehrslast nach Gl. (9.3/24) zu

$$p_{V,V,\text{ges}} = 1{,}09 \cdot 6{,}39 = 6{,}71 \text{ kN/m}^2.$$

Somit beträgt die Summe der vertikalen Auflasten

$$p_V = 46{,}80 + 6{,}71 = 53{,}51 \text{ kN/m}^2.$$

Die Erddruckziffer für den aktiven Erddruck wird nach Gl. (9.3/20) zu

$$\lambda_a = \tan^2\left(45° - \frac{33°}{2}\right) = 0{,}2948.$$

Die horizontale Erdlast ergibt sich nach Gl. (9.3/19) unter Berücksichtigung des Abminderungsfaktors A zu

$$p_{E,H} = 0{,}2948 \cdot 20 \cdot 6{,}0 \cdot 0{,}39 = 13{,}80 \text{ kN/m}^2.$$

Das Umfangsgewicht beträgt nach Gl. (9.3/31)

$$g_R = 20{,}0 \cdot 0{,}0365 = 0{,}73 \text{ kN/m}^2.$$

Für die Wasserfüllung erhält man nach Gl. (9.3/29)

$$g_W = 10{,}0 \cdot 0{,}5 = 5{,}0 \text{ kN/m}^2.$$

Mit Gl. (9.3/32) erhält man das Gesamtmoment

$$M = 0{,}269\,(0{,}2921 \cdot 53{,}51 - 0{,}25 \cdot 13{,}80 + 0{,}2864 \cdot 5{,}0 + 0{,}5727 \cdot 0{,}73),$$
$$M = 3{,}34 \text{ kN cm/cm}.$$

Mit Gl. (9.3/33) erhält man die Normalkraft

$$N = 0{,}518\,(-0{,}4331 \cdot 53{,}51 - 1{,}0 \cdot 13{,}80 + 0{,}7363 \cdot 5{,}0 - 1{,}5257 \cdot 0{,}73),$$
$$N = -0{,}34 \text{ kN/cm}.$$

Die für die Spannungsermittlung benötigte Fläche Gl. (9.3/37) und das Widerstandsmoment Gl. (9.3/36) betragen

$$A = 3{,}65 \text{ cm}^2,$$
$$W = (3{,}65^2/6) = 2{,}22 \text{ cm}^3.$$

Die Ringbiegezugfestigkeit, berechnet aus den vorhandenen Belastungen, ergibt sich nach Gl. (9.3/35) zu

$$\sigma_{rbz,\text{vorh.}} = \frac{-0{,}34}{3{,}65} + \frac{3{,}34}{2{,}22} = 14{,}10 \text{ N/mm}^2.$$

Die Ringbiegezugfestigkeit beträgt nach Gl. (9.3/44) mit $F_{\min}$ nach DIN 19 850

$$\sigma_{rbz} = 45{,}1 \text{ N/mm}^2.$$

Somit errechnet sich die Sicherheit gegenüber Scheiteldruck nach Gl. (9.3/48)

$$v_{rbz} = \frac{45{,}1}{14{,}10} = 3{,}2.$$

9.4.2.2 Drucklose Rohrleitung unter Dammbedingung

Eine Rohrleitung DN 1000 soll unter den gleichen Bedingungen wie im Beispiel des Abschn. 9.4.2.1 gelegt werden, nur mit einer geringeren Überdeckung von 1,20 m. Das Rohr verhält sich gegenüber dem umgebenden Boden elastisch (s. Abschn. 9.4.2.1).

Es ist zu prüfen, ob Grabenbedingung oder Dammbedingung vorliegt.

Zur Bestimmung der Grenzgrabenbreite wird $r_{sd} = 0$ gesetzt. Mit $H/D = 6{,}0/1{,}073 = 5{,}59$ erhält man aus Abb. 9/9 $B^*/D = 1{,}15$ und $B^* = 1{,}15 \cdot 1{,}073 = 1{,}23 < 1{,}70$ m.

Die Grenzgrabenbreite ist kleiner als die vorhandene Grabenbreite, somit liegt Dammbedingung vor.

Der Ausladungswert a errechnet sich nach Gl. (9.3/15)

$$a = 1 - 0{,}5\left(1 - \cos\frac{90°}{2}\right) = 0{,}85.$$

Der Ausladungszustand wird durch Gl. (9.3/18) berücksichtigt.

$$a \cdot r_{sd} = 0{,}85 - 5{,}72 = -4{,}87.$$

Aus Abb. 9/8 erhält man ein $\lambda_d < 1$.

Für λ_d wird der Mindestwert $\lambda_d = 1{,}0$ gewählt, damit wird die vertikale Erdlast in Anlehnung an Gleichung (9.3/14)

$$p_{E,V} = 1{,}0 \cdot 20{,}0 \cdot 1{,}2 = 24{,}0 \; \text{kN/m}^2.$$

Die Verkehrslast ergibt sich nach Abb. 9/11 und Abb. 9/12 zu

$$p_{V,V} = 3{,}37 \cdot 10{,}0 = 33{,}70 \; \text{kN/m}^2.$$

Mit Gl. (9.3/26) wird der Stoßfaktor

$$\psi = 1 + \frac{0{,}3}{1{,}2} = 1{,}25$$

und die Gesamtverkehrslast nach Gl. (9.3/24) zu

$$p_{V,V,\text{ges}} = 1{,}25 \cdot 33{,}70 = 42{,}13 \; \text{kN/m}^2.$$

Somit beträgt die Summe der vertikalen Auflasten

$$p_V = 24{,}0 + 42{,}13 = 66{,}13 \; \text{kN/m}^2.$$

Die Erddruckziffer für den aktiven Erddruck wird nach Gl. (9.3/20) zu

$$\lambda_a = 0{,}2948.$$

Die horizontale Erdlast ergibt sich nach Gl. (9.3/19) zu

$$p_{E,H} = 0{,}2948 \cdot 20 \cdot 1{,}2 = 7{,}08 \; \text{kN/m}^2.$$

Rohrgewicht und Gewicht der Wasserfüllung sind aus Abschn. 9.4.2.1 zu entnehmen.

Mit Gl. (9.3/32) erhält man das Gesamtmoment

$$M = 0{,}269 \, (0{,}2921 \cdot 66{,}13 - 0{,}25 \cdot 7{,}08 + 0{,}2864 \cdot 5{,}0 + 0{,}5727 \cdot 0{,}73),$$
$$M = 5{,}22 \; \text{kN cm/cm}.$$

Mit Gl. (9.3/33) erhält man die Normalkraft

$$N = 0{,}518 \, (-0{,}4331 \cdot 66{,}13 - 1{,}0 \cdot 7{,}08 + 0{,}7363 \cdot 5{,}0 - 1{,}5257 \cdot 0{,}73),$$
$$N = -0{,}33 \; \text{kN/cm}.$$

Die Ringbiegezugfestigkeit ergibt sich nach Gl. (9.3/35) zu

$$\sigma_{rbz,\text{vorh.}} = -\frac{0{,}33}{3{,}65} + \frac{5{,}22}{2{,}22} = 22{,}61 \; \text{N/mm}^2.$$

Daraus berechnet sich die Sicherheit gegenüber Scheiteldruck nach Gl. (9.3/48)

$$\nu_{rbz} = \frac{45{,}1}{22{,}61} = 2{,}0.$$

9.4.2.3 Druckrohrleitung unter Dammbedingung

Eine Druckrohrleitung DN 800 PN 10 soll in einen Graben unter eine Hauptverkehrsstraße mit 2,5 m Überdeckung gelegt werden. Der maximale Betriebsdruck für die Leitung ist mit $p_i = 10$ bar angegeben. Die Grabenbreite beträgt 1,5 m. Als Verkehrslast ist das Regelfahrzeug SLW 60 nach DIN 1072 einzusetzen.

Der anstehende Boden hat ein Raumgewicht von $\gamma_E = 17$ kN/m³ und einen Reibungswinkel $\varrho = 31°$. Die Wanddicke des Rohres beträgt $s = 48$ mm (ohne Überwicklung). Die Wanddicke s ist für die Ringzugfestigkeit maßgebend. Für den Nachweis der Ringbiegezugspannung ist die Wanddicke $s_m = 51$ mm maßgebend (Wanddicke mit produktionsbedingter Überwicklung). Damit wird $D = 0,902$ m, $r = 0,4$ m (lichter Rohrradius), $(r_m = DN + s_m)/2 = 0,4255$ m (mittlerer Rohrradius).

Zunächst ist zu prüfen, ob sich das Rohr im Vergleich zum umgebenden Boden elastisch verhält. Mit $E_R = 25000$ N/mm² und der Steifezahl des Bodens $E_S = 50$ N/mm² wird nach Gl. (9.3/9)

$$n = \frac{50}{25\,000} \left(\frac{425,5}{51,0} \right)^3 = 1,16 > 1$$

Das Rohr ist somit als elastisch zu betrachten. Anschließend wird geprüft, ob Grabenbedingung oder Dammbedingung vorliegt.

Zur Bestimmung der Grenzgrabenbreite wird $r_{sd} = 0$ gesetzt.

Mit $H/D = 2,5/0,902 = 2,77$ erhält man aus Abb. 9/9 $B^*/D = 1,3$ m $< 1,5$ m.

Es liegt somit Dammbedingung vor.

Für λ_d wird der Mindestwert 1,0 gewählt, damit wird die vertikale Erdlast in Anlehnung an Gl. (9.3/14)

$$p_{E,V} = 1,0 \cdot 17,0 \cdot 2,5 = 42,5 \text{ kN/m}^2.$$

Die Verkehrslast ergibt sich nach Abb. 9/11 und Abb. 9/12 zu

$$p_{V,V} = 1,922 \cdot 10,0 = 19,22 \text{ kN/m}^2.$$

Mit Gl. (9.3/26) wird

$$\psi = 1 + \frac{0,3}{2,5} = 1,12$$

und die Gesamtverkehrslast nach Gl. (9.3/24)

$$p_{V,V,\text{ges}} = 1,12 \cdot 19,22 = 21,53 \text{ kN/m}^2.$$

Somit beträgt die Summe der vertikalen Auflasten

$$p_V = 42,5 + 21,53 = 64,03 \text{ kN/m}^2.$$

Die Erddruckziffer für den aktiven Erddruck wird nach Gl. (9.3/20) zu

$$\lambda_a = \tan^2\left(45° - \frac{31°}{2}\right) = 0,3201.$$

Die horizontale Erdlast ergibt sich nach Gl. (9.3/19)

$$p_{E,H} = 0,3201 \cdot 17 \cdot 2,5 = 13,60 \text{ kN/m}^2.$$

Das Umfangsgewicht des Rohres beträgt nach Gl. (9.3/31)

$$g_R = 20,0 \cdot 0,051 = 1,02 \text{ kN/m}^2.$$

Für die Wasserfüllung erhält man nach Gl. (9.3/29)

$$g_W = 10,0 \cdot 0,4 = 4,0 \text{ kN/m}^2.$$

Mit Gl. (9.3/32) wird das Gesamtmoment

$$M = 0,1811\,(0,2921 \cdot 64,03 - 0,25 \cdot 13,6 + 0,2864 \cdot 4,0 + 0,5727 \cdot 1,02),$$
$$M = 3,08 \text{ kN cm/cm}.$$

Mit Gl. (9.3/33) erhält man die Normalkraft

$$N = 0,4255\,(-0,4331 \cdot 64,03 - 1,0 \cdot 13,6 + 0,7363 \cdot 4,0 - 1,5257 \cdot 1,02),$$
$$N = -0,40 \text{ kN/cm}.$$

Die für die Spannungsermittlung benötigte Fläche Gl. (9.3/37) und das Widerstandsmoment Gl. (9.3/36) betragen

$$A = 5,1 \text{ cm}^2,$$
$$W = (5,1^2/6) = 4,34 \text{ cm}^3.$$

Die Ringbiegezugspannung ergibt sich zu

$$\bar{\sigma}_{rbz,\text{vorh.}} = \frac{-0,4}{5,1} + \frac{3,08}{4,34} = 6,30 \text{ N/mm}^2.$$

Die Ringzugspannung errechnet sich zu

$$\bar{\sigma}_{rz,\text{vorh.}} = \frac{1,0 \cdot 848}{2 \cdot 48} = 8,83 \text{ N/mm}^2.$$

Die zulässige Ringbiegezugspannung beträgt nach DIN 19 800, Bl. 2

$$\sigma_{rbz} = 51,0 \text{ N/mm}^2,$$

die zulässige Ringzugspannung beträgt nach DIN 19 800, Bl. 2

$$\sigma_{rz} = 25,0 \ \text{N/mm}^2.$$

Die wirksame Ringbiegezugspannung bei kombinierter Belastung ergibt sich aus Gl. (9.3/46)

$$\bar{\sigma}_{rbz} = 51,0 \cdot \sqrt{\frac{25,0 - 8,83}{25,0}} = 41,01 \ \text{N/mm}^2.$$

Die wirksame Ringzugspannung erhält man bei kombinierter Belastung aus Gl. (9.3/47)

$$\bar{\sigma}_{rz} = 25,0 \cdot \left[1 - \left(\frac{6,3}{51,0}\right)^2\right] = 24,62 \ \text{N/mm}^2.$$

Die Sicherheit gegenüber der Ringbiegezugfestigkeit beträgt nach Gl. (9.3/48)

$$\bar{\nu}_{rbz} = \frac{41,01}{6,3} = 6,52 > 2,0$$

gegenüber der Ringzugfestigkeit Gl. (9.3/49)

$$\bar{\nu}_{rz} = \frac{24,62}{8,83} = 2,79 > 2,5.$$

Literaturverzeichnis

1 Abwassertechnische Vereinigung e.V.: Lehr- und Handbuch der Abwasser-technik, Bd. I. Berlin 1967.

2 *American Society for Testing Materials, Philadelphia*: Tentative Specifications for Asbestos-Cement Pressure Pipe, Nr. C 296—52 T, June 1952.

3 *American Society for Testing Materials, Philadelphia*: Standard Specifications and Methods of Tests for Asbestos-Cement Pressure Pipe, ASTM Designation C 296—55, 1955.

4 *American Water Works Association*: Tentative Standard Specification for Asbestos-Cement Water Pipe. Approved as "Tentative", AWWA C 400—53 T, 1953.

5 ANNEN, G.: Bau einer 3200 m langen Klärschlammleitung. Das Gas- und Wasserfach 1959, H. 40.

6 BAARS, J. K.: Over Sufaatreductie door Bacterien, Diss. TH Delft, 16. 9. 1927.

7 BAUCH, H.: Kritische Betrachtung und neuere Versuche über den Abrieb in Abwasserleitungen. Das Gas- und Wasserfach 1968, H. 16.

8 Belgische Norm NBN 807/1969. Rohre, Kupplungen und Formstücke aus Asbest-zement für Dränleitungen.

9 BENEDICKT, W.: Rohre aus Beton und Asbestzement in der Siedlungswasser-wirtschaft. Das Gas- und Wasserfach 1962, H. 8.

10 BERGER, H.: Asbest-Fibel. Stuttgart 1961.

11 BLANKS, F., KENNEDY, H. L.: The Technology of Cement and Concrete, Vol. I. New York 1955.

12 *British Standards Institution*: British Standard 486, 1956: Asbestos-Cement Pressure Pipe.

13 BÜRKNER, G.: Der p_H-Wert — seine Bedeutung und sein Einfluß auf die Beständigkeit von Abwasser, Kanalisation und Kläranlagen. Das Baugewerbe 1960, H. 14.

14 CARRIERE, J. E.: Asbestzementrohre. Das Gas- und Wasserfach 1956, H. 4.

15 CARRIERE, J. E.: Schutz der Rohrnetze gegen Korrosion. Das Gas- und Wasser-fach 1956, H. 4.

16 COLEBROOK, F.: Turbulent Flow in Pipes with References to the Transition Region between the Smooth and Rough Pipe Laws. Journ. Inst. Civ. Engrs., London 11 (1939).

17 COLEBROOK, F., WHITE, C. M.: The Reduction of Carrying Capacity of Pipes with Age. Journ. Inst. Civ. Engrs., London 1937/38, H. 1.

18 DALSTEIN, W.: Erfahrungen beim Bau eines Abwasserdükers aus Asbest-zement unter dem Elbe-Lübeck-Kanal. Das Gas- und Wasserfach 1960, H. 26.

19 DEHLER, G., DANNIEN, W.: Aus der Arbeit des Ausschusses „Asbestzement-Druckrohre" im DNA. DIN-Mitteilungen 36 (1957), H. 8/9.

20 DENISON, J. A., ROMANOFF, M.: Effect of Exposure to Soils on the Properties of Asbestos Cement Pipe. Corrosion, May 1954.

21 DVGW-Arbeitsblatt W 302: Druckabfalltafeln für Rohrdurchmesser von 40 bis 2000 mm. Nov. 1957.

22 DVGW-Merkblatt GW 310: Hinweise und Tabellen für die Bemessung von Betonwiderlagern an Bogen und Abzweigen mit nicht längskraftschlüssigen Verbindungen, Teil I, Juli 1971.

23 DVGW-Merkblatt GW 368: Hinweise für Herstellung und Einbau von zugfesten Verbindungsteilen zur Sicherung nichtlängskraftschlüssiger Rohrverbindungen, April 1973.

24 DVGW- und VDEW: Neue Richtlinien für die Erdung an Wasserleitungen. Das Gas- und Wasserfach 1955, H. 10.

25 DVGW: Erdung am Wasserrohrnetz. Das Gas- und Wasserfach 1961, H. 52.

26 EICK, H.: Korrosionsfragen aus dem Transportwasser bei Asbestzement-Druckrohren. Vom Wasser XXVII (1960).

27 EMPERGER, F.: Buisleidingen van Asbestbeton. Bouw- en Waterbouwkunde 3 (1932) Nr. 13.

28 *Federal Supply Service, General Service Administration (USA)*: Federal Specification: Pipe, Asbestos-Cement, Sewer, Non-pressure, SS-P-331a vom 14.9.1953,

29 *Federal Supply Service, General Services Administration (USA)*: Federal Specification: Pipe, Abestos-Cement, SS-P-351a vom 7. 10. 1953.

30 FRANK, K.: Asbest. 2. Aufl. Hamburg 1952.

31 FRERICHS, J.: Sechsjährige Erfahrungen mit ETERNIT-Rohren in Großrohrpostleitungen. Neue DELIWA-Zeitschrift 1968, H. 1.

32 GANDENBERGER, W.: Druckschwankungen in Wasserversorgungsleitungen, Graphische Methode. München 1950.

33 GELHAUSEN, W.: Asbestzementrohre für Abwasserleitungen. Abwassertechnik 1959, H. 2.

34 GIRMAN, G.: Begehbare Sammelkanäle für Versorgungsleitungen. Herausgeber: Stadt Frankfurt/Main und Studiengesellschaft für unterirdische Verkehrsanlagen e.V.

35 GROHMANN, A.: Übersicht über neuere Anschauungen zur Bedeutung der Kohlensäure im Wasser. gwf-Wasser, Abwasser 1974, H. 2.

36 GRÜNER, H.: Bau von Abwasser-Seeleitungen in Radolfzell am Bodensee. Neue DELIWA-Zeitschrift 1964, H. 9.

37 HAASE, L. W.: Werkstoffzerstörung und Schutzschichtbildung im Wasserfach. Weinheim/Bergstr. 1951.

38 HEUFERS, H.: Brandversuche an schlanken, stark bewehrten Stahlbetonsäulen hoher Betongüte. Beton 13 (1965) H. 5.

39 HOKE, G.: Das Asbestzement-Druckrohr. Kommunalwirtschaft 1955, H. 8.

40 HUGELMANN, H.: Asbestzementrohre in der Wasserversorgung. Das Gas- und Wasserfach 1953, H. 22.

41 HUMMEL, A.: Zementmörtel und Beton. Zementkalender 1951.

42 HÜNERBERG, K.: Gedanken über großstädtische Wasserrohrnetze unter besonderer Berücksichtigung von Asbestzementrohren. Gas/Wasser/Wärme 13 (1959) H. 3.

43 HÜNERBERG, K.: Das Asbestzement-Druckrohr. Berlin, Göttingen, Heidelberg 1963.

44 HURST, W. D.: Performance Record of 14 Year Old TRANSITE Water Main at Winnipeg. Water and Sewage Works, November 1947.

45 JAEGER, CH.: Technische Hydraulik. Basel 1949.

46 JANSSEN, H. A.: Versuche über Getreidedruck in Silozellen. Z. VDI. 39 (1895).

47 JONES, F. E., LATHAM, J. P.: A Survey of the Behavior in Use of Asbestos-Cement Pressure Pipe. National Buildings Studies, Nr. 15, Her Majesty's Stationary Office, London 1952.

48 KAATZ, L., RICHTER, H. E.: Chemisches Verhalten von ETERNIT-Rohren. Gas und Wasser 1934, H. 8.

49 KÁRMÁN, TH. V.: Mechanische Ähnlichkeit und Turbulenz. Nachr. der Gesellsch. d. Wissensch.; Fachgruppe 1, Math.-phys. Klasse 58, Nr. 5, Göttingen 1930.

50 KESSLER, L. H.: Speed of Water-Hammer Pressure Wave in TRANSITE Pipe. Transactions of the A.S.M.E., January 1939.

51 KIEFER: Qualitätskontrolle und Güteüberwachung von Fertigteilen für Abwasserkanäle, Korrespondenz Abwasser, 10/1974.

52 KIRSCHMER, O.: Der gegenwärtige Stand unserer Erkenntnisse über die Rohrreibung. Das Gas- und Wasserfach 1953, H. 16.

53 KIRSCHMER, O.: Tabellen für die Bemessung von ETERNIT-Leitungen nach PRANDTL-COLEBROOK. Heidelberg 1966.

54 KIWA: Rapport van de studiecommissie „asbest-cementbuizen", Amsterdam 1948.

55 KIWA: Toepassing van asbestcementbuizen voor waterleidingen (aanvullend rapport). Commissie nietmetalen leidingen, Mitteilung Nr. 5, 1958.

56 KLAS, H., STEINRATH, H.: Die Korrosion des Eisens und ihre Verhütung. Düsseldorf 1956.

57 KLIPPE, J.: Erdverlegte Lüftungsanlagen aus Asbestzementrohren im Olympischen Dorf, München. DKZ 1971, H. 23.

58 KÖNIG, A.: Die Verwendung des Asbestzementrohres für Abwasserleitungen. Kommunalwirtschaft 1961, H. 9.

59 KRANITZ, M.: Pumpensteigleitung aus AZ-Rohren, bbr 1967, H. 12.

60 KÜHL, H.: Zement-Chemie, Bd. I bis III. Berlin 1952.

61 LANG, R.: Bau einer Rohrbrücke über einen Bahneinschnitt. Bohrtechnik, Brunnenbau, Rohrleitungsbau 1959, H. 7.

62 LANG, R.: Die Wandrauhigkeit von Wasserleitungen und ihre wirtschaftliche Bedeutung. Bohrtechnik, Brunnenbau, Rohrleitungsbau 1963, H. 8.

63 LANDEL, E.: Betonverspannungen für Wasserleitungen und Gashochdruckleitungen. Das Gas- und Wasserfach 1950, H. 8 u. 12.

64 Lehr- und Handbuch der Abwassertechnik, Bd. I. 2. Aufl. Berlin 1973.

65 LUDIN, A.: Ermittlung der Fließwiderstände in Asbestzementrohren. 13. Mitt. des Institutes für Wasserbau an der TH Berlin, 1932.

66 LUDIN, A.: Ermittlung der Fließwiderstände in einer gebrauchten Asbestzementrohrleitung. 23. Mitt. des Institutes für Wasserbau an der TH Berlin, 1937.

67 LUTZ: Ermittlung der Lastkonzentration über erdverlegten Rohren. Rohre, Rohrleitungsbau, Rohrleitungstransport, H. 5/6, 1973.

68 LUTZ: Ein Vergleich von Steifekriterien für erdverlegte Rohre. Rohre, Rohrleitungsbau, Rohrleitungstransport, Heft 2, April 1972.

69 Lwow, W.: Asbestzementrohre für Gasleitungen. Erste nichtmetallische Überlandgasleitung in der UdSSR. Sanitär- und Röhrenmarkt 1960, H. 6.

70 Marquardt, E.: Erdbedeckte Rohrleitungen und ihr Baugrund. Der Deutsche Baumeister 1953, H. 14; 1954, H. 10, 11, 12, 15.

71 Marquardt, E.: Fortschritte bei der Bemessung und Bauausführung von Beton- und Stahlbetonleitungen. Die Bauwirtschaft 1952, H. 44 bis 46.

72 McGinnis, C. A.: Asbestos Cement Water Pressure Mains. Journ. Amer. Water Works Ass., May 1934.

73 Meyfroot, A.: Asbestzementrohre in der Gasversorgung. Het Gas 1961, H. 10.

74 Mlynarek, L.: Regenstaukanäle aus Asbestzementrohren. Korrespondenz Abwasser 1975, H. 4.

75 Mosler, J.: Korrosion und Rohrschutz bei Asbestzementrohren. Kommunalwirtschaft 1957, H. 6.

76 Mosler, J.: Doppeldüker NW 600 am Oslo-Fjord. Bohrtechnik, Brunnenbau, Rohrleitungsbau 1966, H. 3.

77 Mosler, J., Oechsner, P.: Asbestzement-Druckrohre. Ihr Verhalten bei gleichzeitiger Wirkung von inneren und äußeren Belastungen. Rohre, Rohrleitungsbau, Rohrleitungstransport 1967, H. 5.

78 Nikuradse, J.: Gesetzmäßigkeiten der turbulenten Strömung in glatten Rohren. VDI-Forschungsheft 356, Berlin 1932.

79 Nikuradse, J.: Strömungsgesetze in rauhen Rohren. VDI-Forschungsheft 361, Berlin 1933.

80 Oettel, R., Laute, D.: Der erste Tiefbrunnen mit Ausbau aus Asbestzementrohren. Braunkohle, Wärme und Energie 1960, H. 10.

81 Prandtl, L.: Führer durch die Strömungslehre. 3. Aufl. Braunschweig 1949.

82 Prandtl, L.: Neue Ergebnisse der Turbulenzforschung. Z. VDI 77 (1933).

83 Quiring, H.: Kurzeinführung in die Gesteinskunde. Berlin 1949.

84 Richter, H.: Rohrhydraulik. 3. Aufl. 1958; 4. Aufl. 1962. Berlin, Göttingen, Heidelberg.

85 Richtlinien für die statische Berechnung von Entwässerungskanälen und -leitungen. Teil 1: Lastermittlung. Abwassertechnische Vereinigung e.V. (ATV), 53 Bonn.

86 Ros, M.: Eternit-Rohre der Eternit AG, Niederurnen, Bericht Nr. 148 der EMPA, Zürich 1944.

87 Roske, K.: Betonrohre nach DIN 4032, Belastung und Tragfähigkeit. 2. Aufl. Wiesbaden 1962.

88 Schläpfer, O.: I. Bericht über das Verhalten von Eternit-Rohren gegenüber verschiedenen chemischen Angriffen und die Eignung von Eternit als Material für Abzugsrohre von Gasverbrauchsapparaten. Bericht Nr. 94 der EMPA, Zürich 1935.

89 Schmidt-Gothan, D.: Die Verwendung von AZ-Rohren großer Durchmesser in der städtischen Entwässerung. Straßen- und Tiefbau 1971, H. 8.

90 Schnyder, O.: Über Druckstöße in Rohrleitungen. Wasserkraft und Wasserwirtschaft 1932, H. 5.

91 Schottak, A.: Asbestzementrohre, ihre Erzeugung, Eigenschaften und Verwendungsmöglichkeiten. Das Gas- und Wasserfach 1931, H. 13.

92 Sellentin, R.: Asbestzementdruckrohre als verlorene Schalung. Bauwelt 1970, H. 30.

93 *South African Bureau of Standards:* Standard Specification for Asbestos Cement Pressure Pipes. 18th June 1951.

94 STEINBACHER, K.: Die Verwendung von Asbestzementrohren zum Transport von Industrieabwässern. Kommunalwirtschaft 1958, H. 9.

95 TILLMANS, J.: Über die kohlensauren Kalk angreifende Kohlensäure der natürlichen Wässer. Gesundheits-Ingenieur 35 (1912).

96 TÖLKE, F.: Über den Druckstoß in einsträngigen Rohrleitungen. Veröffentlichungen zur Erforschung der Druckstoßprobleme in Wasserkraftanlagen und Rohrleitungen, Berlin 1949.

97 VOELLMY, A.: Eingebettete Rohre. Diss. ETH Zürich 1937.

98 WAGENFÜHR: Kautschuk als Werkstoff für die Dichtung von gußeisernen Muffendruckrohren für Gas- und Wasserleitungen. Das Gas- und Wasserfach 1936, H. 16.

99 WEBER: Verschleißfestigkeit von Asbestzement-Kanalrohren in der Praxis, Sonderdruck aus der Zeitschrift „Das Baugewerbe" 1971, H. 18.

100 WETZORKE, M.: Über die Bruchsicherheit von Rohrleitungen in parallelwandigen Gräben. Veröffentlichung des Institutes für Siedlungswasserwirtschaft der TH Hannover, H. 5, Hannover 1960.

101 WIEDERHOLD, W.: Die Berechnung der Rohrleitungen. Das Gas- und Wasserfach 1952, H. 24.

Verzeichnis der ausgewerteten Versuchsberichte

V 1 American Water Works Association: A Study of the Problem of Asbestos in Water, Part 2, Sept. 1974.

V 2 Amtliche Forschungs- und Materialprüfungsanstalt für das Bauwesen, OTTO-GRAF-Institut an der TH Stuttgart: Prüfungsbericht über Versuche mit REKA-Kupplungen NW 100, vom 10. 10. 1957.

V 3 Amtliche Forschungs- und Materialprüfungsanstalt für das Bauwesen, OTTO-GRAF-Institut an der TH Stuttgart: Prüfungsbericht über Prüfung von Asbestzementrohren auf Scheiteldruck- und Ringzugfestigkeit, vom 26. 4. 1963.

V 4 BATTELLE-Institut e.V., Frankfurt/M.: Untersuchungen an Asbestzement-Druckrohren, Teil I: Untersuchung über die Adsorption von radioaktiven Substanzen an Asbestzement, vom 30. 6. 1960.

V 5 BATTELLE-Institut e.V., Frankfurt/M.: Untersuchungen an Asbestzement-Druckrohren, Teil II: Messung der Absorption von Gamma- und Neutronen-strahlen an Asbestzement, vom 22. 2. 1960.

V 6 BATTELLE-Institut e.V., Frankfurt/M.: Untersuchungen an Asbestzement-Druckrohren, Teil III: Rechnerische Ermittlung der bei der Einwirkung von thermischen Neutronen auf Asbestzement zu erwartenden Aktivität, vom 22. 2. 1960.

V 7 Bundesanstalt für Materialprüfung (BAM): Vergleich der Korrosionsbeständigkeit von ETERNIT- und LNA-Abflußrohren durch eine Wechseltauchprüfung. Aktz. Z. 1. 4./1010, vom 2. 9. 1957.

V 8 Bundesanstalt für Materialprüfung (BAM): Prüfung der Wärmeleitfähigkeit. Aktz. 2/6438[1], vom 24. 1. 1958.

V 9 Bundesanstalt für Materialprüfung (BAM): Prüfung von ETERNIT-Druckrohren auf Ringzug- und Scheiteldruckfestigkeit in Anlehnung an DIN 19800, Blatt 2. Aktz. 2/6438[5], vom 15. 12. 1962.

V 10 Bundesanstalt für Materialprüfung (BAM): Vergleichsprüfungen an ETERNIT-Druckrohren NW 200 aus Normal-Portlandzement und sulfatbeständigem Zement auf Ringzugfestigkeit, Scheiteldruckfestigkeit, Biegezugfestigkeit und Rohdichte. Aktz. 2/10840[7], vom 13. 11. 1964.

V 11 Bundesanstalt für Materialprüfung (BAM): Prüfung eines ETERNIT-Druckrohrs NW 1000 auf Ringzugfestigkeit. Aktz. 2/6438/, vom 19. 11. 1964.

V 12 Bundesanstalt für Materialprüfung (BAM): Prüfung von beschichteten Asbestzementrohren auf Widerstandsfähigkeit gegen Korrosion. Aktz. 2/10958, vom 1. 4. 1965, und Aktz. 2/10958[1], vom 20. 5. 1966.

V 13 Bundesanstalt für Materialprüfung (BAM): Prüfung von Druckrohren aus Asbestzement auf Druckfestigkeit. Aktz. 2/6438[12], vom 23. 8. 1967.

V 14 Bundesanstalt für Materialprüfung (BAM): Prüfung von ETERNIT-Rohren auf Knickfestigkeit. Prüfzeugnis Nr. 2.2/17 120 vom 10.6.1974.

V 15 Bundesanstalt für Materialprüfung (BAM): Prüfung von Asbestzement-Vortriebsrohren auf Druckfestigkeit. Prüfzeugnis Nr. 2/17295 vom 27. 9. 1974.

V 16 Bundesgesundheitsamt — Institut für Wasser-, Boden- und Lufthygiene: 1. Bericht über die bakteriologischen Untersuchungen an ETERNIT-Rohren (Versuchsgruppe I: Durchflußversuche). Aktz.: B-A 1129/57, vom 16. 1. 1960.

V 17 Bundesgesundheitsamt — Institut für Wasser-, Boden- und Lufthygiene: 2. Bericht über die bakteriologischen Untersuchungen an ETERNIT-Rohren (Versuchsgruppe II: Stehendes Wasser ohne Belüftung). Aktz.: B-A-579, vom 17. 5. 1960.

V 18 Bundesgesundheitsamt — Institut für Wasser-, Boden- und Lufthygiene: 3. Bericht über die bakteriologischen Untersuchungen an ETERNIT-Rohren (Versuchsgruppe III: Stehendes Wasser mit Belüftung). Aktz.: B-A-583, vom 19. 5. 1960.

V 19 Bundesgesundheitsamt — Institut für Wasser-, Boden- und Lufthygiene: 4. Bericht über die bakteriologischen Untersuchungen an ETERNIT-Rohren (Versuchsgruppe IV: Durchwachsversuche an ETERNIT-Rohren NW 25). Aktz. B-A-739, vom 30. 6. 1960.

V 20 Bundesgesundheitsamt — Institut für Wasser-, Boden- und Lufthygiene: 5. Bericht über die bakteriologischen Untersuchungen an ETERNIT-Rohren (Versuchsgruppe V: Durchwachsversuche an REKA-Kupplungen NW 25). Aktz.: B-A-739, vom 30. 6. 1960.

V 21 Bundesgesundheitsamt — Institut für Wasser-, Boden- und Lufthygiene: 6. Bericht über die bakteriologischen Untersuchungen an ETERNIT-Rohren (Versuchsgruppe VI: Untersuchungen des Gleitmittels). Aktz.: B-A-739, vom 7. 9. 1960.

V 22 Bundesgesundheitsamt — Institut für Wasser-, Boden- und Lufthygiene: Untersuchungsbericht über das chemisch-physikalische Verhalten von Asbestzement-Druckrohren. Aktz.: B-A-1060, vom 7. 9. 1960.

V 23 Bundesgesundheitsamt — Institut für Wasser-, Boden- und Lufthygiene: Nachtrag zum Untersuchungsbericht vom 7. 9. 1960: Schlachthof- und Wäschereiabwässer. Aktz.: B-A-1488, vom 14. 11. 1961.

V 24 Construction Industry Research and Information Association: Erosion of Sewers and Drains. Report No. 14, Oct. 1968.

V 25 CURT-RISCH-Institut an der TH Hannover: Bericht über dynamische Untersuchungen an Rohrleitungen in Hamburg-Eidelstedt (Sandboden), vom 24. 5. 1957.

V 26 CURT-RISCH-Institut an der TH Hannover: Bericht über dynamische Untersuchungen an Rohrleitungen in bindigem Boden in Hamburg-Altona, vom 22. 3. 1958.

V 27 Druckstoßkommission der S.I.A.: Druckstoßmessungen an einer ETERNIT-Rohrleitung im „Hägsten" bei Glattfelden vom 20. bis 22. Februar 1939.

V 28 Forschungsinstitut der Zementindustrie, Düsseldorf: Untersuchungen an Asbestzementrohren, vom 23. 7. 1962 und vom 26. 10. 1967.

V 29 Forschungs- und Entwicklungsinstitut für Industrie- und Siedlungswasserwirtschaft sowie Abfallwirtschaft e.V. in Stuttgart: Bericht über Abriebversuche an ETERNIT-Rohren, März 1961.

V 30 Fourreaux pour Cables haute-tension E-D-F. Essais aux chocs des tuyaux en AC.

V 31 GANDENBERGER, W.: Versuche zur Ermittlung der Druckwellenfortpflanzungsgeschwindigkeit in Asbestzementrohren, vom 5. 7. 1961.

V 32 Institut für Gastechnik, Feuerungstechnik und Wasserchemie der TH Karlsruhe, vormals Gasinstitut: Bericht über Untersuchungen zur Frage der Eignung von Asbestzementrohren als Gasleitungsrohr, vom 14. 7. 1961.

V 33 Land- und Forstwirtschaftskammer Hessen-Nassau, Landw. Untersuchungsamt und Versuchsanstalt Darmstadt: Gutachten über die Prüfung von REKA-Kupplungen auf Wurzelfestigkeit, vom 30. 6. 1967.

V 34 LEHMANN, H.: Die Bestimmung der Porengrößenverteilung im Feinporenbereich an drei ETERNIT-Proben. Gutachten Nr. T 226/66, vom 13. 6. 1966.

V 35 Niedersächsisches Materialprüfungsamt in Verbindung mit dem Institut für Materialprüfung und Forschung des Bauwesens der TH Hannover: Prüfungszeugnis Nr. 1014/60/A — 1/15/59a vom 15. 2. 1960 über statische Scheiteldruckversuche an Asbestzement-Druckrohren NW 400 und NW 600.

V 36 Niedersächsisches Materialprüfungsamt in Verbindung mit dem Institut für Materialprüfung und Forschung des Bauwesens der TH Hannover: Prüfungszeugnis Nr. 1014/60/A — 1/15/59b vom 25. 3. 1960 über statische Scheiteldruckversuche an Asbestzement-Druckrohren NW 250 und NW 1000.

V 37 Niedersächsisches Materialprüfungsamt in Verbindung mit dem Institut für Materialprüfung und Forschung des Bauwesens der TH Hannover: Prüfungszeugnis Nr. 1014/60/A — 1/15/59c vom 4. 4. 1960 als Nachtrag zu den Prüfungsberichten Nr. 1014/60/A — 1/15/59a, b über Druckschwellversuche mit Scheitellast an Asbestzement-Druckrohren NW 400 und NW 600.

V 38 Niedersächsisches Materialprüfungsamt in Verbindung mit dem Institut für Materialprüfung und Forschung des Bauwesens der TH Hannover: Prüfungszeugnis Nr. 1014/60/A — 1/15/59d vom 8. 8. 1960 über Druckschwellversuche mit Scheitellast an Asbestzement-Druckrohren NW 400 und NW 600.

V 39 Niedersächsisches Materialprüfungsamt in Verbindung mit dem Institut für Materialprüfung und Forschung des Bauwesens der TH Hannover: Prüfungszeugnis Nr. 1014/60/A — 1/15/59e vom 9. 11. 1960 über Druckschwellversuche mit Scheitellast an Asbestzement-Druckrohren NW 400 und NW 600.

V 40 PARKER, C. D.: Comparison of the Chemical and Microbiological Durabiliy of Asbestos-Cement and Concrete Sewer Pipes under a Variety of Aggressive Conditions. Water Science Laboratories, Carlton, Victoria, Australia.

V 41 Physikalisch-Technische Bundesanstalt — Institut Berlin: Versuchsbericht Nr. 925.58 JB B/W 1. Ang. vom 9. 1. 1959; 6. Ang. vom 26. 5. 1959.

V 42 Physikalisch-Technische Bundesanstalt — Institut Berlin: Versuchsbericht Nr. 925.58 JB B/W 2. Ang. vom 9. 1. 1959.

V 43 Physikalisch-Technische Bundesanstalt — Institut Berlin: Versuchsbericht Nr. 925.58 JB B/W 3. Ang. vom 9. 1. 1959.

V 44 Physikalisch-Technische Bundesanstalt — Institut Berlin: Versuchsbericht Nr. 925.58 JB B/W 4. Ang. vom 6. 3. 1959.

V 45 Physikalisch-Technische Bundesanstalt — Institut Berlin: Versuchsbericht Nr. 925.58 JB B/W 5. Ang. vom 2. 4. 1959.

V 46 Physikalisch-Technische Bundesanstalt — Institut Berlin: Versuchsbericht Nr. 925.58 JB B/W 7. Ang. vom 24. 7. 1959 und 3. 11. 1959.

V 47 PILNY, F.: Versuchsberichte 22/1 bis 22/3 über Untersuchungen an Asbestzement-Druckrohren, vom 6. 4. 1960.

V 48 PILNY, F.: Versuchsbericht 254 (1. Teil) über die Bestimmung der Biegeschwellfestigkeit, vom 31. 10. 1966.

V 49 PILNY, F.: Versuchsbericht 254 (2. Teil) über die Bestimmung der Innendruckdauerfestigkeit im Schwellbereich, vom 10. 1. 1967.

V 50 PILNY, F.: Versuchsbericht 303 über den Verschleiß von Asbestzementrohren bei sehr großer Reinwasser-Durchflußgeschwindigkeit, vom 16. 2. 1967.

V 51 PRESS, H.: Gutachten über die Dichtheit von REKA-Kupplungen NW 100, ND 12,5 vom 18. 7. 1956.

V 52 PRESS, H.: Gutachten über die Luftdurchlässigkeit einer Vacuum-Leitung, vom 4. 4. 1957.

V 53 PRESS, H.: Bericht über Druckverlustmessungen an Druckrohren aus Asbestzement NW 200, Aktz.: 111-57-9/1 — Mo/N, vom 27. 10. 1958.

V 54 PRESS, H.: Bericht über Druckstoß-Messungen an einer Rohrleitung aus Asbestzement NW 200, ND 12,5, Aktz.: 111-57-9/2 — Mo/Fr, vom 14. 8. 1959.

V 55 PRESS, H.: Gutachten über die Dichtheit von REKA-Kupplungen bei Unterdruck- und Überdruck-Wechselbeanspruchungen, vom 10. 9. 1959.

V 56 PRESS, H.: Bericht über die Durchführung von Verschleißversuchen an Asbestzement-Druckrohren NW 100, ND 10, Aktz.: 111-57-9/3 — Ht/Fr, vom 28.7.1960.

V 57 Prüfungszeugnis der BAM, Abtlg. 3 vom 12. 9. 1972. Aktz.: 3.11/4947: Prüfung eines Rundgummi-Ringes für eine SIMPLEX-Kupplung nach 42jährigem Betrieb.

V 58 Prüfungszeugnis der BAM vom 17. 9. 1975. Aktz. 3.11/6170: Prüfung von REKA-Ringen auf Gebrauchstauglichkeit.

V 59 RÖHNISCH: Bericht über Abriebversuche an Beton, Eternit und Eternit mit Epoxdybeschichtung, vom 25. 1. 1970, Versuchsanstalt für Wasserbau an der Universität Stuttgart.

V 60 R. Scuola di Ingegneria di Milano: Abriebversuche mit ETERNIT- und Betonrohr.

V 61 Staatliche Materialprüfungsanstalt an der Universität Stuttgart: Innendruckversuche an AZ-Rohren und -Rohrabschnitten NW 500, ND 10 vom 24.3.1975.

V 62 Staatliche Materialprüfungsanstalt an der Universität Stuttgart: Berstversuche an AZ-Rohrabschnitten NW 500 ND 10 vom 14. 5. 1975.

V 63 Studie über erdverlegte Trinkwasserleitungen aus verschiedenen Werkstoffen, Bericht II.

V 64 Technologisches Gewerbemuseum, Wien: Gutachten der staatlichen Versuchsanstalt für Baustoffe über ETERNIT-Rohre. Aktz.: 1538/34, vom 19.3.1935.

V 65 Technologisches Gewerbemuseum, Wien: Gutachten der staatlichen Versuchsanstalt über ETERNIT-REKA-Kupplungen. Aktz.: 776/53, vom 12. 5. 1953.

V 66 WATKINS: Soil Supported Strength of Buried Asbestos Cement Pipe; Utah State University Logaw, Utah 84322, 1976.

V 67 WEINHOLD: Institut für Baustoffkunde und Materialprüfwesen der TU Hannover: Prüfzeugnis Nr. 1843/69/1061/70 „Prüfung der Schwellfestigkeit von ETERNIT-Rohren NW 1600, $s = 68$ mm".

V 68 WEINHOLD: Gutachten zur Frage des Verhaltens von Asbestzementrohren unter dynamischer Belastung. TU Hannover, 20. 12. 1974.

V 69 WELLINGER: Studie des DVGW über erdverlegte Trinkwasserleitungen aus verschiedenen Werkstoffen, Anlage 4.

Sachverzeichnis

Anhang: Normen[1]

---

[1] Wiedergegeben mit Genehmigung des DIN Deutsches Institut für Normung e. V. Maßgebend für das Anwenden der Norm ist deren Fassung mit dem neuesten Ausgabedatum, die bei der Beuth Verlag GmbH, 1000 Berlin 30 und 5000 Köln 1, erhältlich ist.

DIN 19 800, Blatt 1 (Januar 1973)
Asbestzementrohre und -formstücke für Druckrohrleitungen
Rohre
Maße

Maße in mm

1. Geltungsbereich

Diese Norm gilt für Asbestzementrohre für Druckrohrleitungen, die zum Transport von Wasser und Abwasser bestimmt sind [1]). Für die Benennung Asbestzement wird die Abkürzung AZ verwendet.

2. Nenndrücke

Asbestzement-Druckrohre werden bis einschließlich NW 600 für folgende Nenndrücke nach DIN 2401 hergestellt: 2,5; 6; 10; 12,5; 16 bar (siehe Erläuterungen).
Rohre mit größeren Nennweiten werden bemessen.

3. Maße und zulässige Abweichungen

Rohrende bearbeitet [2])   Rohrende nicht bearbeitet [2])

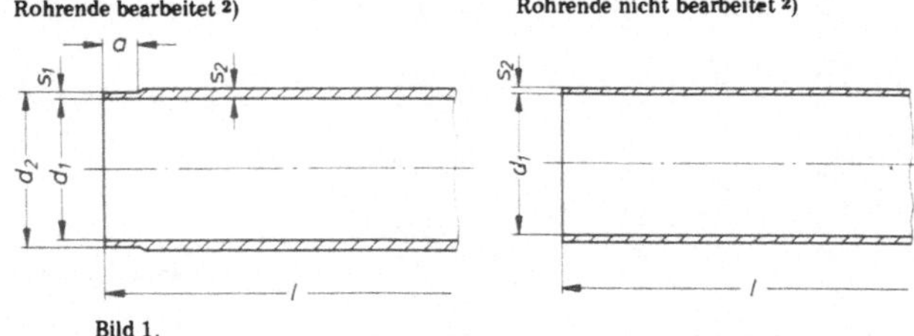

Bild 1.

Bezeichnung eines AZ-Druckrohres von Nennweite 500, Länge l = 4000 mm und Nenndruck 10:
AZ-Druckrohr 500 × 4000 DIN 19 800 — ND 10

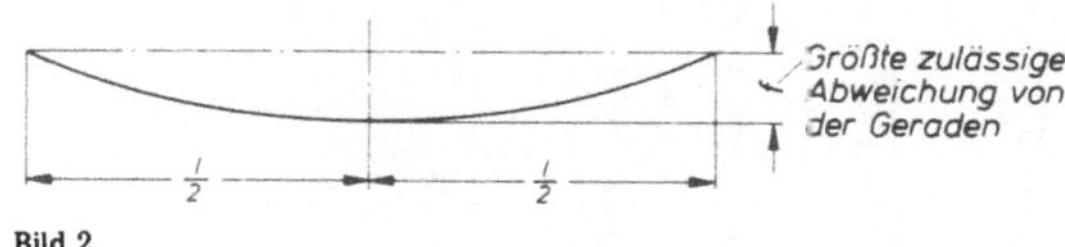

Bild 2.

---

[1]) Siehe auch DIN 19 800 Blatt 2 „Asbestzementrohre und -formstücke für Druckrohrleitungen; Rohre, Rohrverbindungen und Formstücke; Technische Lieferbedingungen".

[2]) Beide Rohrenden nach Wahl des Herstellers bearbeitet oder nicht bearbeitet.

Fortsetzung Seite 2 und 3
Erläuterungen Seite 3

Ausschuß Asbestzementrohre im Deutschen Normenausschuß (DNA)
Fachnormenausschuß Rohre, Rohrverbindungen und Rohrleitungen im DNA
Fachnormenausschuß Wasserwesen im DNA

Seite 2   DIN 19 800 Blatt 1

3.1. AZ-Druckrohre bis Nennweite 600

Tabelle 1.

Nennweite	Nenndruck bar	d_1	s_1	s_1 [3] min.	s_2 [4] min.	d_2	d_2 zul. Abw. im Bereich des Maßes a	l ±1%	f max.	a min.
65	12,5	65	9	7,5	8,5	83	± 0,5	4000	0,0065 · l	70
65	16	65	10	8,5	9,5	85				
80	10	80	9	7,5	8,5	98				
80	12,5	80	10	8,5	9,5	100				
80	16	80	12	10,5	11,5	104				
100	6	100	9	7,5	8,5	118				
100	10	100	10	8,5	9,5	120				
100	12,5	100	12	10,5	11,5	124				
100	16	100	15	13	14	130				
125	6	125	10	8,5	9,5	145				
125	10	125	12	10,5	11,5	149				
125	12,5	125	14	12	13	153				
125	16	125	17	15	16	159				
150	2,5	150	9	7,5	8,5	168		4000 und 5000		
150	6	150	11	9,5	10,5	172				
150	10	150	14	12	13	178				
150	12,5	150	16	14	15	182				
150	16	150	20	18	19	190				
200	2,5	200	10	8,5	9,5	220			0,0055 · l	80
200	6	200	13	11	12	226				
200	10	200	17	15	16	234				
200	12,5	200	20	18	19	240				
200	16	200	26	23,5	25	252				
250	2,5	250	12	10,5	11	274				
250	6	250	14	12	13	278				
250	10	250	18	16	17	286				
250	12,5	250	23	20,5	22	296				
250	16	250	29	26,5	28	308				
300	2,5	300	14	12	12,5	328	± 0,7			95
300	6	300	17	15	15,5	334				
300	10	300	21	19	20	342				
300	12,5	300	26	23,5	25,5	352				
300	16	300	34	31	33,5	368				
350	2,5	350	16	14	14,5	382				
350	6	350	19	17	17,5	388				
350	10	350	25	22,5	23,5	400				
350	12,5	350	30	27,5	29,5	410				
350	16	350	39	36	39	428				
400	2,5	400	18	16	16,5	436				
400	6	400	21	19	19,5	442				
400	10	400	28	25,5	26,5	456				
400	12,5	400	35	32	34	470				
400	16	400	44	41	44	488				
(450)	2,5	450	20	18	18,5	490	± 0,9		0,004 · l	130
(450)	6	450	23	20,5	21,5	496				
(450)	10	450	30	27,5	29	510				
(450)	12,5	450	37	34	36,5	524				
(450)	16	450	48	45	48	546				
500	2,5	500	22	19,5	20	544				
500	6	500	25	22,5	23	550				
500	10	500	32	29,5	31,5	564				
500	12,5	500	41	38	40,5	582				
500	16	500	53	50	53	606				
600	2,5	600	25	22,5	23	650				
600	6	600	30	27,5	28	660				
600	10	600	39	36	38,5	678				
600	12,5	600	49	46	48,5	698				
600	16	600	63	60	63	726				

Eingeklammerte Werte möglichst vermeiden.

[3] s_1 max ist nicht festgelegt.

[4] s_2 max ist nicht festgelegt.

5% der Rohre einer Lieferung dürfen Kurzlängen sein. Sie dürfen die in der Tabelle 1 genannte Herstellänge l bis 25% unterschreiten. Paßlängen werden nach besonderer Vereinbarung geliefert.

3.2. AZ-Druckrohre von Nennweite über 600

3.2.1. Nennweiten

Die Nennweiten müssen der Stufung nach DIN 2402 entsprechen. Soweit Zwischergrößen benötigt werden, sind im Nennweitenbereich NW 1000 bis NW 2000 Stufensprünge von 100 mm zu wählen.

3.2.2. Wanddicken

Die Wanddicken werden unter Berücksichtigung der inneren und äußeren Belastungen für jeden Anwendungsfall in einer statischen Berechnung ermittelt. Dabei ist von den in den Abschnitten 2.4 und 2.5 der in DIN 19 800 Blatt 2, Ausgabe Januar 1973, gegebenen Werten auszugehen.

Für den errechneten Wert gilt das untere Abmaß nach Tabelle 2:

Tabelle 2.

s_1	unteres Abmaß [5]
bis 30	− 2,5
über 30 bis 63	− 3
über 63 bis 90	− 3,5
über 90	− 4
[5] Oberes Abmaß ist nicht festgelegt.	

3.2.3. Außendurchmesser d_2

Für den Außendurchmesser d_2 gelten für die Nennweiten 700 bis 2000 im Bereich des Maßes a folgende zulässige Abweichungen:

Nennweite   700 bis 1100: ± 1,2 mm

Nennweite 1200 bis 1400: ± 1,5 mm

Nennweite 1500 bis 1700: ± 1,8 mm

Nennweite 1800 bis 2000: ± 2,1 mm

3.2.4. Längen

Die Rohre werden in Längen von 4000 und 5000 mm hergestellt. Die zulässigen Abweichungen betragen ± 1%.
5% der Rohre einer Lieferung können Kurzlängen sein. Sie dürfen die angegebenen Längen bis zu 25% unterschreiten. Paßlängen werden nach besonderer Vereinbarung geliefert.

3.2.5. Zulässige Abweichung von der Geraden

Die größte zulässige Abweichung f von der Geraden beträgt $0,004 \cdot l$ in mm (siehe Bild 2).

Erläuterungen

Aufgrund des „Gesetzes über Einheiten im Meßwesen" und der „Ausführungsverordnung zum Gesetz über Einheiten im Meßwesen" dürfen nach der festgesetzten Übergangsfrist (31. 12. 1977) nur noch die gesetzlichen Einheiten, deren Grundlage das Internationale Einheitensystem (SI-Einheiten) [6] ist, angewendet werden.

Aus diesem Grunde sind in der vorliegenden Neufassung bereits die gesetzlichen Einheiten enthalten. Es ist z. B. für den Druck von Fluiden anstelle der bisher üblichen Einheit kp/cm^2 bzw. atm das Bar (bar) einzuführen.

Drücke sind als Überdrücke angegeben.

Umrechnung:
1 kp/cm^2 = 0,980665 bar oder 1 kp/cm^2 ≈ 1 bar
1 m WS = 0,1 kp/cm^2 = 0,0980665 bar oder 1 m WS ≈ 0,1 bar

---

[6] Système International d'Unités

DIN 19 800, Blatt 2 (Januar 1973)
Asbestzementrohre und -formstücke für Druckrohrleitungen
Rohre, Rohrverbindungen und Formstücke
Technische Lieferbedingungen

Inhalt

Maße in mm

1. Geltungsbereich

Diese Norm gilt für Asbestzementrohre und -formstücke für Druckrohrleitungen, die zum Transport von Wasser und Abwasser bestimmt sind [1]. Für die Benennung Asbestzement wird die Abkürzung AZ verwendet.

2. Anforderungen

Rohre und Formstücke müssen zum Zeitpunkt der Auslieferung, spätestens nach 28 Tagen, die Anforderungen dieser Norm erfüllen.

2.1. Rohstoffe und Herstellung

Die Rohre und Formstücke müssen aus einer innigen homogenen Mischung von Asbestfasern, Zement und Wasser maschinell unter Druck und ohne Längsnaht hergestellt werden. Als Bindemittel dürfen nur Zemente verwendet werden, die den Anforderungen nach DIN 1164 Blatt 1 „Portland-, Eisenportland-, Hochofen- und Traßzement; Begriffe, Bestandteile, Anforderungen, Lieferung" entsprechen. Der Asbest muß rein mineralischen Ursprungs und frei von organischen Bestandteilen sein. Zusätze, die die Beständigkeit der Eigenschaften der Rohre und Formstücke beeinträchtigen können, dürfen nicht verwendet werden. Auch das Produktionswasser muß von schädigenden Stoffen frei sein. Klebstellen bei Formstücken müssen dauerhaft, kraftschlüssig und dicht sein.

Bei Trinkwasserleitungen dürfen Rohre, Rohrverbindungen und Formstücke keine Stoffe in solchen Mengen abgeben, die gesundheitsschädigend sind oder Farbe, Geschmack oder Geruch des Wassers beeinträchtigen (siehe auch DIN 2000).

2.2. Beschaffenheit

Die Rohre sollen gerade und innen und außen rund sein. Sie dürfen keine Beschädigungen oder Mängel aufweisen, die sich nachteilig auf die Festigkeit oder Dichtheit auswirken. Neben der glatten inneren Oberfläche soll auch die äußere Oberfläche — der Herstellung und Verwendung entsprechend — glatt sein und eine dichte Rohrverbindung ermöglichen. Geringe Unebenheiten, die innerhalb der zulässigen Abweichung liegen und den Verwendungszweck nicht beeinträchtigen, sind zulässig. Die Stirnflächen der Rohre müssen frei von Ausbrüchen, Rissen und Bearbeitungsgraten sein und rechtwinklig zur Rohrachse liegen.

---

[1] Siehe auch DIN 19 800 Blatt 1 „Asbestzementrohre und -formstücke für Druckrohrleitungen; Rohre, Maße"

Fortsetzung Seite 2 bis 5
Erläuterungen Seite 6

Ausschuß Asbestzementrohre im Deutschen Normenausschuß (DNA)
Fachnormenausschuß Rohre, Rohrverbindungen und Rohrleitungen im DNA
Fachnormenausschuß Wasserwesen im DNA

2.3. Wasserdichtheit

Rohre und Formstücke müssen wasserdicht sein.

Während der Prüfung nach Abschnitt 3.3 dürfen sich an ihrer Außenfläche keine Wassertropfen oder feuchten Flecken zeigen.

2.4. Ringzugfestigkeit

2.4.1. Rohre

Bei Prüfung der Rohre nach Abschnitt 3.4.1 muß die mit dem Berstdruck berechnete Ringzugfestigkeit in N/mm^2 (siehe Erläuterungen) mindestens den Werten nach Tabelle 1 entsprechen.

Tabelle 1.

Nennweite	Mindest-Ringzugfestigkeit N/mm^2	
	bis ND 6	über ND 6
bis 400	22	24
über 400	23	25

Bei Rohren bis Nennweite 600 darf der Berstdruck nicht kleiner sein als der 3fache Nenndruck, bei Rohren ab Nennweite 700, die nach Abschnitt 3.2.2 von DIN 19 800 Blatt 1, Ausgabe Januar 1973, besonders zu bemessen sind, darf er nicht kleiner sein als der 2,5fache Nenndruck.

2.4.2. Formstücke

Bei Prüfung der Formstücke nach Abschnitt 3.4.1 darf der Berstdruck nicht kleiner sein als:

der 3fache Nenndruck bei Nennweiten bis 600
der 2,5fache Nenndruck bei Nennweiten ab 700

2.5. Ringbiegezugfestigkeit

Bei Prüfung der Rohre nach Abschnitt 3.4.2 muß die Ringbiegezugfestigkeit in N/mm^2 (siehe Erläuterungen) mindestens den Werten nach Tabelle 2 entsprechen:

Tabelle 2.

Nennweite	Mindest-Ringbiegezugfestigkeit N/mm^2	
	bis ND 6	über ND 6
bis 400	45	49
über 400	47	51

2.6. Längsbiegezugfestigkeit

Bei Prüfung der Rohre nach Abschnitt 3.4.3 muß die Längsbiegezugfestigkeit mindestens $25\ N/mm^2$ betragen.

2.7. Schwellbeanspruchung

Die bei normalen Betriebs- und Verlegeverhältnissen auftretenden Schwellbeanspruchungen sind durch die Sicherheitsbeiwerte nach Abschnitt 2.4 abgedeckt.

2.8. Rohrverbindungsteile

Für Rohrverbindungsteile aus Asbestzement gelten die gleichen Anforderungen wie für Rohre.

Die für die Herstellung der Rohrverbindungen erforderlichen Dichtungen sind vom Rohrhersteller zu liefern.

3. Prüfungen

3.1. Beschaffenheit

Die äußere Beschaffenheit wird durch Inaugenscheinnahme geprüft.

3.2. Maße

Die Maße der Wanddicken und des Durchmessers d_2 im Bereich des Maßes a sind auf 0,1 mm, alle übrigen Maße sind auf 1 mm zu messen.

3.3. Innendruckprüfung (Werksprüfung)

Die Rohre und Formstücke werden im Herstellerwerk einer Innendruckprüfung nach DIN 50 104 unterzogen. Der Prüfdruck ist 30 Sekunden lang zu halten und beträgt das zweifache des Nenndruckes.

3.4. Festigkeitsprüfungen

Rohre und Formstücke sind vor der Prüfung 48 Stunden in Wasser zu lagern.

3.4.1. Berstdruckprüfung

Die Prüfung wird an Rohrabschnitten in der Weise durchgeführt, daß sich das Probestück bei Einwirkung des Innendruckes auch an seinen Enden möglichst unbehindert radial verformen kann. Deshalb soll eine Innendichtung verwendet werden. Im übrigen gelten die Festlegungen in DIN 50 105. Das Probestück wird vom Rohrende in einer Länge nach Tabelle 3 abgeschnitten:

Tabelle 3.

Nennweite	Länge cm
65 bis 600	50
> 600	100

Der Innendruck ist mit höchstens $0,2\ N/mm^2$ je Sekunde gleichmäßig bis zum Bruch zu steigern.

Die Ringzugfestigkeit errechnet sich aus folgender Formel:

$$\sigma_{rz} = \frac{p \cdot (d + s)}{2\,s} \text{ in } N/mm^2$$

Hierin bedeuten:

p der hydraulische Innendruck beim Bruch in N/mm^2

d der tatsächliche Innendurchmesser des Probestückes (Mittel aus zwei Messungen über Kreuz) in mm

s die tatsächliche Wanddicke an der Bruchstelle in mm
Die Wanddicke s wird an drei Stellen längs der Bruchlinie gemessen und das Mittel auf 0,5 mm angegeben.

3.4.2. Scheiteldruckprüfung

Die Scheiteldruckprüfung wird an Rohrabschnitten von $300\ mm \pm 1,5\ mm$ Länge durchgeführt.

Es ist mit einer Druckprüfmaschine nach DIN 51 223, die den Anforderungen der Klasse 3 nach DIN 51 220 genügt, zu prüfen. Die Druckschneide mit der Breite b

Tabelle 4.

Nennweite	b	Nennweite	b
65 bis 200	25	1000	115
250	30	1100	130
300	35	1200	140
350	45	1300	150
400	50	1400	165
450	55	1500	175
500	60	1600	185
600	75	1700	195
700	85	1800	210
800	95	1900	220
900	105	2000	230

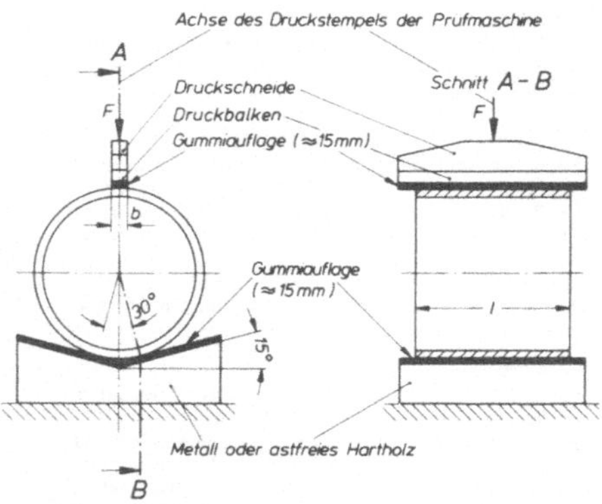

Bild 1. Versuchsanordnung für die Scheiteldruckprüfung

nach Tabelle 4 muß so steif sein, daß eine gleichmäßige Druckübertragung über die gesamte Prüflänge sichergestellt ist. Sie muß in der senkrechten, durch die Rohrachse gehenden Ebene mit Drehpunkt in der Kraftachse beweglich gelagert sein. Der Kraftangriffspunkt liegt in der geometrischen Mitte des Probestückes (siehe Bild 1).

Die Probestücke werden auf einen winkelförmigen Auflagerbalken (150° Öffnungswinkel) aus Metall oder astfreiem Hartholz gelegt und durch einen rechteckigen Druckbalken der Breite b nach Tabelle 4 gleicher Beschaffenheit belastet.

Zwischen Druckbalken und Probestück und zwischen Auflagerbalken und Probestück werden etwa 15 mm dicke Gummiauflagen mit Shore-A-Härte 60 ± 5 gelegt (siehe Bild 1).

Die Prüfkraft ist stetig und stoßfrei mit etwa 500 N/s bis zum Bruch zu steigern.

Mit der erzielten Bruchkraft wird die Ringbiegezugfestigkeit nach folgender Formel errechnet:

$$\sigma_{rbz} = \frac{M}{W} \cdot \alpha_K \text{ in N/mm}^2$$

$$\frac{M}{W} = 0,3 \cdot \frac{F}{l} \cdot \frac{d+s}{2} \cdot \frac{6}{s^2} \text{ in N/mm}^2 \ ^2)$$

$$\alpha_K = \frac{3d+5s}{3d+3s}$$

$$\sigma_{rbz} = 0,3 \cdot \frac{F}{l} \cdot \frac{3d+5s}{s^2} \text{ in N/mm}^2$$

Hierin bedeuten:

F	Bruchkraft	in N
l	Länge des Probestückes	in mm
d	der tatsächliche Innendurchmesser des Rohres (Mittel aus zwei Messungen über Kreuz)	in mm
s	die tatsächliche Wanddicke des Probestückes an der Scheitelbruchlinie	in mm
	Die Wanddicke s wird an drei Stellen längs der Scheitelbruchlinie gemessen und das Mittel auf 0,5 mm angegeben.	
α_K	Korrekturfaktor bei Berücksichtigung des Spannungsverlaufs im gekrümmten Stab	

3.4.3. Längsbiegeprüfung

Diese Prüfung wird nur an Rohren bis Nennweite 200 durchgeführt. Als Probestücke werden ganze Rohre oder Rohrabschnitte von mindestens 2,20 m Länge verwendet.

Das Probestück wird auf zwei V-förmige Metallstützen mit einem Öffnungswinkel von 120° gelegt, deren Mittenabstand 2 m beträgt, und die an zwei waagerechten Achsen drehbar sind. Die Kraft wird auf das Rohr über etwa 15 mm dicke Gummiauflagen mit Shore-A-Härte 60 ± 5 übertragen (siehe Bild 2).

Die Prüfkraft ist stetig und stoßfrei mit etwa 500 N/s bis zum Bruch zu steigern.

Mit der erzielten Bruchkraft wird die Längsbiegezugfestigkeit wie folgt berechnet:

$$\sigma_{lbz} = \frac{8\,F \cdot l}{\pi} \cdot \frac{d+2s}{(d+2s)^4 - d^4} \qquad \text{in N/mm}^2$$

Hierin bedeuten:

F	Bruchkraft	in N
l	Mittenabstand der Metallstützen	in mm
d	der tatsächliche Innendurchmesser (Mittel aus zwei Messungen über Kreuz)	in mm
s	die tatsächliche Wanddicke an der Bruchstelle (Mittel aus drei Messungen auf 0,5 mm angegeben)	in mm

---

2) Der Wert 0,3 berücksichtigt die rechnerische Auswirkung der Prüfanordnung — dabei besonders die Breite des Druckbalkens — und schließt auch den Wert $\frac{1}{\pi}$ ein.

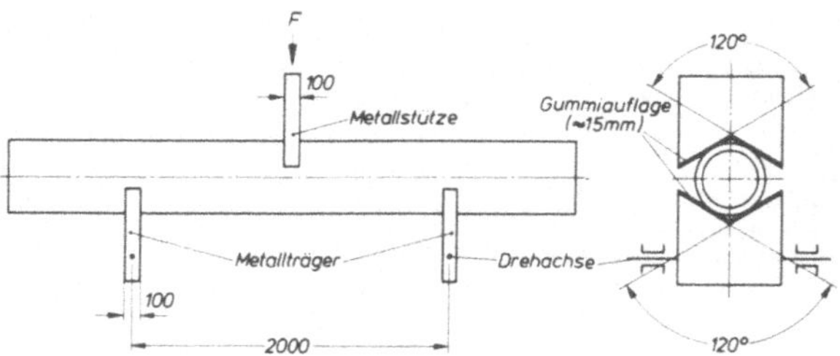

Bild 2. Versuchsanordnung für die Längsbiegeprüfung

Seite 4   DIN 19 800 Blatt 2

4. Rohrschutz

Rohre und Formstücke für Leitungen, die Kontakt mit
angreifenden Wässern oder Böden haben, müssen
entsprechend widerstandsfähig hergestellt oder durch
einen Schutzüberzug geschützt sein. Der Schutzüberzug
kann kalt oder warm aufgetragen werden, muß fest haften
und darf nicht wasserlöslich sein.

Der innere Schutzüberzug darf die strömungstechnischen
Eigenschaften der Rohre nicht mindern.

Die Notwendigkeit eines Rohrschutzes wird im allgemeinen
anhand der DIN 4030 „Beurteilung betonangreifender
Wässer, Böden und Gase" entschieden.

Schutzanstriche bestehen je nach dem Grad der
Aggressivität aus einer oder zwei Schichten, wobei jede
Schicht eine Dicke von mindestens 50 µm haben muß.

Bei Trinkwasserleitungen darf der innere Schutzüberzug
keine Stoffe in solchen Mengen abgeben, die
gesundheitsschädigend sind oder Farbe, Geschmack oder
Geruch des Wassers beeinträchtigen (siehe auch DIN 2000).

5. Kennzeichnung

Rohre, Rohrverbindungen und Formstücke müssen
dauerhaft und deutlich sichtbar gekennzeichnet werden.

Kennzeichnung für Rohre: Nennweite, Nenndruck,

       DIN 19 800,

       Herstellungsdatum,

       Zeichen des Herstellers

Rohre, die nicht den Anforderungen an Trinkwasserrohre
(siehe Abschnitte 2.1 und 4) entsprechen, sind zusätzlich
mit dem Buchstaben A zu kennzeichnen.

Kennzeichnung für Rohrverbindungsteile und Formstücke:
Rohrverbindungsteile und Formstücke sind wie die Rohre,
jedoch ohne Herstellungsdatum zu kennzeichnen. Die
Formstücke sind zusätzlich mit dem Nenndruck des
Anschlußendes zu kennzeichnen.

6. Gütesicherung

6.1. Allgemeines

Die im Abschnitt 2 geforderten Eigenschaften sind durch
einen Eignungsnachweis festzustellen. Ihre Einhaltung
ist durch eine Güteüberwachung, bestehend aus Eigen-
und Fremdüberwachung, zu sichern. Die dazu erforderlichen
Prüfungen sind nach Abschnitt 3 durchzuführen. Die
jeweilige Prüfung gilt als bestanden, wenn die im
Abschnitt 2 enthaltenen Anforderungen erfüllt sind.

6.2. Eignungsnachweis

Bei erstmaliger Aufnahme der Produktion ist vom
Herstellerwerk vor Auslieferung von Rohren und Form-
stücken nachzuweisen, daß sie allen Anforderungen dieser
Norm entsprechen.

Die hierzu notwendigen Prüfungen sind von einer amtlich
anerkannten Materialprüfungsanstalt, die über die
geeigneten Einrichtungen verfügt, durchzuführen.

Der Eignungsnachweis wird gruppenweise durchgeführt.
Es werden dafür die Nennweiten und Nenndrücke in
Gruppen nach Tabellen 5 und 6 zusammengefaßt.

Tabelle 5.

Nennweitengruppen
65 bis 250
300 bis 600
über   600

Tabelle 6.

Nenndruckgruppen
bis   ND 6
über ND 6

Für die Prüfung sind aus jeder Gruppe drei Probestücke
aus verschiedenen Rohren gleicher Nennweite und
gleichen Nenndrucks zu entnehmen.

Bei den Formstücken ist sinngemäß zu verfahren. Die
Scheiteldruckprüfung und die Längsbiegeprüfung entfallen für Formstücke.

6.3. Güteüberwachung

6.3.1. Eigenüberwachung

Jedes Herstellerwerk hat die Eigenschaften der Rohre
und Formstücke zu überwachen. Prüfumfang und
-häufigkeit der Eigenüberwachung ergeben sich aus
Tabelle 7.

Tabelle 7.

Nr	Eigenschaften	Anforderung nach Abschnitt	Prüfung nach Abschnitt
1	Beschaffenheit	2.2	3.1
2	Maße und zulässige Abweichungen	DIN 19 800 Blatt 1	3.2
3	Wasserdichtheit	2.3	3.3
4	Ringzugfestigkeit	2.4	3.4.1
5	Ringbiegezugfestigkeit	2.5	3.4.2
6	Längsbiege-zugfestigkeit	2.6	3.4.3

Prüfhäufigkeit der Rohre:	
für Nr 2, 4, 5 und 6:	Fünf Rohre je Woche in den Nennweiten, abwechselnd, so daß innerhalb eines Jahres an jeder hergestellten Nennweite mindestens drei Prüfungen durchgeführt worden sind. Bei der Auswahl der Proben sind die hergestellten Druckstufen und Fertigungsstraßen zu berücksichtigen.
für Nr 1 und 3:	Jedes Rohr, sofern nicht besondere Auftragsvereinbarungen bestehen.

Prüfhäufigkeit der Formstücke:	
für Nr 1, 2, 3 und 4:	Innerhalb eines Jahres an jeder hergestellten Nennweite und Druckstufe mindestens drei Prüfungen.
für Nr 5 und 6:	keine Prüfungen.

Die Ergebnisse der Eigenüberwachung nach Nr 4, 5 und 6
sind fortlaufend aufzuzeichnen und statistisch auszuwerten.
Diese Auswertung muß nachweisen, daß die Produktion
die in Abschnitt 2 festgelegten Festigkeitswerte mit ausreichender Sicherheit erreicht.

6.3.2. Fremdüberwachung

Die Fremdüberwachung wird mindestens zweimal jährlich
und bei jeder wesentlichen, die Güte der Erzeugnisse
beeinflussenden Produktionsänderung, durchgeführt.
Die Häufigkeit der Prüfungen liegt im Ermessen der
fremdüberwachenden Stelle. Sie richtet sich nach den

Ergebnissen und der Zuverlässigkeit der Eigenüberwachung. Aus jeder im Überwachungszeitraum hergestellten Nennweitengruppe (nach Abschnitt 6.2) und Nenndruckgruppe werden 3 Rohre gleicher Nennweite und gleichen Nenndrucks geprüft. Die Prüfung ist von einer anerkannten Güteschutzgemeinschaft oder aufgrund eines Überwachungsvertrages von einer amtlich anerkannten Materialprüfungsanstalt [3]), die über die geeigneten Einrichtungen verfügt, durchzuführen. Der Umfang der Fremdüberwachung ergibt sich aus Tabelle 8.

Tabelle 8.

Nr	Eigenschaften	Anforderung nach Abschnitt	Prüfung nach Abschnitt
1	Beschaffenheit	2.2	3.1
2	Maße und zulässige Abweichungen	DIN 19 800 Blatt 1	3.2
3	Ringzugfestigkeit	2.4	3.4.1
4	Ringbiegezugfestigkeit	2.5	3.4.2
5	Längsbiegezugfestigkeit	2.6	3.4.3
6	Überprüfung der Eigenüberwachung	6.3.1	

Von den in gleicher Häufigkeit zu prüfenden Formstücken werden nur die Eigenschaften nach Nr 1, 2, 3 und 6 überwacht. Diese Prüfungen können auch im Werk durchgeführt werden. Wenn ein Probestück einer Prüfserie den gestellten Anforderungen nicht entspricht, ist eine Wiederholungsprüfung vorzunehmen. Hierzu ist die doppelte Anzahl von Probestücken der gleichen Nennweite zu entnehmen, die alle Anforderungen erfüllen müssen.

---

[3]) Amtlich anerkannte Materialprüfungsanstalten sind z. B.: Bundesanstalt für Materialprüfung (BAM), 1 Berlin 45, Unter den Eichen 87.

6.4. Probenahme und Prüfbericht

Die Probenahme ist vom Beauftragten der prüfenden Stelle vorzunehmen. Die entnommenen Proben sollen dem Durchschnitt des Lagerbestandes entsprechen und sind unverwechselbar zu kennzeichnen. Über die Entnahme der Proben ist vom Probenehmer eine Niederschrift anzufertigen, die durch einen Vertreter des Werkes gegenzuzeichnen ist. Sie soll folgende Angaben enthalten:

Datum und Ort der Probenahme,

Herstellerwerk,

etwaige Größe des Lagerbestandes, aus dem die Proben entnommen wurden,

Beschreibung des Gegenstandes (z. B. DIN-Bezeichnung),

Angaben über die Kennzeichnung der Proben durch den Probenehmer,

Probenehmer.

Der Prüfbericht, der dem Abnehmer auf Verlangen vorgelegt werden kann, soll unter Hinweis auf diese Norm folgende Angaben enthalten:

Lieferwerk,

Angaben über die Probenahme,

Beschreibung des Gegenstandes (z. B. DIN-Bezeichnung),

Beurteilung der Eigenüberwachung (bei Überwachungsprüfungen),

Wertung der Prüfergebnisse,

Prüfdatum.

6.5. Sonstige Prüfungen

Die Durchführung von Prüfungen, die in Art und Umfang von dieser Norm abweichen, ist zwischen Hersteller und Abnehmer schriftlich zu vereinbaren. Es kann in besonderen Fällen ein Abnahmeprüfzeugnis nach DIN 50 049, Ausgabe Juli 1972, Abschnitt 3.1, Abnahmeprüfzeugnis B, verlangt werden.

Seite 6   DIN 19 800 Blatt 2

Erläuterungen

Aufgrund des „Gesetzes über Einheiten im Meßwesen" und der „Ausführungsverordnung zum Gesetz über Einheiten im Meßwesen" dürfen nach der festgesetzten Übergangsfrist (31. 12. 1977) nur noch die gesetzlichen Einheiten, deren Grundlage das Internationale Einheitensystem (SI-Einheiten) [4]) ist, angewendet werden.

Aus diesem Grunde sind in der vorliegenden Neufassung bereits die gesetzlichen Einheiten enthalten. Es ist z. B. für die Kraft anstelle der bisher üblichen Einheit Pond (p) das Newton (N) und für den Druck von Fluiden anstelle der Einheit Atmosphäre (atm) oder kp/cm^2 das Bar (bar) einzuführen.

Drücke sind als Überdrücke angegeben.

Umrechnung:

1 kp = 9,80665 N oder 1 kp $\approx$ 10 N

1 Mp = 9806,65 N oder 1 Mp $\approx$ 10 kN und

$\qquad\qquad$ 1 Mp/m $\approx$ 10 kN/m

Für Spannungen, Festigkeiten:

$1\ kp/cm^2$ = 9,80665 N/cm^2 = 0,0980665 N/mm^2 oder $1\ kp/cm^2 \approx 0,1\ N/mm^2$

Für Drücke von Fluiden (hier Wasser bzw. Abwasser):

$1\ kp/cm^2$ = 0,980665 bar oder $1\ kp/cm^2 \approx 1$ bar

1 m WS = 0,1 kp/cm^2 = 0,0980665 bar oder 1 m WS $\approx$ 0,1 bar

Für die Übernahme der neuen gesetzlichen Einheiten in diese Neubearbeitung ist vereinfachend $g \approx 10\ m/s^2$ (d. h. 1 kp $\approx$ 10 N usw.) gesetzt. Der dadurch entstehende Fehler von $\approx 2\%$ wird vernachlässigt.

---

[4]) Système International d'Unités

DIN 19 850, Blatt 1 (Januar 1971)
Asbestzementrohre und -formstücke für Abwasserkanäle
Rohre, Abzweige, Bogen
Maße, Technische Lieferbedingungen

Maße in mm

Inhalt

1. Geltungsbereich

Diese Norm gilt für Asbestzementrohre und -formstücke (Abzweige und Bogen), die für Abwasserkanäle (Misch-, Schmutz- und Regenwasserkanäle) und dazugehörige Anschlußkanäle[1]) verwendet werden[2]). Für den Werkstoff Asbestzement wird die Abkürzung AZ verwendet.

2. Rohrklassen

Aufgrund der Tragfähigkeit werden die Rohre nach 2 Rohrklassen unterschieden:

Klasse A (Standardklasse) für NW 250 bis 1500

Klasse B (schwere Klasse) für NW 100 bis 1500[3])

Die Formstücke werden nur nach Klasse B hergestellt. Die Bearbeitung der Formstückenden richtet sich nach der Klasse der anzuschließenden Rohre.

Der Auftraggeber bestimmt die zu liefernde Rohrklasse.

---

[1]) Kanalstrecke vom öffentlichen Abwasserkanal bis zu den Grundstücksleitungen bzw. bei der Straßenentwässerung bis zum Straßenablauf.

[2]) Für Grundstücksentwässerungsleitungen aus Asbestzementrohren gelten DIN 19 830, DIN 19 831, DIN 19 841.

[3]) Aus betrieblichen Gründen wird als kleinste Nennweite für Anschlußkanäle NW 150 empfohlen.

Fortsetzung Seite 2 bis 11

Ausschuß Asbestzementrohre im Deutschen Normenausschuß (DNA)
Fachnormenausschuß Wasserwesen im DNA

3. Maße und zulässige Abweichungen
3.1. Rohre

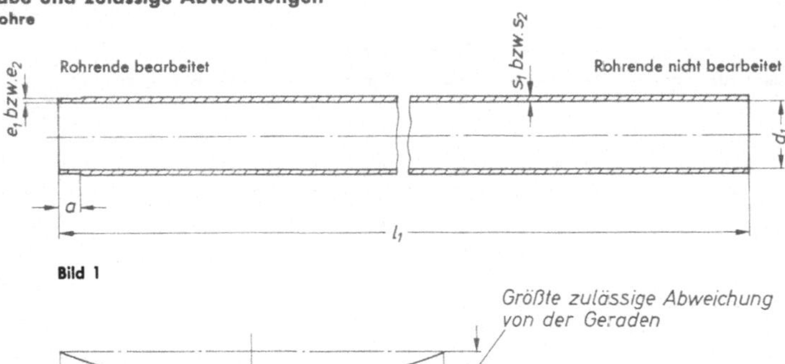

Bild 1

Bild 2

Bezeichnung eines AZ-Rohres für Abwasserkanäle der Klasse B von Nennweite 150 und Länge $l_1 = 4000$ mm:

AZ-Rohr B 150 × 4000 DIN 19850

Tabelle 1

Nennweite	d_1 bzw. d_2[4]	zul. Abw.	Klasse A s_1	zul. Abw.	e_1 min.	Klasse B s_2	zul. Abw.	e_2 min.	l_1 ±1,5%	a[5] ±5%	f max.
(100)	100	±2,5				8		6,5		70	$0,0065 \cdot l_1$
(125)	125	±2,5	—	—	—	8	+4 −0,5	6,5	4000		$0,0055 \cdot l_1$
150	150		—	—	—	9	+4 −0,5	7,5			$0,0055 \cdot l_1$
200	200	±3				10		8,5		80	
250	250	±3	11	+4 −0,5	8,5	12	+4 −0,5	9,5			
300	300		12	+4 −0,5	9,5	14	+5 −1	11			
350	350		14	+4 −1	11	17	+5 −1	13,5		95	$0,0045 \cdot l_1$
400	400	±4	16	+5 −1	13	18	+5 −1	15			
450	450		18	+5 −1	15	20		17			
500	500	±5	20	+5 −1	17	22	+6,5 −1,5	18,5		130	
600	600	±5	23	+6 −1,5	19,5	25	+6,5 −1,5	21,5	4000 und 5000		
700	700	±6	25	+6 −1,5	21,5	29	+8 −1,5	25,5		160	
800	800	±6	28	+6 −1,5	24,5	33	+8 −2	29			
900	900	±8	31	+7 −2	27	37	+9 −2	33		175	$0,0035 \cdot l_1$
1000	1000	±8	34	+7 −2	30	41	+9 −2	37			
1100	1100	±10	37	+8,5 −2	32	45	+9 −2	40		185	
1200	1200	±10	41	+8,5 −3	35	49	+10 −3	43			
1300	1300		45		39	54		48			
1400	1400	±12	48	+10 −3	42	58	+10 −3	52		195	
1500	1500		52		46	62		56			
Eingeklammerte Nennweiten möglichst vermeiden											

5 % der Rohre einer Lieferung dürfen Kurzlängen sein. Sie dürfen die in der Tabelle 1 genannte Herstellänge l_1 bis zu 25 % unterschreiten. Lieferung von Paßlängen erfolgt auf besondere Bestellung. Die Enden der Rohre können nach Wahl des Herstellers bearbeitet oder unbearbeitet hergestellt werden.

[4] [5] Siehe Seite 5

3.2. Abzweige 45°

a, d_1, d_2, e_1 und e_2 siehe Tabelle 1.

Für s_3 gilt der Nennwert von s_2 für Rohrklasse B der Tabelle 1 als Mindestwert.

Die Wahl der Maße e_1 und e_2 richtet sich nach der anzuschließenden Rohrklasse (siehe auch Abschnitt 2).

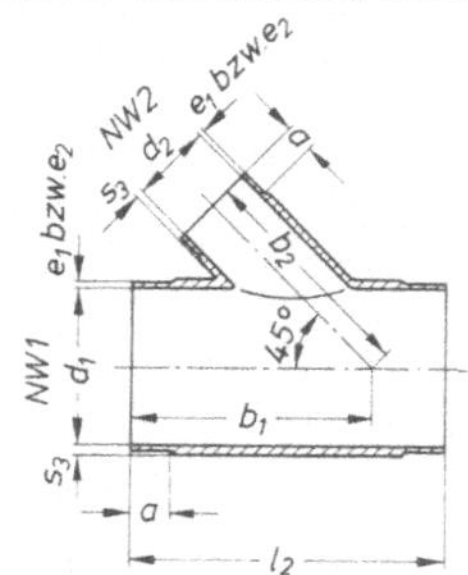

Bild 3

Bezeichnung eines AZ-Abzweiges 45° für einen Abwasserkanal der Rohrklasse B mit der Nennweite NW 1 = 400 und einen Anschlußkanal der Rohrklasse B mit der Nennweite NW 2 = 250:

AZ-Abzweig 45 B 400 × B 250 DIN 19 850

Tabelle 2

| Nennweite[6] | | l_2 | b_1 | b_2 |
NW 1	NW 2	±1,5 %	±1,5 %	±1,5 %
(100)	(100)	440	280	320
(125)	(100)	550	370	350
(125)	(125)	550	370	350
150	(100)	490	330	370
150	(125)	490	350	385
150	150	550	360	390
200	(100)	550	430	405
200	(125)	550	410	420
200	150	550	400	450
200	200	650	470	455
250	(100)	550	435	440
250	(125)	550	420	460
250	150	550	420	485
250	200	650	485	520
300	(100)	620	500	480
300	(125)	620	500	495
300	150	620	500	520
300	200	800	600	560
300	250	800	600	575
350	(100)	620	550	510
350	(125)	620	550	530
350	150	620	525	555
350	200	800	650	595
350	250	800	630	615
350	300	800	600	650
—	—	—	—	—
—	—	—	—	—
—	—	—	—	—

| Nennweite[6] | | l_2 | b_1 | b_2 |
NW 1	NW 2	±1,5 %	±1,5 %	±1,5 %
400	(100)	620	550	550
400	(125)	620	550	565
400	150	620	550	590
400	200	800	650	630
400	250	800	650	645
400	300	800	620	685
450	150	750	650	630
450	200	990	750	665
450	250	990	750	685
450	300	990	750	725
500	150	750	700	665
500	200	990	800	705
500	250	990	770	725
500	300	990	750	760
600	150	750	750	735
600	200	990	800	775
600	250	990	850	790
600	300	990	850	830
700	150	800	800	810
700	200	990	900	845
700	250	990	900	865
700	300	990	900	900
800	150	820	900	880
800	200	1200	1100	915
800	250	1200	1100	935
800	300	1200	1100	975
—	—	—	—	—
—	—	—	—	—

| Nennweite[6] | | l_2 | b_1 | b_2 |
NW 1	NW 2	±1,5 %	±1,5 %	±1,5 %
900	150	820	935	950
900	200	1200	1100	990
900	250	1200	1100	1010
900	300	1200	1100	1050
1000	150	820	1000	1030
1000	200	1200	1200	1060
1000	250	1200	1200	1080
1000	300	1200	1200	1120
1100	150	1200	1250	1120
1100	200	1200	1250	1150
1100	250	1200	1250	1180
1100	300	1200	1250	1210
1200	150	1200	1280	1190
1200	200	1200	1280	1220
1200	250	1200	1280	1250
1200	300	1200	1280	1280
1300	150	1200	1350	1260
1300	200	1200	1350	1290
1300	250	1200	1350	1320
1300	300	1200	1350	1350
1400	150	1200	1410	1330
1400	200	1200	1410	1360
1400	250	1200	1410	1390
1400	300	1200	1410	1420
1500	150	1200	1470	1400
1500	200	1200	1470	1430
1500	250	1200	1470	1460
1500	300	1200	1470	1490

Eingeklammerte Nennweiten möglichst vermeiden

[6] Siehe Seite 5

Seite 4   DIN 19 850 Blatt 1

3.3. Abzweige 90°

a, d_1, d_2, e_1 und e_2 siehe Tabelle 1.

Für s_3 gilt der Nennwert von s_2 für Rohrklasse B der Tabelle 1 als Mindestwert.

Die Wahl der Maße e_1 und e_2 richtet sich nach der anzuschließenden Rohrklasse (siehe auch Abschnitt 2).

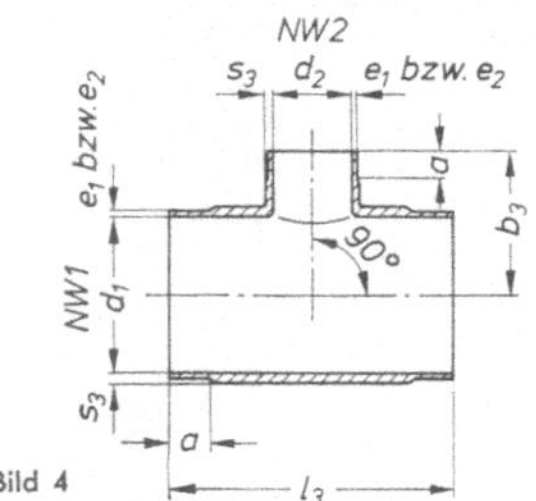

Bild 4

Bezeichnung eines AZ-Abzweiges 90° für einen Abwasserkanal der Rohrklasse B mit der Nennweite NW 1 = 700 und einen Anschlußkanal der Rohrklasse B mit der Nennweite NW 2 = 250:

AZ-Abzweig 90 B 700 × B 250 DIN 19 850

Tabelle 3

| Nennweite [6] | | l_3 ±1,5% | b_3 [6] ±1,5% | Nennweite [6] | | l_3 ±1,5% | b_3 [6] ±1,5% | Nennweite [6] | | l_3 ±1,5% | b_3 [6] ±1,5% |
NW 1	NW 2			NW 1	NW 2			NW 1	NW 2		
(100)	(100)	390	170	400	(100)	620	365	900	150	700	645
(125)	(100)	440	200		(125)		375		200	900	670
	(125)		185		150		385		250		670
150	(100)	490	220		200	800	400		300		685
	(125)		215		250		385	1000	150	700	700
	150		200		300		380		200	900	725
200	(100)	550	255	450	150	700	415		250		720
	(125)		260		200	800	430		300		735
	150		260		250		420	1100	150	1000	750
	200		230		300		420		200		770
250	(100)	550	285	500	150	700	440		250		770
	(125)		290		200	900	460		300		790
	150		295		250		450	1200	150	1000	800
	200	620	295		300		455		200		830
300	(100)	620	310	600	150	700	490		250		830
	(125)		320		200	900	515		300		840
	150		330		250		505	1300	150	1000	850
	200	700	335		300		515		200		880
	250		300	700	150	700	545		250		880
350	(100)	620	340		200	900	565		300		900
	(125)		350		250		560	1400	150	1000	900
	150		355		300		575		200		930
	200		370	800	150	700	595		250		930
	250	700	350		200	900	620		300		950
	300		330		250		615	1500	150	1000	950
—	—	—	—		300		630		200		980
—	—	—	—	—	—	—	—		250		980
—	—	—	—	—	—	—	—		300		1000

Eingeklammerte Nennweiten möglichst vermeiden

[6] Siehe Seite 5

3.4. Bogen 15°, 30°, 45°

a, d_1, e_1 und e_2 siehe Tabelle 1.

Für s_3 gilt der Nennwert von s_2 für Rohrklasse B der Tabelle 1 als Mindestwert.

Die Wahl der Maße e_1 und e_2 richtet sich nach der anzuschließenden Rohrklasse (siehe auch Abschnitt 2).

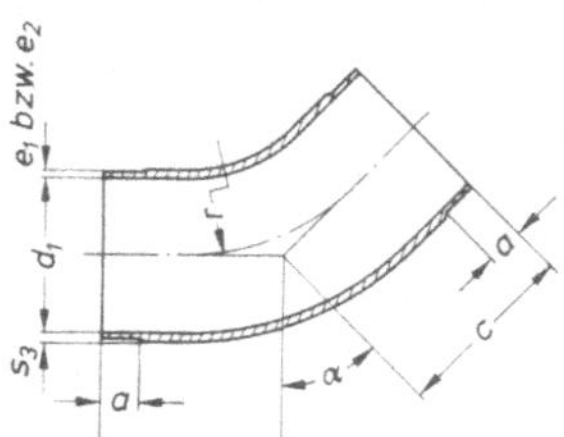

Bild 5

Bezeichnung eines AZ-Bogens 30° für einen Abwasserkanal der Rohrklasse B mit der Nennweite 250:

AZ-Bogen 30 B 250 DIN 19 850

Tabelle 4

Nennweite[7]	$\alpha = 15°$		$\alpha = 30°$		$\alpha = 45°$	
	c ±5%	r min.	c ±5%	r min.	c ±5%	r min.
(100)	120	55	130	55	140	55
(125)	125	68	135	68	145	68
150	125	80	135	80	150	80
200	130	105	150	105	170	105
250	230	750	235	375	290	375
300	290	900	290	450	360	450
Eingeklammerte Nennweiten möglichst vermeiden						

4. Anforderungen

4.1. Beschaffenheit

Die Rohre und Formstücke müssen aus einer innigen homogenen Mischung von Asbestfasern, Zement und Wasser maschinell unter Druck und ohne Längsnaht hergestellt werden. Als Bindemittel dürfen nur genormte Zemente verwendet werden. Stoffe, welche die Beständigkeit der Eigenschaften der Rohre und Formstücke beeinträchtigen können, sind auszuschließen.

Klebverbindungen an Einzelteilen bei Formstücken müssen dauerhaft, kraftschlüssig und dicht sein.

Die Rohre müssen eine glatte, gleichmäßige Innenfläche aufweisen. Geringe Unebenheiten, die innerhalb der zulässigen Abweichungen liegen und den Verwendungszweck nicht beeinträchtigen, sind zulässig. Die Stirnflächen der Rohre müssen frei von Ausbrüchen und Bearbeitungsgraten sein und rechtwinkelig zur Rohrachse liegen. Die Oberflächenbeschaffenheit der Rohrenden muß eine dichte Verbindung erlauben. Die Rohre müssen geschnitten, gesägt und gebohrt werden können.

Die Rohre und Formstücke müssen zum Zeitpunkt der Lieferung mindestens 28 Tage alt sein. Falls die Rohre und Formstücke nach einem Schnellhärtungsverfahren hergestellt wurden, kann die Lieferung früher erfolgen.

4.2. Scheiteldruckfestigkeit

Bei der Prüfung der Rohre nach Abschnitt 5.3 müssen die in der Tabelle 5 angegebenen Mindestwerte der Scheiteldruckkräfte erreicht werden. Die nach Abschnitt 5.3 aus der Bruchkraft berechnete Ringbiegezugfestigkeit muß mindestens 360 kp/cm² betragen.

Tabelle 5

Nennweite	Mindestwerte der Scheiteldruckkräfte	
	Klasse A kp/m	Klasse B kp/m
100	—	3 000
125	—	3 000
150	—	3 000
200	—	3 000
250	2900	3 400
300	2900	3 700
350	3100	4 500
400	3500	4 700
450	4000	5 000
500	4400	5 300
600	4700	5 800
700	5000	6 500
800	5500	7 300
900	5900	8 200
1000	6300	9 000
1100	6800	9 800
1200	7300	10 600
1300	8100	11 600
1400	8800	12 600
1500	9700	13 500

4.3. Längsbiegezugfestigkeit

Bei der Prüfung der Rohre nach Abschnitt 5.5 muß die aus der Bruchkraft berechnete Längsbiegezugfestigkeit mindestens 200 kp/cm² betragen.

4.4. Festigkeit von Bruchstücken

Die nach Abschnitt 5.4 durchgeführten Prüfungen an Bruchstücken haben nur orientierenden Charakter.

4.5. Wasserdichtheit

Die Rohre und Formstücke müssen wasserdicht sein. Bei Prüfung nach Abschnitt 5.7.1 mit 2 kp/cm² Überdruck und einer Dauer von 15 Minuten dürfen sich an der Rohraußenseite keine Tropfen bilden.

Bei Ausführung der Prüfung nach Abschnitt 5.7.2 darf die Wasserzugabe während der Prüfzeit von 15 Minuten den Betrag von 0,02 l/m² nicht überschreiten.

4.6. Essigsäureneutralisation

Bei der Prüfung nach Abschnitt 5.6 dürfen die Probestücke keine Neutralisierung von Essigsäure verursachen, die größer als 0,1 g je cm² freier Oberfläche des Probestückes ist.

---

[4] d_2 siehe Bild 3 und Bild 4

[5] Die Rohre können über das Maß a hinaus bearbeitet werden, wenn $e_1 \geqq s_1$ min. bzw. $e_2 \geqq s_2$ min.

[6] Die den Nennweiten NW 1 und NW 2 entsprechenden Durchmesser d_1 und d_2 sowie deren zulässige Abweichungen siehe Tabelle 1.

[7] Der der Nennweite entsprechende Durchmesser d_1 sowie dessen zulässige Abweichung siehe Tabelle 1.

Seite 6   DIN 19 850 Blatt 1

4.7. Wandrauheit

Die absolute Rauheit der Innenflächen der Rohre und Formstücke muß die Anwendung der Werte der Betriebsrauheit des Arbeitsblattes Nr A 110 [8]) ermöglichen.

4.8. Abriebwiderstand

Dem Abriebwiderstand kommt bei hohen Fließgeschwindigkeiten und extremer Sandfracht (z. B. Steilstrecken) besondere Bedeutung zu. Sofern hierfür ein Nachweis erforderlich wird, sind Anforderungen und ein geeignetes Prüfverfahren zu vereinbaren.

4.9. Korrosionsbeständigkeit

Rohre und Formstücke, die Kontakt mit angreifenden Wässern, Böden oder Gasen haben, müssen so hergestellt oder geschützt werden, daß sie deren Angriffen widerstehen.

Rohre und Formstücke sind bei der Verwendung als Misch- und Schmutzwasserkanäle mit einem inneren Rohrschutz zu versehen. Bei Regenwasserkanälen ist nur in Sonderfällen ein innerer Rohrschutz notwendig.

4.10. Verbindungen

Für Rohrverbindungsteile aus Asbestzement gelten die gleichen Anforderungen wie für Rohre. Die Dichtungen müssen den Bau- und Prüfgrundsätzen für Dichtungen aus Elastomeren für Abwasserleitungen der Grundstücksentwässerung entsprechen.

Die für die Herstellung der Rohrverbindungen erforderlichen Dichtungen sind vom Rohrhersteller zu liefern.

5. Prüfungen

Die Rohre müssen zum Zeitpunkt der Prüfung mindestens 28 Tage alt sein. Falls die Rohre nach einem Schnellhärtungs-

---

[8]) Arbeitsblatt Nr A 110 der Abwassertechnischen Vereinigung e. V. (ATV) und des Kuratoriums für Kulturbauwesen e. V. (KfK), ZfGW-Verlag, 6 Frankfurt/Main, Zeppelinallee 38

[9]) Der Wert 0,3 berücksichtigt die rechnerische Auswirkung der Prüfanordnung und dabei insbesondere die Breite des Druckbalkens.

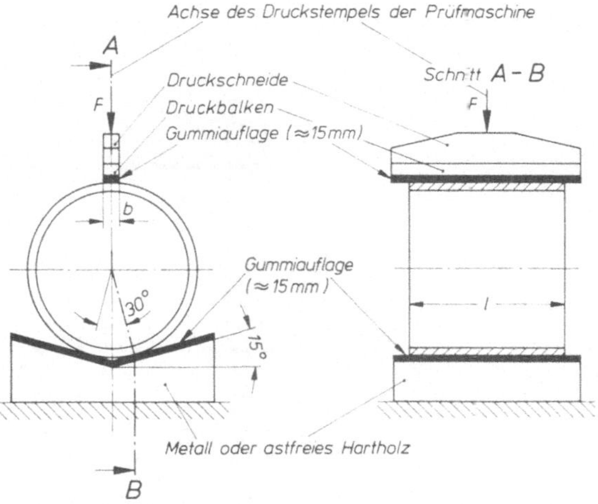

verfahren hergestellt wurden, kann die Wartefrist vor der Prüfung verkürzt werden.

5.1. Beschaffenheit

Die Prüfung der Beschaffenheit nach Abschnitt 4.1 erfolgt durch Inaugenscheinnahme bzw. Klangprobe.

5.2. Maße

Alle Maße sind auf mindestens 1 mm zu messen. Die verschiedenen Durchmesser sind unter Erfassung der Kleinst- und Größtwerte an folgender Stelle zu messen:

Innendurchmesser des Rohres d_1, des Bogens d_1 und des Abzweiges d_1 und d_2 an der Innenseite, etwa 5 cm vom Rohrende entfernt.

Die Abweichung des Rohres von der Geraden wird auf die Gesamtlänge bezogen.

5.3. Scheiteldruckprüfung

Die Scheiteldruckprüfung wird an Rohrabschnitten durchgeführt. Es ist mit einer Druckprüfmaschine nach DIN 51 223, die den Anforderungen der Klasse 3 nach DIN 51 220 genügt, zu prüfen, bei der das Probestück auf eine Unterlage gesetzt wird und die Prüfkraft über eine in ihrer Höhe verstellbare Druckschneide mittig angreift. Die Druckschneide muß so steif sein, daß eine gleichmäßige Druckübertragung über die gesamte Prüflänge sichergestellt ist. Die Druckschneide muß in der senkrechten, durch die Rohrachse gehenden Ebene mit Drehpunkt in der Kraftachse beweglich gelagert sein.

Die Prüfkraft ist stetig und stoßfrei mit ≈ 50 kp/s bis zum Bruch zu steigern. Die erreichte Bruchkraft ist anzugeben.

Die Ringbiegezugfestigkeit kann aus der Bruchkraft wie folgt berechnet werden:

$$\sigma_{bz} = \frac{M}{W} \cdot \alpha_k =$$

$$= 0,3 \cdot \frac{F}{l} \cdot \frac{d_1 + s}{2} \cdot \frac{6}{s^2} \cdot \alpha_k \text{ in kp/cm}^2 \text{ [9])}$$

$$\alpha_k = \frac{3 d_1 + 5 s}{3 d_1 + 3 s}$$

Bild 6.   Versuchsanordnung für Verfahren A (nach Abschnitt 5.3.1)

Hierin bedeuten:

F Bruchkraft   in kp

l Länge des Probestückes   in cm

d_1 Rohrdurchmesser   in cm

s Wanddicke s_1 des Probestückes im Scheitel
     für Rohrklasse A   in cm
     bzw. Wanddicke s_2 des Probestückes im Scheitel
     für Rohrklasse B   in cm

α_k Korrekturfaktor bei Berücksichtigung des
     Spannungsverlaufs im gekrümmten Stab

Für die Festigkeitsermittlung wird die Wanddicke an drei Stellen längs der Scheitelbruchlinie gemessen und das Mittel auf 0,5 mm angegeben.

Die Prüfungen werden normalerweise nach dem Verfahren A durchgeführt.

5.3.1. Verfahren A

Diese Prüfung wird je Rohr an zwei Abschnitten einer Länge von $l = 30$ cm $\pm 1,5$ cm durchgeführt. Die Probestücke sind aus Rohren herauszuarbeiten, wobei der Mindestabstand a vom Spitzende (Tabelle 1) einzuhalten ist. Die Probestücke werden auf einem winkelförmigen Auflagerbalken (150° Öffnungswinkel) aus Metall oder astfreiem Hartholz, jeweils mit Gummiauflage (Shore-A-Härte 60 ±5), gelagert und über einen rechteckigen Druckbalken aus Metall oder astfreiem Hartholz und Gummiauflage gleicher Beschaffenheit beansprucht (siehe Bild 6).

Der Druckbalken mit der Breite b (siehe Tabelle 6) muß in der senkrechten, durch die Rohrachse gehenden Ebene mit Drehpunkt in der Kraftachse beweglich gelagert sein. Der Kraftangriffspunkt liegt in der geometrischen Mitte des Probestückes.

Die Bruchkraft F ist auf die längenbezogene Scheiteldruckkraft in kp/m umzurechnen.

Tabelle 6. **Breite b des Druckbalkens**

Nennweite	b
100 bis 200	25
250	30
300	35
350	45
400	50
450	55
500	60
600	75
700	85
800	95
900	105
1000	115
1100	130
1200	140
1300	150
1400	165
1500	175

5.3.2. Verfahren B

Die Prüfung wird an Rohrabschnitten von $l = 100$ cm $\pm 1,5$ cm Länge durchgeführt.

Die Kraftübertragung zwischen Druckschneide und Rohr bzw. zwischen Auflager und Rohr erfolgt über Druckbalkenabschnitte bzw. Auflagerabschnitte mit Filzauflage und Hochdruckschläuche. Die Druckbalkenabschnitte sind rechteckig, die Auflagerabschnitte V-förmig (Öffnungswinkel 150°); die Länge der Abschnitte beträgt 100 mm. Die Hochdruckschläuche sind abgeschlossen, mit Wasser gefüllt und in einem U-Profil geführt (siehe Bild 7).

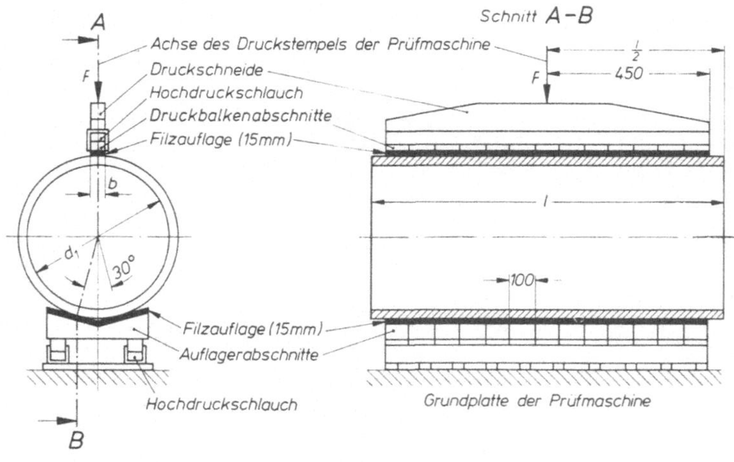

Bild 7. Versuchsanordnung für Verfahren B (nach Abschnitt 5.3.2)

5.4. Prüfung an Bruchstücken

5.4.1. Biegezugprüfung

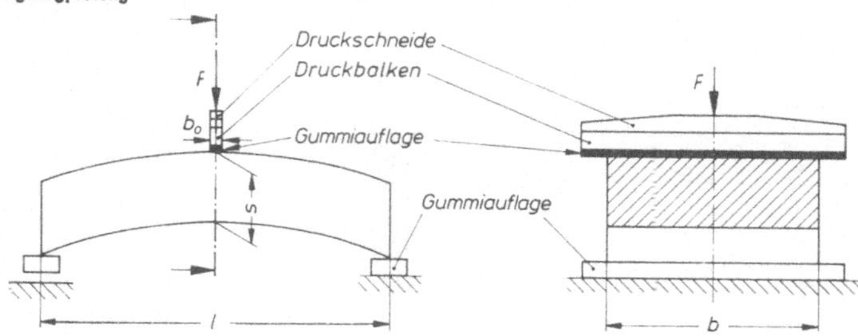

Bild 8. Versuchsanordnung für die Biegezugprüfung

Die Biegezugprüfung wird an zehn aus Bruchstücken durch Sägeschnitte herausgearbeiteten Probestücken mit parallelen Begrenzungsflächen durchgeführt. Die Maße sind so zu halten, daß die Länge etwa dem Fünffachen und die Breite etwa dem Dreifachen der Wanddicke entspricht. Die Längsseiten der Probestücke sollen senkrecht zur Mantelfläche des Rohres liegen. Die Probestücke sind so zu lagern, daß die freie Beweglichkeit eines Auflagers gewährleistet ist. Die Kraft soll mittig durch einen Druckbalken aus Stahl mit Gummiauflage (Shore-A-Härte 60 ±5) angreifen. Die Breite b_o des Druckbalkens soll ¹/₁₀ der Wanddicke des Probestückes entsprechen.

Die Prüfkraft ist stetig und stoßfrei bis zum Bruch des Probestückes zu steigern. Anzugeben ist die aus der Bruchkraft ermittelte Biegezugfestigkeit.

$$\sigma_{bz} = \frac{M}{W} \cdot \alpha_k$$

$$\sigma_{bz} = \frac{3 \cdot F}{2 \cdot b} \cdot \frac{l}{s^2} \cdot \alpha_k \text{ in kp/cm}^2$$

$$\alpha_k = \frac{3\,d_1 + 5\,s}{3\,d_1 + 3\,s}$$

Hierin bedeuten:

F Bruchkraft   in kp
l Abstand der Auflager   in cm
b Breite des Probestückes in cm
d_1 Rohrdurchmesser   in cm

s Wanddicke s_1 für Rohrklasse A   in cm
bzw. Wanddicke s_2 für Rohrklasse B   in cm
α_k Korrekturfaktor siehe Abschnitt 5.3

5.4.2. Spaltzugprüfung

Die Spaltzugprüfung wird an zehn aus Bruchstücken eines Rohres durch Sägeschnitte herausgearbeiteten Probestücken mit parallelen Begrenzungsflächen durchgeführt. Die Maße sind so zu wählen, daß die Breite b (in Druckschneidenlängsrichtung) etwa der Wanddicke entspricht; die Länge (quer zur Druckschneidenlängsrichtung) muß $\geq 2 \cdot s$ sein.

Die Breite b_o der Druckbalken soll ¹/₁₀ der Wanddicke des Probestückes entsprechen; die Druckfläche soll so beschaffen sein, daß eine gleichmäßige Beanspruchung des Probestückes gewährleistet ist (Hartholz, Hartgummi, Leder o. ä.). Die Prüfkraft wird über Druckschneiden mittig aufgebracht und ist stetig und stoßfrei bis zum Bruch des Probestückes zu steigern (siehe Bild 9).

Anzugeben ist die aus der Bruchkraft ermittelte Spaltzugfestigkeit.

$$\sigma_z = \frac{2 \cdot F}{\pi \cdot b \cdot s} \text{ in kp/cm}^2$$

Hierin bedeuten:

F Bruchkraft   in kp
b Breite des Probestückes in cm
s Wanddicke s_1 für Rohrklasse A   in cm
bzw. Wanddicke s_2 für Rohrklasse B   in cm

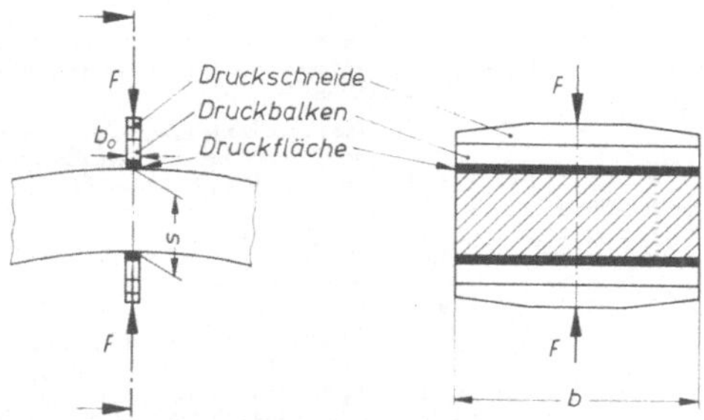

Bild 9. Versuchsanordnung für die Spaltzugprüfung

DIN 19 850 Blatt 1 Seite 9

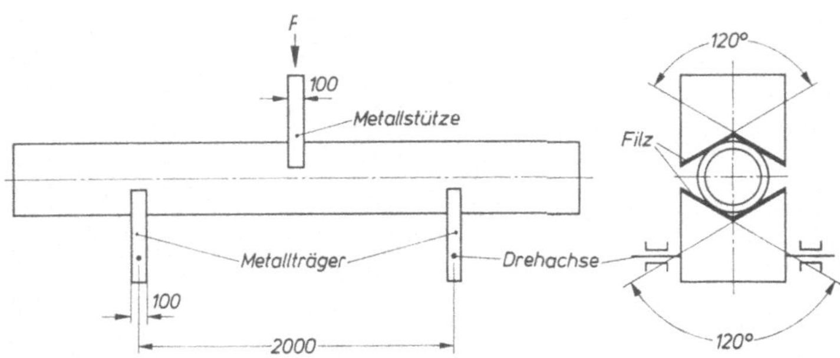

Bild 10. Versuchsanordnung für die Längsbiegezugprüfung

5.4.3. Druckprüfung

Die Druckprüfung wird an zehn würfelförmigen Prüfstücken durchgeführt, die durch Sägeschnitte aus der Rohrwand — über Umfang und Länge eines Rohres verteilt — herausgearbeitet wurden. Die Druckflächen sind planparallel zu schleifen. Die Kantenlänge l richtet sich nach der vorhandenen Wanddicke. Die Kraftrichtung ist radial oder axial (entsprechend Rohrlängsrichtung). Die Prüfkraft ist mittig über Druckplatten aus Stahl aufzubringen; sie ist stetig und stoßfrei bis zum Bruch zu steigern.

Anzugeben ist die aus der Bruchkraft ermittelte Druckfestigkeit.

$$\sigma_{d} = \frac{F}{A} \text{ in kp/cm}^2$$

Hierin bedeuten:

F Bruchkraft   in kp

A Probestückfläche senkrecht zur Kraftrichtung   in cm²

5.5. Längsbiegezugprüfung

Die Längsbiegezugprüfung wird nur an Rohren bis NW 150 durchgeführt. Zuvor sind die Rohre 24 Stunden in Wasser zu lagern.

Zwischen die um 2 Achsen drehbaren Metallträger und das Rohr sowie zwischen die kraftübertragende Metallstütze und das Rohr wird eine mindestens 10 mm dicke Schicht von Filz gelegt (siehe Bild 10).

Die Kraft wird um 40 bis 60 kp/s bis zum Bruch gesteigert. Die Längsbiegezugfestigkeit wird aus der Bruchkraft wie folgt berechnet:

$$\sigma_{bz} = \frac{8F \cdot l}{\pi} \cdot \frac{d_1 + 2s_2}{\left(d_1 + 2s_2\right)^4 - d_1^{\,4}} \text{ in kp/cm}^2$$

Hierin bedeuten:

F Bruchkraft   in kp

l Abstand zwischen den Mitten der Stützen (Metallträger)   in cm

d_1 Rohrdurchmesser   in cm

s_2 Wanddicke   in cm

5.6. Essigsäureneutralisation

Die Prüfung wird an Probestücken durchgeführt, die aus Rohren ohne Rohrschutz herausgeschnitten wurden. Die Oberflächen des Probestückes, ausschließlich der Schnittflächen, sollen insgesamt 100 bis 140 cm² betragen. Vor dem Versuch sind die Schnittflächen mit einem beständigen Anstrich abzudichten.

Es werden folgende Lösungen mit Reagenzien verwendet:

a) 280 ml Essigsäurelösung, 5 gew.-%ig

b) Natriumhydroxidlösung 0,5 n (1 ml Natriumhydroxidlösung 0,5 n entspricht 0,030 g Essigsäure)

c) Thymolblausäure, hergestellt durch Lösung von 0,040 g Thymolblau in 100 ml 95 vol.-%igem Alkohol.

Um die Essigsäurelösung zu titrieren, werden hiervon 10 ml entnommen, auf 100 ml unter Rühren verdünnt und mit 10 Tropfen Thymolblausäurelösung versetzt. Die so hergestellte Lösung wird mit Hilfe der Natriumhydroxidlösung titriert. Die Titration ist beendet, wenn die Lösung von gelb in blau übergeht. Dieser Farbwechsel entspricht einem pH-Wert von 8,0 bis 9,5. Die für die Titration verwendete Menge Natriumhydroxidlösung in ml wird notiert (V_1).

Die sich möglicherweise während der Titration bildende geringe Menge gallertartigen Niederschlages kann außer acht gelassen werden.

Zur Durchführung des Versuches wird jedes Probestück 24 Stunden in 270 ml Essigsäurelösung mit einer Temperatur von $(20 \pm 2)°C$ gelegt. Diese Lösung befindet sich in einem Behälter, in dem das Probestück senkrecht vollständig versenkt werden kann. Für jedes Probestück wird ein anderer Behälter verwendet.

Nach 24 Stunden wird das Probestück aus der Essigsäurelösung herausgenommen und die Flüssigkeit gut durchgerührt. Dann werden dieser 10 ml entnommen, auf 100 ml unter Rühren verdünnt und mit 10 Tropfen Thymolblaulösung versetzt.

Darauf folgt die Titration, wie vorstehend beschrieben, unter Aufzeichnung der verwendeten Menge Natriumhydroxidlösung in ml (V_2).

Die neutralisierte Essigsäure m in g je cm² freier Oberfläche des Probestückes errechnet sich aus der Verminderung der Konzentration mit Hilfe der Formel

$$m \approx 0,03 \frac{270 \left(V_1 - V_2\right)}{10 A} \text{ in g/cm}^2$$

Hierin bedeuten:

V_1 Volumen der zur Titration der Essigsäurelösung verwendeten Natriumhydroxidlösung vor dem Versuch   in ml

V_2 Volumen der zur Titration der Essigsäurelösung verwendeten Natriumhydroxidlösung nach dem Versuch   in ml

A Freie Oberfläche des Probestückes   in cm²

Seite 10   DIN 19 850 Blatt 1

5.7. Wasserdichtheitsprüfung

5.7.1. Die Wasserdichtheit wird nach DIN 50 104 „Innendruckversuch für Hohlkörper beliebiger Form bis zu einem bestimmten Innendruck" mit dem im Abschnitt 4.5 angegebenen Innendruck geprüft.

5.7.2. Die Prüfung der Wasserdichtheit kann auch nach folgendem Verfahren durchgeführt werden.

Die Probestücke werden 1 Stunde unter Wasser gelagert, danach in einer geeigneten Prüfapparatur abgedichtet, langsam gefüllt und vollständig entlüftet. Die Prüfzeit beträgt — von der Beendigung der Vorbehandlung an gerechnet — 15 Minuten, bei einem Innendruck von 5 m WS ±0,1 m WS. In dieser Zeit wird der Wasserverbrauch V_{15} gemessen. Hieraus wird die Wasserzugabe W_{15} berechnet:

$$W_{15} = \frac{V_{15}}{\pi \cdot d_1 \cdot l_1} \text{ in } \frac{1}{m^2 \cdot 15 \text{ min}}$$

Hierin bedeuten:

W_{15}	Wasserzugabe	in l/(m² · 15 min)
V_{15}	Wasserverbrauch	in l/15 min
d_1	mittlerer Durchmesser	in m
l_1	Baulänge	in m

6. Gütesicherung

6.1. Allgemeines

Die in den Abschnitten 3, 4.1 bis 4.3 sowie 4.5 und 4.6 geforderten Eigenschaften sind durch einen Eignungsnachweis festzustellen. Ihre Einhaltung ist durch eine Güteüberwachung, bestehend aus Eigen- und Fremdüberwachung, zu sichern. Die dazu erforderlichen Prüfungen sind nach Abschnitt 5 durchzuführen. Die jeweilige Prüfung gilt als bestanden, wenn die in den Abschnitten 3, 4.1 bis 4.3 sowie 4.5 und 4.6 enthaltenen Anforderungen erfüllt sind.

6.2. Eignungsnachweis

Bei erstmaliger Aufnahme der Produktion ist vom Herstellerwerk vor Auslieferung von Rohren und Formstücken nachzuweisen, daß sie allen Anforderungen dieser Norm entsprechen.

Die hierzu notwendigen Prüfungen sind von einem amtlich anerkannten Prüfinstitut [10]), das über die geeigneten Einrichtungen verfügt, durchzuführen.

Der Eignungsnachweis erfolgt gruppenweise. Es werden dafür in den Rohrklassen die folgenden Nennweiten in Gruppen zusammengefaßt

    NW 100 bis 400

    NW 450 bis 1000

über NW 1000

Für die Prüfung sind aus jeder Gruppe drei Probestücke aus verschiedenen Rohren gleicher Nennweite und Rohrklasse zu entnehmen.

Bei den Formstücken ist sinngemäß zu verfahren. Die Scheiteldruckprüfung entfällt für Formstücke.

6.3. Güteüberwachung

Die Güteüberwachung besteht aus der Eigenüberwachung und der Fremdüberwachung.

6.3.1. Eigenüberwachung

Jedes Herstellerwerk hat die Eigenschaften der Rohre und Formstücke zu überwachen. Prüfumfang und -häufigkeit ergeben sich aus Tabelle 7.

Tabelle 7. Umfang und Häufigkeit der Eigenüberwachung

Nr	Eigenschaften	Abschnitt	
		Anforderung	Prüfung
1	Beschaffenheit	4.1	5.1
2	Maße und zulässige Abweichungen	3	5.2
3	Scheiteldruckkraft	4.2	5.3
4	Wasserdichtheit	4.5	5.7

Prüfhäufigkeit: Fünf Rohre je Woche in der Nennweiten abwechselnd, so daß innerhalb eines Jahres an jeder hergestellten Nennweite mindestens drei Prüfungen ausgeführt worden sind.

Von den in gleicher Häufigkeit zu prüfenden Formstücken werden nur die Eigenschaften nach Nr 1 und 2 überwacht.

Die Ergebnisse der Eigenüberwachung sind fortlaufend aufzuzeichnen und statistisch auszuwerten. Sie sind mindestens 5 Jahre aufzubewahren und dem Prüfinstitut, das die Fremdüberwachung durchführt (Abschnitt 6.3.2), vorzulegen.

6.3.2. Fremdüberwachung

Die Fremdüberwachung erfolgt zweimal jährlich und bei jeder wesentlichen, die Güte der Erzeugnisse beeinflussenden Produktionsänderung. Aus jeder im Überwachungszeitraum hergestellten Nennweitengruppe (nach Abschnitt 6.2) und Rohrklasse werden 3 Rohre gleicher Nennweite und Rohrklasse geprüft. Die Prüfung ist durch eine anerkannte Güteschutzgemeinschaft oder aufgrund eines Überwachungsvertrages durch ein amtlich anerkanntes Prüfinstitut [10]), das über die geeigneten Einrichtungen verfügt, vorzunehmen. Die durchzuführenden Prüfungen sind in Tabelle 8 angegeben.

Tabelle 8. Umfang der Fremdüberwachung

Nr	Eigenschaften	Abschnitt	
		Anforderung	Prüfung
1	Beschaffenheit	4.1	5.1
2	Maße und zulässige Abweichungen	3	5.2
3	Scheiteldruckkraft	4.2	5.3
4	Wasserdichtheit	4.5	5.7
5	Überprüfung der Eigenüberwachung	6.3.1	

Von den in gleicher Häufigkeit zu prüfenden Formstücken werden nur die Eigenschaften nach Nr 1, 2 und 5 überwacht. Diese Prüfungen können auch im Werk durchgeführt werden. Wenn ein Probestück einer Prüfserie den gestellten Anforderungen nicht entspricht, so ist eine Wiederholungsprüfung vorzunehmen. Hierzu ist die doppelte Anzahl von Probestücken der gleichen Nennweite zu entnehmen, die alle Anforderungen erfüllen müssen.

---

[10]) Amtlich anerkannte Prüfinstitute sind z. B.:
Bundesanstalt für Materialprüfung (BAM), 1 Berlin 45, Unter den Eichen 87
Staatliches Materialprüfungsamt Nordrhein-Westfalen, 46 Dortmund-Aplerbeck, Marsbruchstr. 186

6.4. Probenahme und Prüfbericht

Die Probenahme ist vom Beauftragten der prüfenden Stelle vorzunehmen. Die entnommenen Proben sollen dem Durchschnitt des Lagerbestandes entsprechen und sind unverwechselbar zu kennzeichnen. Über die Entnahme der Proben ist vom Probenehmer eine Niederschrift anzufertigen und durch einen Vertreter des Werkes gegenzuzeichnen. Sie soll folgende Angaben enthalten:

Datum und Ort der Probenahme,

Herstellerwerk,

etwaiger Lagerbestand, dem die Proben entnommen wurden,

Beschreibung des Gegenstandes (z. B. DIN-Bezeichnung),

Angaben über die Kennzeichnung der Proben durch den Probenehmer,

Probenehmer.

Der Prüfbericht soll unter Hinweis auf diese Norm folgende Angaben enthalten:

Lieferwerk,

Angaben über die Probenahme,

Beschreibung des Gegenstandes (z. B. DIN-Bezeichnung),

Beurteilung der Eigenüberwachung (bei Überwachungsprüfungen),

Wertung der Prüfergebnisse,

Prüfdatum.

6.5. Sonstige Prüfungen

Die Durchführung von Prüfungen, die in Art oder Umfang über die Angaben dieser Norm hinausgehen, ist zwischen Hersteller und Abnehmer schriftlich zu vereinbaren.

7. Kennzeichnung

Rohre und Formstücke müssen mit Klasse, Nennweite, DIN 19 850 und Zeichen des Herstellers in dauerhafter Weise und deutlich sichtbar gekennzeichnet werden. Damit übernimmt der Hersteller die Gewähr, daß die Rohre und Formstücke dieser Norm entsprechen. Bei Rohren ist außerdem das Herstellungsdatum anzugeben. Kurzlängen (siehe Abschnitt 3.1) sind durch das Zeichen K (Mindestgröße 10 cm) kenntlich zu machen.

DIN 4279, Teil 1 (November 1975)
Innendruckprüfung von Druckrohrleitungen für Wasser
Allgemeine Angaben

Die vorliegende Neuausgabe der DIN 4279 wurde auf alle z. Z. üblichen Rohrwerkstoffe erweitert und in mehrere Teile gegliedert:

Teil 1   Innendruckprüfung von Druckrohrleitungen für Wasser; Allgemeine Angaben

Teil 2   Innendruckprüfung von Druckrohrleitungen für Wasser; Druckrohre aus duktilem Gußeisen

Teil 3   Innendruckprüfung von Druckrohrleitungen für Wasser; Druckrohre aus duktilem Gußeisen und Stahlrohre; mit Zementmörtelauskleidung

Teil 4   Innendruckprüfung von Druckrohrleitungen für Wasser; Stahlrohre mit und ohne Bitumenauskleidung

Teil 5   Innendruckprüfung von Druckrohrleitungen für Wasser; Stahlbetondruckrohre und Spannbetondruckrohre

Teil 6   Innendruckprüfung von Druckrohrleitungen für Wasser; Asbestzement-Druckrohre

Teil 7   Innendruckprüfung von Druckrohrleitungen für Wasser; Druckrohre aus PVC hart (Polyvinylchlorid hart)

Teil 8   Innendruckprüfung von Druckrohrleitungen für Wasser; Druckrohre aus PE hart (Polyäthylen hart) und PE weich (Polyäthylen weich)

Teil 9   Innendruckprüfung von Druckrohrleitungen für Wasser; Muster für Prüfberichte

Teil 10 Innendruckprüfung von Druckrohrleitungen für Wasser; Übersicht (z. Z. noch Entwurf)

Alle in dieser Norm angegebenen Drücke sind Überdrücke.

1 Geltungsbereich

Diese Norm gilt für die Druckprüfung von Druckrohrleitungen zum Transport von Trinkwasser, Betriebswasser oder Abwasser.

Für die Druckprüfung von Druckrohrleitungen in Wasser-Verbrauchsanlagen gilt DIN 1988 „Trinkwasser-Leitungsanlagen in Grundstücken; technische Bestimmungen für Bau und Betrieb". Für Grundstücksentwässerungsanlagen ist DIN 1986 Teil 1 „Grundstücksentwässerungsanlagen; technische Bestimmungen für den Bau" zu beachten. Für Anschlußleitungen gelten die örtlichen Vorschriften.

2 Anwendungsbereich

Diese Norm ist für Druckrohrleitungen aus den folgenden Rohrarten mit den zugehörigen Rohrleitungsteilen anwendbar:

Druckrohre aus duktilem Gußeisen

Druckrohre aus duktilem Gußeisen mit Zementmörtelauskleidung

Stahlrohre mit Zementmörtelauskleidung

Stahlrohre mit und ohne Bitumenauskleidung

Stahlbetondruckrohre

Spannbetondruckrohre

Asbestzement-Druckrohre

Druckrohre aus PVC hart (Polyvinylchlorid hart)

Druckrohre aus PE hart (Polyäthylen hart)

Druckrohre aus PE weich (Polyäthylen weich)

3 Zweck

Diese Norm legt die Verfahren zur Prüfung der Dichtheit der Rohre, Rohrverbindungen und Rohrleitungsteile sowie der gesicherten Lage einer Druckrohrleitung vor deren Inbetriebnahme fest.

4 Druckprüfverfahren

4.1 Vorprüfung

Die Vorprüfung umfaßt vorbereitende Maßnahmen für die Hauptprüfung. Sie kann je nach den örtlichen Verhältnissen und je nach Rohrart in die Hauptprüfung einbezogen werden.

Fortsetzung Seite 2 und 3
Erläuterungen Seite 3

Fachnormenausschuß Wasserwesen (FNW) im DIN Deutsches Institut für Normung e. V.

Seite 2 DIN 4279 Teil 1

4.2 Hauptprüfung

Die Hauptprüfung wird mit einem den Nenndruck [1] übersteigenden Prüfdruck durchgeführt. Wenn eine Leitung nicht in einem Prüfvorgang unter Druck geprüft werden kann, dann ist sie streckenweise (Teilstreckenprüfung) zu prüfen. Die Länge der Teilstrecken hängt von den örtlichen Verhältnissen, z. B. von den geodätischen Höhenunterschieden ab. Im allgemeinen sollen die Teilstrecken zwischen 500 und 1500 m gewählt werden.

5 Vorbereitung der Prüfung

5.1 Absteifen und Verankern der Leitung

Bei Leitungen mit nicht längskraftschlüssigen Verbindungen ist vor der Prüfung jedes Rohr, möglichst unter Freilassen der Rohrverbindungen, so einzudecken, daß der Prüfdruck keine Lageveränderungen der Rohrleitung bewirken kann und eine Beeinflussung der Prüfung durch große Temperaturunterschiede weitgehend vermieden wird. Eine Leitung mit nicht längskraftschlüssigen Verbindungen ist an den Enden, Krümmern, Abzweigen und Absperreinrichtungen unter Berücksichtigung des Prüfdruckes und der jeweiligen Bodenpressung ausreichend abzusteifen bzw. zu verankern [2]. Das Abdrücken gegen eine geschlossene Absperrarmatur ist nicht zweckmäßig.

Die Endabsteifungen dürfen erst entfernt werden, wenn die Leitung vollkommen druckentlastet ist.

5.2 Füllen der Leitung

Die Leitung ist mit Wasser – bei Trinkwasserleitungen mit einwandfreiem Wasser [3] – so zu füllen, daß sie ausreichend luftfrei ist. Die Leitung wird deshalb zweckmäßig vom Leitungstiefpunkt aus so langsam gefüllt, daß an den ausreichend groß bemessenen Entlüftungsstellen der Leitungshochpunkte die in der Rohrleitung enthaltene Luft leicht entweichen kann.

Über Undichtheiten oder ungenügende Entlüftung kann das Verhältnis der zugegebenen Wassermenge zur erfolgten Drucksteigerung einen Anhalt geben.

6 Durchführung der Prüfung

6.1 Messen von Druck, Temperatur und Wasserzugabe

6.1.1 Gerät

Druckpumpe

Meßbehälter oder Wasserzähler (Ringkolbenzähler)

Druckmeßgerät mit Anschlußmöglichkeit für ein Kontrollmeßgerät

Rückflußverhinderer

Absperrarmatur

Entlüftungsmöglichkeit für die Prüfeinrichtung

Thermometer

---

[1] Siehe DIN 2401 Teil 1 „Rohrleitungen; Druckstufen, Begriffe, Nenndrücke".

[2] Siehe auch DVGW-Merkblatt GW 310 Teil 1 „Hinweise und Tabellen für die Bemessung von Betonwiderlagern an Bogen und Abzweigen mit nicht längskraftschlüssigen Verbindungen",
Teil 2 „–, (ab NW 500)",
und DVGW-Merkblatt GW 368 „Hinweise für Herstellung und Einbau von zugfesten Verbindungsteilen zur Sicherung nichtlängskraftschlüssiger Rohrverbindungen".

[3] Siehe DIN 2000 „Leitsätze für die zentrale Trinkwasserversorgung".

6.1.2 Messen des Druckes

Das für die Druckprüfung verwendete Druckmeßgerät muß im Bereich des Prüfdruckes noch ein Ablesen von 0,1 bar Druckänderung gestatten.

Es empfiehlt sich, ein schreibendes Druckmeßgerät der Klasse 0,6 und ein zusätzliches Kontrollgerät einzusetzen. Die Druckmeßgeräte sind im allgemeinen am tiefsten Punkt der Prüfstrecke anzubringen; die Auswertung ist auf den tiefsten Punkt der Prüfstrecke zu beziehen.

6.1.3 Messen der Temperatur

Die gleichzeitige Messung der Temperaturen von Luft und Leitungswasser ist zweckmäßig.

6.1.4 Messen der Wasserzugabe

Siehe DIN 4279 Teil 3, Teil 5 und Teil 6.

6.2 Sicherheitsmaßnahmen

Aus Sicherheitsgründen sind Arbeiten im Rohrgraben während der Druckprüfung unzulässig.

6.3 Vorprüfung

Die Leitung ist unter Druck zu setzen und nach Möglichkeit während der Wasserzuführung an den Entlüftungspunkten zur nochmaligen gründlichen Entlüftung unter Druck zu spülen.

Die Vorprüfung beginnt beim Erreichen des Nenndruckes der Leitung. Innerhalb der Dauer der Vorprüfung ist der Druck bis zum Prüfdruck nach Abschnitt 6.4 zu steigern.

Die Prüfdauer ist abhängig von der Rohrart und der Nennweite (siehe DIN 4279 Teil 2 bis Teil 8).

Zeigen sich während der Drucksteigerung bereits Lageveränderungen einzelner Leitungsteile und/oder geringe Undichtheiten, dann ist der Druck – wenn schädliche Einwirkungen nicht zu befürchten sind – bis zum Prüfdruck zu steigern, um möglichst das Ausmaß der Mängel erkennen zu können.

Undichte Verbindungen dürfen nach dem Entlasten des Druckes auch ohne Entleeren der Leitung abgedichtet werden, sofern dies technisch zu vertreten ist. Lageveränderungen sind zu korrigieren.

6.4 Hauptprüfung

Hat keine Vorprüfung stattgefunden, sind bei der Hauptprüfung die Anforderungen der Vorprüfung mit zu erfüllen.

Hat eine Vorprüfung stattgefunden und sind festgestellte Mängel nach Abschnitt 6.3 beseitigt, darf die Hauptprüfung durchgeführt werden.

Die Höhe des Prüfdruckes beträgt:

Für Leitungen mit einem zulässigen Betriebsdruck bis 10 bar: 1,5 × Nenndruck,

für Leitungen mit einem zulässigen Betriebsdruck über 10 bar: Nenndruck + 5 bar.

Die Prüfdauer ist abhängig von der Rohrart und der Nennweite (siehe DIN 4279 Teil 2 bis Teil 8).

Die Prüfstrecke ist grundsätzlich so zu wählen, daß der Prüfdruck am höchsten Punkt einer Leitung mindestens dem 1,1fachen Nenndruck entspricht.

Bei schwierigen Boden- und Einbauverhältnissen, bei großen Nennweiten und bei hohen Nenndrücken darf der Prüfdruck mit Rücksicht auf die Ausführung der Widerlager bzw. Verankerungen erforderlichenfalls niedriger sein. Bei Kurzstrecken, Einbindungen in vorhandene Leitungen und Reparaturen darf die Leitung mit dem Betriebsdruck geprüft werden, wobei die Verbindungen durch Besichtigen auf Dichtheit zu prüfen sind.

Zeigen sich bei der Hauptprüfung Mängel, muß die Prüfung unterbrochen und die Leitung so weit entleert werden, bis die schadhaften Stellen wasserfrei sind. Undichte Verbindungen dürfen unter Umständen nach dem Ablassen des Druckes nachgedichtet werden. Die Prüfung darf erst nach vollständiger Beseitigung der Mängel wiederholt werden.

Nach Fertigstellung eines aus mehreren Teilstrecken bestehenden Leitungsabschnittes muß dieser zwei Stunden lang mindestens mit dem Nenndruck beansprucht und die nachträglich hergestellten und dadurch noch nicht geprüften Verbindungsstellen zwischen den einzelnen Teilstrecken durch Besichtigen auf Undichtheiten und/oder Lageveränderungen geprüft werden.

7 Beurteilung der Prüfung und Prüfbericht

Die Prüfbedingungen gelten als erfüllt, wenn während der Prüfdauer der Druckabfall am maßgebenden Druckmeßgerät oder die Wasserzugabe nicht größer sind als für die jeweilige Rohrart zugelassen (siehe DIN 4279 Teil 2 bis Teil 8). Dabei sind erforderlichenfalls die äußeren Einflüsse – Temperaturänderungen und dergleichen – zu berücksichtigen. Außerdem dürfen beim Besichtigen der Rohrleitung – vor allem der Leitungsverspannungen (Versteifungen), der Verankerung und der Rohrverbindungen – keine Erscheinungen festgestellt worden sein, die auf Undichtheiten und/oder Lageveränderungen einzelner Bauteile der Leitung schließen lassen.

Über die Prüfung ist ein Prüfbericht entsprechend dem jeweils zutreffenden Muster nach DIN 4279 Teil 9 anzufertigen.

Erläuterungen

Die vorliegende Norm wurde vom Arbeitsausschuß IV 3 des Fachnormenausschusses Wasserwesen erarbeitet.

Die frühere Ausgabe DIN 4279 aus dem Jahre 1954 behandelte nur die Innendruckprüfung für Rohre aus den traditionellen Materialien Guß und Stahl. Schon bald ergab sich die Notwendigkeit, auch die Innendruckprüfung für die immer häufiger verwendeten Rohre aus den neuen Werkstoffen Spannbeton, Asbestzement und Kunststoff sowie für Rohre mit Zementmörtelauskleidung zu normen.

Mitte der sechziger Jahre konstituierten sich im Deutschen Verein von Gas- und Wasserfachmännern e. V. (DVGW) mehrere Arbeitsgruppen, die in den Jahren 1970/1971 ihre Norm-Vorschläge vorlegten.

Als zweckmäßigster Aufbau der neuen DIN 4279 ergab sich eine Aufteilung in mehrere Teile: Teil 1 enthält allgemeine Angaben, die für alle Rohrarten gelten, in den Folgeteilen 2 bis 8 werden die Spezifikationen für die einzelnen Rohrmaterialien niedergelegt. Teil 9 enthält Muster für Prüfberichte. In Teil 10 wird eine tabellarische Übersicht der wichtigsten Prüfdaten aus den Teilen 1 bis 8 gegeben.

Die Normen DIN 4037 „Eisenbetondruckrohre; Richtlinien für die Abnahme von Eisenbetondruckrohrleitungen" und DIN 19 801 „Asbestzement-Druckrohrleitungen für Wasser außerhalb von Gebäuden; Richtlinien für Druckprüfung" werden mit Erscheinen der neuen Norm DIN 4279 ungültig.

Aufgrund des „Gesetzes über Einheiten im Meßwesen"[*]) und der „Ausführungsverordnung zum Gesetz über Einheiten im Meßwesen"[**]) dürfen nach der festgesetzten Übergangsfrist (31. 12. 1977) nur noch die gesetzlichen Einheiten, deren Grundlage das Internationale Einheitensystem (SI-Einheiten)[***]) ist, angewendet werden (siehe auch DIN 1301).

Aus diesem Grund sind in der vorliegenden Neufassung bereits die gesetzlichen Einheiten enthalten.

Es ist z. B. für die Kraft anstelle der bisher üblichen Einheit Pond (p) das Newton (N) und für den Druck von Fluiden anstelle von Meter Wassersäule (m WS) das Bar (bar) einzuführen.

Umrechnung:

$1\ kp$ $= 9{,}80665\ N$ oder $1\ kp \approx 10\ N$
        oder $1\ kp \approx 0{,}01\ kN$

$1\ Mp$ $= 9806{,}6\ N$ oder $1\ Mp \approx 10\ kN$
        und $1\ Mp/m \approx 10\ kN/m$

$1\ kp/cm^2$ $= 0{,}0980665\ N/mm^2$ oder
         $1\ kp/cm^2 \approx 0{,}1\ N/mm^2$

$1\ m\ WS$ $= 0{,}0980665\ bar$ oder $1\ m\ WS \approx 0{,}1\ bar$
bzw.

$1\ m\ WS$ $= 0{,}980665\ N/cm^2$ oder $1\ m\ WS \approx 1\ N/cm^2$

Für die Übernahme der gesetzlichen Einheiten in diese Neubearbeitung ist vereinfachend $g \approx 10\ m/s^2$ gesetzt. Der dadurch entstehende Fehler von $\approx 2\ \%$ wird vernachlässigt.

---

[*]) Vom 2. Juli 1969, Bundesgesetzblatt 1969, Teil I, Nr 55, S. 709

[**]) Vom 26. Juni 1970, Bundesgesetzblatt 1970, Teil I, Nr 62, S. 981.

[***]) Système International d'Unités.

DIN 4279, Teil 6 (November 1975)
Innendruckprüfung von Druckrohrleitungen für Wasser
Asbestzement-Druckrohre

Die vorliegende Neuausgabe der DIN 4279 wurde auf alle z. Z. üblichen Rohrwerkstoffe erweitert und in mehrere Teile gegliedert:

Teil 1   Innendruckprüfung von Druckrohrleitungen für Wasser; Allgemeine Angaben

Teil 2   Innendruckprüfung von Druckrohrleitungen für Wasser; Druckrohre aus duktilem Gußeisen

Teil 3   Innendruckprüfung von Druckrohrleitungen für Wasser; Druckrohre aus duktilem Gußeisen und Stahlrohre; mit Zementmörtelauskleidung

Teil 4   Innendruckprüfung von Druckrohrleitungen für Wasser; Stahlrohre mit und ohne Bitumenauskleidung

Teil 5   Innendruckprüfung von Druckrohrleitungen für Wasser; Stahlbetondruckrohre und Spannbetondruckrohre

Teil 6   Innendruckprüfung von Druckrohrleitungen für Wasser; Asbestzement-Druckrohre

Teil 7   Innendruckprüfung von Druckrohrleitungen für Wasser; Druckrohre aus PVC hart (Polyvinylchlorid hart)

Teil 8   Innendruckprüfung von Druckrohrleitungen für Wasser; Druckrohre aus PE hart (Polyäthylen hart) und PE weich (Polyäthylen weich)

Teil 9   Innendruckprüfung von Druckrohrleitungen für Wasser; Muster für Prüfberichte

Teil 10 Innendruckprüfung von Druckrohrleitungen für Wasser; Übersicht (z. Z. noch Entwurf)

Bei Asbestzement-Druckrohren findet während der Innendruckprüfung eine geringe Aufnahme von Wasser in die Rohrwand statt. Je nach Austrocknungsgrad der Rohre schwankt die aufgenommene Wassermenge. Während der Innendruckprüfung nimmt die Wassermenge, die zur Wiederherstellung des Prüfdrucks jeweils nachgepumpt werden muß, laufend ab. Nach kurzer Betriebsdauer findet praktisch keine Wasseraufnahme mehr statt.

Alle in dieser Norm angegebenen Drücke sind Überdrücke.

1 Geltungsbereich

Diese Norm gilt in Verbindung mit DIN 4279 Teil 1 für die Druckprüfung von Druckrohrleitungen aus den in Abschnitt 2 genannten Druckrohren.

2 Anwendungsbereich

Diese Norm ist anwendbar für Druckrohrleitungen mit Asbestzement-Druckrohren nach DIN 19 800 Teil 1 und Teil 2.

3 Durchführung der Prüfung
3.1 Messen der Wasserzugabe

Die zuzugebenden Wassermengen sind mittels Meßbehälter oder Wasserzähler einwandfrei zu messen.

3.2 Vorprüfung

Die Vorprüfung dauert mindestens 24 Stunden

3.3 Hauptprüfung

Die Hauptprüfung findet in unmittelbarem Anschluß an die Vorprüfung statt. Für die Prüfdauer gelten die Werte nach Tabelle 1.

Tabelle 1.

Nennweite (NW)	Prüfdauer h $\approx$
bis 200	3
250 bis 400	6
500 bis 700	18
über 700	24

Der Prüfdruck wird stündlich wiederhergestellt und die Wasserzugabe sowie die Temperaturen von Wasser und Luft gemessen. Bei einer Prüfdauer von über 6 Stunden erfolgt die Wasserzugabe in gewissen Zeitabständen (z. B. stündlich) oder kontinuierlich.

Fortsetzung Seite 2 und 3

Fachnormenausschuß Wasserwesen (FNW) im DIN Deutsches Institut für Normung e. V.
Ausschuß Asbestzementrohre (AAZ) im DIN

4 Beurteilung der Prüfung

Die Prüfbedingungen gelten als erfüllt, wenn die zulässige Wasserzugabe nicht überschritten wird.

Die zulässige Wasserzugabe bezogen auf die benetzte Rohrinnenfläche ist der Tabelle 2 zu entnehmen.

In den Tabellen 3 und 4 sind die zulässigen Wasserzugaben in Abhängigkeit von Rohrnennweite, Nenndruck bzw. Prüfdruck und Leitungslänge für Rohre mit und ohne Innenanstrich zusammengestellt. Bei einer Prüfdauer über 6 Stunden müssen die Werte der Wasserzugabe stetig fallen.

Tabelle 2. **Zulässige auf die benetzte Rohrinnenfläche bezogene Wasserzugabe bei der Innendruckprüfung (Hauptprüfung) von Asbestzement-Druckrohren**

Prüfdauer über	Prüfdauer bis h	Nenndruck bar	Prüfdruck bar	Zulässige Wasserzugabe bei Rohren mit Innenanstrich l/m^2	ohne Innenanstrich l/m^2
	1	2,5	4	0,0133	0,0190
		6	9	0,0189	0,0269
		10	15	0,0230	0,0330
		12,5	17,5	0,0251	0,0363
		16	21	0,0274	0,0389
1	2	2,5	4	0,0082	0,0114
		6	9	0,0114	0,0164
		10	15	0,0140	0,0200
		12,5	17,5	0,0152	0,0220
		16	21	0,0166	0,0236
2	3	2,5	4	0,0068	0,0092
		6	9	0,0098	0,0130
		10	15	0,0120	0,0160
		12,5	17,5	0,0130	0,0176
		16	21	0,0142	0,0188

Prüfdauer über	Prüfdauer bis h	Nenndruck bar	Prüfdruck bar	Zulässige Wasserzugabe bei Rohren mit Innenanstrich l/m^2	ohne Innenanstrich l/m^2
3	4	2,5	4	0,0058	0,0080
		6	9	0,0082	0,0114
		10	15	0,0100	0,0140
		12,5	17,5	0,0108	0,0154
		16	21	0,0120	0,0166
4	5	2,5	4	0,0046	0,0064
		6	9	0,0066	0,0098
		10	15	0,0080	0,0120
		12,5	17,5	0,0088	0,0132
		16	21	0,0096	0,0142
5	6	2,5	4	0,0033	0,0064
		6	9	0,0048	0,0090
		10	15	0,0058	0,0110
		12,5	17,5	0,0064	0,0122
		16	21	0,0069	0,0130

DIN 4279 Teil 6   Seite 3

Tabelle 3. **Zulässige Wasserzugabe je 100 m Leitungslänge bei der Innendruckprüfung (Hauptprüfung) von Asbestzement-Druckrohren ohne Innenanstrich**

Zulässige Wasserzugabe je 100 m Leitungslänge, l — Nennweite (NW)

Prüfdauer über	bis	Nenndruck bar	Prüfdruck bar	65	80	100	125	150	200	250	300	350	400	450	500	600	700	800	900	1000
	1	2,5	4	0,39	0,48	0,60	0,75	0,90	1,19	1,49	1,79	2,09	2,39	2,69	2,99	3,58	4,18	4,78	5,37	5,97
		6	9	0,55	0,68	0,85	1,06	1,27	1,69	2,11	2,54	2,96	3,38	3,80	4,23	5,07	5,92	6,76	7,61	8,45
		10	15	0,68	0,83	1,04	1,30	1,56	2,07	2,59	3,11	3,63	4,15	4,67	5,18	6,22	7,26	8,30	9,33	10,37
		12,5	17,5	0,74	0,91	1,14	1,43	1,71	2,28	2,85	3,42	3,99	4,56	5,13	5,70	6,84	7,98	9,12	10,26	11,40
		16	21	0,79	0,98	1,22	1,53	1,83	2,44	3,06	3,67	4,28	4,89	5,50	6,11	7,33	8,56	9,78	11,00	12,22
1	2	2,5	4	0,62	0,76	0,96	1,19	1,43	1,91	2,39	2,87	3,34	3,82	4,30	4,78	5,73	6,69	7,64	8,60	9,55
		6	9	0,88	1,09	1,36	1,70	2,04	2,72	3,40	4,08	4,76	5,44	6,12	6,80	8,16	9,52	10,88	12,24	13,60
		10	15	1,08	1,33	1,67	2,08	2,50	3,33	4,16	5,00	5,83	6,66	7,49	8,33	9,99	11,66	13,32	14,99	16,65
		12,5	17,5	1,19	1,47	1,83	2,29	2,75	3,66	4,58	5,49	6,41	7,33	8,24	9,16	10,99	12,82	14,65	16,48	18,32
		16	21	1,28	1,57	1,96	2,45	2,95	3,93	4,91	5,89	6,87	7,85	8,84	9,82	11,78	13,74	15,71	17,67	19,63
2	3	2,5	4	0,81	1,00	1,24	1,56	1,87	2,49	3,11	3,73	4,35	4,98	5,60	6,22	7,46	8,71	9,95	11,20	12,44
		6	9	1,15	1,41	1,77	2,21	2,65	3,54	4,42	5,31	6,19	7,07	7,96	8,84	10,61	12,38	14,15	15,92	17,69
		10	15	1,41	1,73	2,17	2,71	3,25	4,34	5,42	6,50	7,59	8,67	9,75	10,84	13,01	15,17	17,34	19,51	21,68
		12,5	17,5	1,55	1,91	2,38	2,98	3,58	4,77	5,96	7,15	8,35	9,54	10,73	11,92	14,31	16,59	19,08	21,46	23,84
		16	21	1,66	2,04	2,55	3,19	3,83	5,11	6,39	7,66	8,94	10,22	11,49	12,77	15,32	17,88	20,43	22,99	25,54
3	4	2,5	4	0,97	1,20	1,50	1,87	2,24	2,99	3,74	4,49	5,23	5,98	6,73	7,48	8,97	10,47	11,96	13,46	14,95
		6	9	1,38	1,70	2,13	2,66	3,19	4,25	5,32	6,38	7,44	8,51	9,57	10,63	12,76	14,89	17,01	19,14	21,27
		10	15	1,69	2,09	2,61	3,26	3,91	5,22	6,52	7,82	9,13	10,43	11,73	13,04	15,65	18,25	20,86	23,47	26,08
		12,5	17,5	1,86	2,29	2,87	3,59	4,30	5,74	7,17	8,60	10,04	11,47	12,91	14,34	17,21	20,08	22,95	25,81	28,68
		16	21	2,00	2,46	3,08	3,84	4,61	6,15	7,69	9,23	10,76	12,30	13,84	15,38	18,45	21,53	24,60	27,68	30,76
4	5	2,5	4	1,11	1,37	1,71	2,14	2,56	3,42	4,27	5,13	5,98	6,84	7,69	8,55	10,25	11,96	13,67	15,38	17,09
		6	9	1,58	1,95	2,43	3,04	3,65	4,87	6,09	7,30	8,52	9,74	10,96	12,17	14,61	17,04	19,48	21,91	24,35
		10	15	1,94	2,39	2,98	3,73	4,48	5,97	7,46	8,95	10,45	11,94	13,43	14,92	17,91	20,89	23,88	26,86	29,85
		12,5	17,5	2,13	2,63	3,28	4,10	4,92	6,57	8,21	9,85	11,49	13,13	14,77	16,41	19,70	22,98	26,26	29,55	32,83
		16	21	2,29	2,82	3,52	4,40	5,28	7,04	8,80	10,57	12,33	14,09	15,85	17,61	21,13	24,65	28,17	31,70	35,22
5	6	2,5	4	1,24	1,53	1,91	2,39	2,87	3,82	4,77	5,73	6,69	7,64	8,60	9,55	11,46	13,37	15,28	17,19	19,10
		6	9	1,77	2,17	2,72	3,40	4,08	5,43	6,77	8,15	9,51	10,87	12,23	13,59	16,30	19,02	21,74	24,46	27,17
		10	15	2,16	2,66	3,33	4,16	5,00	6,66	8,33	9,99	11,66	13,32	14,99	16,65	19,98	23,31	26,64	29,97	33,30
		12,5	17,5	2,38	2,93	3,67	4,58	5,50	7,33	9,15	11,00	12,83	14,66	16,50	18,33	22,00	25,66	29,33	33,00	36,66
		16	21	2,55	3,14	3,93	4,91	5,90	7,86	9,83	11,79	13,76	15,72	17,69	19,65	23,58	27,51	31,44	35,37	39,30

Tabelle 4. **Zulässige Wasserzugabe je 100 m Leitungslänge bei der Innendruckprüfung (Hauptprüfung) von Asbestzement-Druckrohren mit Innenanstrich**

Zulässige Wasserzugabe je 100 m Leitungslänge, l — Nennweite (NW)

Prüfdauer über	bis	Nenndruck bar	Prüfdruck bar	65	80	100	125	150	200	250	300	350	400	450	500	600	700	800	900	1000
	1	2,5	4	0,27	0,33	0,41	0,52	0,63	0,84	1,04	1,25	1,46	1,67	1,88	2,08	2,51	2,92	3,34	3,76	4,18
		6	9	0,39	0,48	0,59	0,74	0,89	1,19	1,48	1,78	2,08	2,38	2,67	2,97	3,56	4,16	4,75	5,34	5,94
		10	15	0,47	0,58	0,72	0,90	1,08	1,45	1,80	2,17	2,52	2,89	3,25	3,61	4,34	5,06	5,78	6,50	7,23
		12,5	17,5	0,51	0,63	0,79	0,99	1,18	1,58	1,97	2,37	2,76	3,15	3,54	3,94	4,73	5,52	6,31	7,10	7,89
		16	21	0,56	0,69	0,86	1,08	1,29	1,72	2,15	2,58	3,01	3,44	3,87	4,30	5,16	6,03	6,89	7,75	8,61
1	2	2,5	4	0,44	0,54	0,68	0,84	1,01	1,35	1,69	2,03	2,36	2,70	3,04	3,38	4,05	4,72	5,40	6,08	6,75
		6	9	0,62	0,76	0,95	1,19	1,43	1,90	2,38	2,86	3,33	3,81	4,28	4,76	5,71	6,66	7,62	8,57	9,52
		10	15	0,76	0,93	1,16	1,45	1,74	2,32	2,91	3,49	4,07	4,65	5,23	5,81	6,97	8,14	9,30	10,46	11,62
		12,5	17,5	0,82	1,01	1,27	1,58	1,90	2,53	3,17	3,80	4,43	5,06	5,70	6,33	7,60	8,86	10,13	11,39	12,66
		16	21	0,90	1,11	1,38	1,73	2,07	2,76	3,46	4,15	4,84	5,53	6,22	6,91	8,29	9,68	11,06	12,44	13,82
2	3	2,5	4	0,58	0,71	0,89	1,11	1,33	1,78	2,22	2,67	3,11	3,56	4,00	4,45	5,33	6,22	7,11	8,00	8,89
		6	9	0,82	1,01	1,26	1,57	1,89	2,52	3,15	3,78	4,41	5,04	5,67	6,30	7,56	8,82	10,08	11,34	12,59
		10	15	1,00	1,23	1,54	1,92	2,31	3,08	3,85	4,62	5,39	6,16	6,93	7,70	9,24	10,78	12,32	13,85	15,39
		12,5	17,5	1,09	1,34	1,67	2,09	2,51	3,35	4,19	5,02	5,86	6,70	7,54	8,37	10,05	11,72	13,40	15,07	16,74
		16	21	1,19	1,46	1,83	2,29	2,74	3,66	4,57	5,49	6,40	7,31	8,23	9,14	10,97	12,80	14,63	16,46	18,28
3	4	2,5	4	0,70	0,86	1,07	1,34	1,61	2,14	2,68	3,21	3,50	4,29	4,82	5,36	6,43	7,50	8,57	9,64	10,71
		6	9	0,99	1,21	1,52	1,90	2,28	3,03	3,79	4,55	5,31	6,07	6,83	7,59	9,10	10,62	12,14	13,66	15,17
		10	15	1,20	1,48	1,85	2,32	2,78	3,71	4,63	5,56	6,49	7,41	8,34	9,27	11,12	12,97	14,83	16,68	18,54
		12,5	17,5	1,31	1,61	2,01	2,52	3,02	4,03	5,03	6,04	7,05	8,06	9,06	10,07	12,08	14,10	16,11	18,12	20,14
		16	21	1,43	1,76	2,21	2,76	3,31	4,41	5,51	6,62	7,72	8,82	9,92	11,03	13,23	15,44	17,64	19,85	22,05
4	5	2,5	4	0,79	0,97	1,22	1,52	1,82	2,43	3,04	3,65	4,26	4,86	5,47	6,08	7,29	8,51	9,73	10,94	12,16
		6	9	1,12	1,38	1,72	2,16	2,59	3,45	4,31	5,17	6,04	6,90	7,76	8,62	10,35	12,07	13,80	15,52	17,25
		10	15	1,37	1,68	2,10	2,63	3,16	4,21	5,26	6,31	7,37	8,42	9,47	10,52	12,63	14,73	16,84	18,94	21,05
		12,5	17,5	1,49	1,83	2,29	2,86	3,44	4,58	5,73	6,87	8,02	9,16	10,31	11,45	13,74	16,03	18,32	20,61	22,90
		16	21	1,63	2,01	2,51	3,13	3,76	5,01	6,27	7,52	8,77	10,03	11,28	12,53	15,04	17,55	20,06	22,56	25,07
5	6	2,5	4	0,86	1,05	1,32	1,65	1,97	2,63	3,29	3,95	4,61	5,27	5,92	6,58	7,90	9,21	10,53	11,85	13,16
		6	9	1,22	1,50	1,87	2,34	2,80	3,74	4,67	5,61	6,54	7,48	8,41	9,35	11,22	13,08	14,95	16,82	18,69
		10	15	1,48	1,82	2,28	2,85	3,42	4,56	5,70	6,84	7,98	9,12	10,26	11,40	13,68	15,97	18,25	20,53	22,81
		12,5	17,5	1,62	1,99	2,48	3,11	3,72	4,97	6,21	7,45	8,70	9,94	11,18	12,42	14,91	17,39	19,88	22,36	24,85
		16	21	1,76	2,17	2,71	3,39	4,07	5,43	6,79	8,14	9,50	10,86	12,21	13,57	16,29	19,00	21,71	24,43	27,14